U0172355

高等学校土木工程专业"十四五"系列教材

土木工程专业本研贯通系列教材

实 验 土 力 学

常 丹 刘建坤 主 编

邱静怡 刘 昕

[俄罗斯] Kravchenko Ekaterina 刘 丽 副主编

中国建筑工业出版社

图书在版编目（CIP）数据

实验土力学 / 常丹，刘建坤主编；邱静怡等副主编
— 北京：中国建筑工业出版社，2023.10
高等学校土木工程专业"十四五"系列教材　土木工
程专业本研贯通系列教材
ISBN 978-7-112-29045-1

Ⅰ．①实… Ⅱ．①常… ②刘… ③邱… Ⅲ．①土力学
—实验—高等学校—教材 Ⅳ．①TU43-33

中国国家版本馆 CIP 数据核字（2023）第 157254 号

本书是本研贯通实验土力学教材，系统地介绍了土力学常用的室内试验和原位测试的基本原理、试验方法及成果应用。鉴于部分土力学实验中涉及较为复杂的应力状态和应变状态，本书除了介绍试验部分外，还增加了应力分析和应变分析的章节。全书共分为 6 章，第 1 章介绍了土的基本物理试验，主要包括土的颗粒分析试验和土的三相指标基本试验；第 2 章介绍了应力分析与应变分析；第 3 章介绍了土的基本力学试验，包括各个试验的基本原理、仪器设备、试验方法、数据分析以及测试技术等；第 4 章主要介绍了土的动三轴试验、温度控制的动三轴试验、动单剪试验、空心扭剪试验、共振柱试验等土的动力学性质试验；第 5 章主要介绍了岩土工程物理模拟试验，包括相似理论简介及土体的离心模拟试验；第 6 章主要介绍了土体原位测试相关试验。教材参考了国内外相关文献，并尽量与最新颁布的相关规范标准相符合。本教材面向土木工程类以及铁路、公路和机场等相关专业的高年级本科生及研究生和科技人员。

为便于教学，作者特制作了与教材配套的电子课件，如有需求，可发邮件（标注书号，作者名）至 jckj@cabp.com.cn 索取，或到 http://edu.cabplink.com 下载，电话（010）58337285。

* * *

责任编辑：吉万旺　王　跃　赵　莉
文字编辑：勾淑婷
责任校对：姜小莲

高等学校土木工程专业"十四五"系列教材
土 木 工 程 专 业 本 研 贯 通 系 列 教 材

实 验 土 力 学

常　丹　刘建坤　主　编
邱静怡　刘　昕
［俄罗斯］Kravchenko Ekaterina　刘　丽　　副主编

*

中国建筑工业出版社出版、发行（北京海淀三里河路 9 号）
各地新华书店、建筑书店经销
北京红光制版公司制版
北京云浩印刷有限责任公司印刷

*

开本：787 毫米×1092 毫米　1/16　印张：14¼　字数：319 千字
2023 年 9 月第一版　　2023 年 9 月第一次印刷
定价：**48.00** 元（赠教师课件）
ISBN 978-7-112-29045-1
（40951）

前　言

　　土力学是一门与工程实践密切相关的特殊学科，其研究需要采用理论分析与实验相结合的方法。因此土力学实验是土力学的重要组成部分和基础，要求土木工程相关专业学生在日常的学习中掌握土力学实验的基本原理、操作步骤和数据分析的方法等。研究生阶段开设的土力学实验课程涉及学生对土工试验基本原理的理解与应用，同时引导学生进一步开展相关实验研究，主要介绍针对科学研究和实际应用的土力学相关实验，相对于本科阶段的土力学实验，更加强调理论基础和实际操作能力。我国的土木类高等院校长期以来缺少适用于研究生教学的土力学实验教材，加之岩土工程实验技术及仪器设备的更新换代，土力学实验教学手段及实验教学仪器等方面整体上有了很大的提升，一些旧的相关教材可能已经不能满足实际教学任务的需要。本教材是为了满足高年级本科生及研究生的土力学实验教学、工程实践以及科研任务的需要而编写的。

　　全书内容分为 6 章。第 1 章由中山大学刘建坤和北京交通大学刘丽编写；第 2 章由中山大学常丹编写；第 3 章由中山大学刘建坤、常丹和邱静怡编写；第 4 章由中山大学常丹、邱静怡和香港科技大学 Kravchenko Ekaterina 博士编写；第 5 章由中山大学刘建坤和刘昕编写；第 6 章由中山大学常丹和刘昕编写。全书由常丹和刘建坤统稿，并请北京交通大学李旭进行了审校。

　　本教材的编写得到了国家重点基础研究发展计划（973 计划）项目"冻土工程构筑物服役性能评价与预测"的大力支持，在此表示感谢。

　　编写过程中引用了大量前人资料，如有遗漏请见谅。任何错误请联系作者：liujiank@mail. sysu. edu. cn；changd@mail. sysu. edu. cn。

常丹，刘建坤于中山大学，珠海

目　　录

第1章 土的基本物理试验

本章学习目标：

1. 熟练掌握土的基本物理性质试验的类型和主要测试方法。

2. 熟练掌握颗粒分析试验中筛分法和密度计法的适用范围，掌握颗粒级配曲线的绘制和应用，了解密度计法测试的主要原理。

3. 掌握环刀法、蜡封法测试土样含水率的原理和数据处理方法。

4. 掌握比重瓶法的测试原理和校正方法，掌握比重瓶法的主要操作步骤。

1.1 概　述

土是自然界中岩石在漫长地质历史中长期风化的产物，是各种大小不同的土颗粒的碎散堆积物。自然界的土由固体颗粒、水和气所组成，是具有时空变异特性的三相颗粒堆积物。不同地区、不同场地、不同深度、不同时间的土体颗粒的性质、成分以及三相之间的比例关系和相互作用决定了土的物理力学性质。因此研究土的基本物理性质是正确评价土的工程特性，合理解决土木工程问题的首要任务。

土的基本物理性质试验包括土的颗粒分析试验和土的三相指标基本试验。前者主要用于土的工程分类，后者是在试验室内进行三个基本试验。根据土的物理性质试验结果可确定土样的类型，并获取其他的物理参数。

1.2 密　度　试　验

1.2.1 概述

土的密度 ρ 是指土单位体积的质量，是计算土的自重应力、孔隙比、饱和度等指标的重要依据，它是土的基本物理性质指标之一。土的密度一般是指土的天然密度，除此以外还有土的干密度 ρ_d 和饱和密度 ρ_{sat}。

土的密度理论公式是质量除以体积。在试验中，土的质量测量相对简单，只需采用一定精度的天平就能测定土体质量。但是测定土体体积对于不同性质的土并不是一件容易的事情。密度测定的常用方法有环刀法、蜡封法、灌砂法和灌水法。一般来讲，由于环刀法具有操作简单，测量准确的特点，对室内或野外黏性土试验，常采用环刀法进行密度测量。对于坚硬土块、易碎、含粗粒和形状不规则的不能用环刀法进行密度试验的土体，通常采用蜡封法。对于野外的砂、砾类土体，一般选用灌砂法和灌水法。

1.2.2　环刀法

环刀法是采用环刀切取土样并称量环刀土质量的方法。环刀内土的质量与环刀体积之比即为土的密度。环刀法操作简单准确，适用于测定易切削成形的细粒土密度。

1. 仪器设备

环刀、天平、切土刀、钢丝锯、毛玻璃板和圆玻璃片等。

天平要求：称量 500g，精度为 0.1g；称量 200 克，精度为 0.01g。

2. 操作步骤

（1）按试验要求取原状土或人工制备的扰动土样，土样两端平放在毛玻璃板上。

（2）用切土刀或钢丝锯将土样切削成略大于环刀直径的土柱，再将环刀内壁涂抹一薄层凡士林后，刀口向下垂直下压环刀，边压边削，直至土样升出环刀顶端为止。

（3）用切土刀或钢丝锯削平两端余土，并取余土测定试样含水率。

（4）擦净环刀外壁，称取环刀加土质量，精确至 0.01g。

（5）环刀法应进行两次平行试验测定，两次测定的密度差值不得大于 0.03g/cm³，并取其两次测量值得算术平均值。

3. 结果整理

湿密度按公式（1-1）计算：

$$\rho = \frac{m}{V} = \frac{m_2 - m_1}{V} \tag{1-1}$$

干密度按式（1-2）计算：

$$\rho_d = \frac{\rho}{1 + 0.01w} \tag{1-2}$$

式中　　ρ——湿密度，g/cm³，精度至 0.01g/cm³；

　　　　ρ_d——干密度，g/cm³，精度至 0.01g/cm³；

　　　　m——湿土质量，g；

　　　　V——环刀体积，cm³；

　　　　m_2——环刀加湿土质量，g；

　　　　m_1——环刀质量，g；

　　　　w——含水率，%。

4. 试验记录（表 1-1）

密度试验记录表（环刀法）　　　　　　表 1-1

工程名称：　　　　　　　　　　试验者：　　　　　　　　　　土样编号：

计算者：　　　　　　　　　　试验日期：　　　　　　　　　校核者：

试样编号	土样类别	环刀号	环刀加湿土质量（g）	环刀质量（g）	湿土质量（g）	环刀容积（cm³）	湿密度（g/cm³）	平均湿密度（g/cm³）	含水率（%）	干密度（g/cm³）	平均干密度（g/cm³）
			(1)	(2)	(3)	(4)	(5)	(6)	(7)	(8)	(9)
					(1)－(2)		$\dfrac{(3)}{(4)}$			$\dfrac{(5)}{1+0.01\times(7)}$	

1.2.3　蜡封法

蜡封法是一项基于阿基米德原理的试验方法，即当物体浸入液体中，作用于物体上的浮力等于物体同体积液体的重力。因此在试验中蜡封法的计算思路是浸入水中物体的质量等于物体的质量减去排开水的质量。该方法适用于环刀不能切取的坚硬、易碎或不规则形状的土样，尤其适用黏性土。

1. 仪器设备

融蜡加热器、天平、切土刀、钢丝锯、烧杯、温度计、细线针等。

2. 操作步骤

（1）用切土刀切取约 30cm³ 的代表性试样，削平棱角，去除浮土后，用细线系上并称量，精度到 0.1g。

（2）将持线试样缓慢浸入刚过熔点的蜡溶液中，待全部浸没后，迅速提出试样，并检查试样四周的蜡膜有无气泡存在。当有气泡存在时，需用热针扎破，再用蜡液补全。待冷却后，称蜡封试样的质量，精度为 0.1g。

（3）将蜡封试样的细线吊挂在天平的左端，同时使试样浸没于纯水中，称取蜡封试样在纯水中的质量，精度为 0.1g，并记录纯水的温度。

（4）取出试样，擦干蜡封试样表面的水分，再次称量蜡封试样质量，目的是检查蜡封试样中是否有水浸入。如果再次称量蜡封试样质量增加，说明有水浸入，需另取试样重做试验。

（5）蜡封法试验应进行 2 次平行测定，2 次测定的密度差不得大于 0.03g/cm³，并取 2 次测量值的算术平均值。

3. 成果整理

按式（1-3）计算湿密度：

$$\rho = \frac{m}{\dfrac{m_n - m_{nw}}{\rho_{wt}} - \dfrac{m_n - m}{\rho_n}} \qquad (1-3)$$

式中　ρ——湿密度，g/cm^3，精度至 $0.01g/cm^3$；

　　　m——试样质量，g；

　　　m_n——蜡封试样质量，g；

　　　m_{nw}——蜡封试样在水中质量，g；

　　　ρ_{wt}——纯水在 t ℃时的密度，g/cm^3；

　　　ρ_n——蜡的密度，g/cm^3，通常为 $0.92g/cm^3$。

4. 试验记录（表 1-2）

密度试验记录表（蜡封法）　　　　　　　　　　　表 1-2

工程名称：　　　　　　　　　试验者：　　　　　　　　　土样编号：
计算者：　　　　　　　　　　试验日期：　　　　　　　　校核者：

试样编号	试样质量(g)	蜡封试样质量(g)	蜡封试样水中质量(g)	温度(℃)	水的密度(g/cm³)	蜡封试样体积(cm³)	蜡体积(cm³)	试样体积(cm³)	湿密度(g/cm³)	含水率(%)	干密度(%)	平均干密度(g/cm³)
	(1)	(2)	(3)		(4)	(5)	(6)	(7)	(8)	(9)	(10)	(11)
						$\dfrac{(2)-(3)}{(4)}$	$\dfrac{(2)-(1)}{\rho_n}$	(5)-(6)	$\dfrac{(1)}{(7)}$		$\dfrac{(8)}{1+0.01\times(9)}$	

1.3 比 重 试 验

土粒比重是土在 105～110℃ 下烘干至恒定质量时与土体颗粒同体积 4℃ 纯水质量的比值。在数值上土体颗粒比重与土粒密度相同，但土粒比重是无量纲量。

比重瓶法是将一定质量的干土体称量好放入盛满水的比重瓶，根据前后质量差来计算土体颗粒的体积，进一步计算得到土粒比重。

1.3.1　仪器设备

容量为 100mL 或 50mL 的比重瓶；电子天平，精度为 0.001g；恒温水槽，精度为 ±1℃；控温砂浴；真空泵；温度计，范围 0～50℃，精度为 0.5℃；烘箱、2mm 或 5mm

的筛、漏斗、滴管等。

1.3.2 比重瓶的校正

由于水在不同的温度下密度不同，且比重瓶也会根据不同的温度产生胀缩，这会使得比重瓶盛满纯水后的总质量受到温度的影响，所以比重试验前必须对比重瓶进行温度校正。具体操作步骤如下：

（1）将比重瓶洗净烘干，2 次称量，精度达到 0.001g，2 次称量平行差值不大于 0.002g。比重瓶质量为 2 次称量的算术平均值。

（2）将纯水煮沸并冷却至室温后注入比重瓶，注满后移至恒温水槽，静待 12h。待瓶内水温稳定后，将瓶取出，擦干，称瓶水合重，精度达到 0.001g。

（3）重复（2）操作，测定 2 次，平行差值不大于 0.002g，瓶水合重取算术平均值。

（4）将结果记录在表 1-3 中，以瓶水质量合重为横坐标，温度为纵坐标绘制比重瓶校正曲线。

比重瓶校准记录表　　　　　　　　　　　　　　　　表 1-3

瓶　号：　　　　　　　　　　试 验 者：　　　　　　　　　　瓶　重：

计算者：　　　　　　　　　　校准日期：　　　　　　　　　　校核者：

温度（℃）	瓶、水总质量（g）	瓶水合重平均值（g）

1.3.3 操作步骤

（1）将试样风干、碾散，过 0.5mm 筛后放入温度为 105～110℃ 烘箱中烘干备用。

（2）烘干比重瓶，将制备好的烘干土称量 15g 装入 100mL 的比重瓶内称重，精度达到 0.001g。

（3）将装有干土的比重瓶加纯水至瓶身的一半处，摇动比重瓶后将水土瓶放在砂浴上煮沸，排除比重瓶内土体中的空气。砂及砂质粉土煮沸时间不小于 30min，黏土及粉质黏土煮沸时间不应小于 1h，注意煮沸时不得使土水溢出瓶外。

（4）煮沸完成后，将比重瓶冷却至室温后，注满纯水。

（5）将瓶外水分擦干，称量瓶、水、土总质量，精度达到 0.001g。称量后即刻测量瓶内水的温度。

（6）根据测定的温度，从已绘制的温度与瓶、水总质量关系曲线中查得对应温度下的瓶水合重质量。

（7）本试验需要进行 2 次平行测定，其平行差值不得大于 0.02。试验结果取 2 组试验的算术平均值（表 1-4）。

比重试验记录表（比重瓶法）　　　　　　　　　　　表 1-4

工程名称：　　　　　　　　　　试 验 者：　　　　　　　　土样编号：
计 算 者：　　　　　　　　　　试验日期：　　　　　　　　校 核 者：

试样编号	比重瓶号	温度（℃）	液体比重	比重瓶质量（g）	瓶、干土总质量（g）	干土质量（g）	瓶、液总质量（g）	与干土同体积的液体质量（g）	比重	平均值	备注
		(1)	(2) 查表	(3)	(4)	(5) (4) － (3)	(6)	瓶、液、土总质量（g） (7)	(8) (5) ＋ (6)－(7)	(9) $\frac{(5)}{(8)}$×(2)	(10)	

1.3.4　计算

用纯水测定：

$$G_s = \frac{m_d}{m_1 + m_d - m_2} G_{wt} \tag{1-4}$$

式中　G_s——土粒比重；

　　　m_d——干土质量（g）；

　　　m_1——瓶、水总质量（g）；

　　　m_2——瓶、水、土总质量（g）；

　　　G_{wt}——纯水在 t ℃时纯水的比重，精确至 0.001。

1.4　含 水 率 试 验

含水率是土的基本性质之一，是指土在温度 105～110℃烘箱中烘干至恒重时所失去的水质量与恒重后干土质量的比值，以百分数表示。含水率主要反映土的干湿状态，含水率的变化将使得土的物理力学性质发生改变。含水率是计算土的孔隙比、饱和度、液性指数等不可缺少的依据，也是工程施工质量控制的重要指标和影响因素。

含水率的试验方法有烘干法、酒精燃烧法、比重法等，室内试验最常用的标准方法是烘干法。

1.4.1　烘干法

1. 设备

能保持 105～110℃的烘箱；天平，最小分度值 0.01g；铝制称量盒（铝盒）。

2. 步骤

（1）选取土样中具有代表性的试样 15～30g，放入已称量的铝盒中，立即加盖，称量湿土与盒的重量。

（2）打开铝盒盖，将装有试样的铝盒放入烘箱内，在 105～110℃的温度下烘干至恒重。试样烘干至恒重的时间：粉土和黏土宜 8～10h；砂土宜 6～8h。

（3）将烘干至恒重的试样盒取出，加盖放入干燥器内冷却至室温后，称重，精度为 0.01g。

3. 计算

按式（1-5）计算含水率：

$$w = \frac{m_1 - m_2}{m_2 - m_0} \times 100\% \tag{1-5}$$

式中　w——含水率，精确至 0.1%；

　　　m_1——盒加湿土质量，g；

　　　m_2——盒加干土质量，g；

　　　m_0——铝盒质量，g。

烘干法试验应对 2 个试样进行平行测定，含水率应取 2 次测量的算术平均值。当含水率小于 40% 时，允许的平行差值为 1%；当含水率大于或等于 40% 时，允许的平行差值为 2%。

4. 试验记录（表 1-5）

含水率试验记录表（烘干法/酒精燃烧法）　　　　　　　　　　表 1-5

工程名称：　　　　　　　　　试　验　者：　　　　　　　　土样编号：
计　算　者：　　　　　　　　试验日期：　　　　　　　　校　核　者：

试样编号	土样说明	盒号	盒加湿土质量 (g)	盒加干土质量 (g)	盒质量 (g)	水质量 (g)	干土质量 (g)	含水率 (%)	平均含水率 (%)	备注
						(4)	(5)	(6)	(7)	
			(1)	(2)	(3)	(1)－(2)	(2)－(3)	$\frac{(4)}{(5)} \times 100\%$		

1.4.2 酒精燃烧法

1. 试验仪器

铝盒；天平，最小分度值 0.01g；酒精，纯度为 95%；滴管、火柴和调土刀。

2. 操作步骤

（1）选取 15～30g 代表性试样放入已称量的铝盒中，加盖称量盒加湿土的质量，精确至 0.01g。

（2）打开铝盒盖，用滴管将酒精注入盒中，直至出现自由液面后，静待试样与酒精混合均匀。

（3）将铝盒中酒精点燃，烧至火焰自然熄灭。

（4）试样冷却数分钟后，重复（2）和（3）的步骤燃烧 2 次，当第 3 次火焰熄灭后，立即加盖称量盒与干土的质量，精确至 0.01g。

3. 成果整理与试验记录

酒精燃烧法试验与烘干法相同，2 次平行试验后，含水率取算术平均值。酒精燃烧法的含水率允许的平行差值与烘干法相同，试验记录表也与烘干法相同。

1.5　颗　粒　分　析　试　验

土体由不同的颗粒所组成，根据颗粒的大小划分为若干个颗粒粒组，各种粒径范围的粒组占总土质量的比值，叫做土的颗粒级配，用百分数表示。

颗粒分析试验主要用于测定干土各种粒组所占该土总质量的百分比值。常用的试验方法有：筛分法，适用于粒径大于 0.075mm 的土；密度计法，适用于粒径小于 0.075mm 的土。

1.5.1 筛分法

筛分法是将一定质量的土样通过各种不同孔的筛子，筛分完成后，每层筛子上的筛余根据筛子孔径大小将土体颗粒进行分组，称量计算出各个粒组占总质量的百分比。筛分法是测定土体颗粒最常用且最简单的一种试验方法。

1. 仪器设备

试验筛，孔径范围 0.075～60mm；天平，精度 0.01g；台秤，精度 1g；振筛机；烘箱等。

2. 操作步骤

（1）将试样摊成薄层，放置于空气中 2～3d，使土中水分充分蒸发，风干试样。

（2）若风干后的试样有结块，需将试样碾散开，使之成为单独颗粒，需要注意的是不能将土体颗粒碾碎。

（3）将风干、松散土样均匀混合，用四分对角取样法分 2 次取相同质量的代表性试样，称量小于 200g，准确至 0.01g；称量在 200～500g 之间，准确至 0.1g；称量多于

500g，准确至 1g。

（4）无黏性土

① 先将试样过孔径为 2mm 的细筛，分别称出筛上和筛下土的质量。

② 将粗筛和细筛分别按孔径由小到大的次序依次从下向上叠好，取 2mm 筛上试样倒入最上层的粗筛中；取 2mm 筛下试样倒入细筛最上层筛中。放置在振筛机上振筛，摇晃时间一般为 10～15min。

③ 振动完成后，从最大孔径的筛开始依次取下各筛，在白纸上用手轻叩晃动，如仍有土析出，继续摇晃直至无土粒析出为止。白纸上的土粒应全部放入下级筛内。将各层筛上的筛余分别称量。

④ 振筛后，各级筛上的筛余质量总和与筛前所取试样质量总和之差不得大于 1%。

⑤ 2mm 以下的试样质量小于总质量的 10%，可不做细筛筛分；2mm 以上的试样质量小于总质量的 10%，亦可省略粗筛筛分。

（5）含有黏粒的砂性土

① 将土样放置于橡皮板上用木碾充分碾散结块的土体，用四分法称取代表性土样，与清水在容器中充分搅拌，使试样充分浸润，粗细颗粒分离。

② 将浸润后的混合液过 2mm 细筛，边搅拌边冲洗边过筛，直至筛上仅留大于 2mm 的土粒为止。然后烘干筛上土体并称量，进行粗筛筛分。

③ 用带橡皮头的玻璃棒碾磨粒径小于 2mm 的混合液，静待沉淀后，将上部悬液过 0.075mm 筛，然后再次加入清水碾磨，静置过筛。如此反复，直至盆内悬液澄清。最后将全部试样倒在 0.075mm 筛上，用水清洗，直至筛上仅留大于 0.075mm 的试样为止。

④ 将大于 0.075mm 的试样烘干，准确至 0.01g，进行细筛筛分。

⑤ 当小于 0.075mm 的试样质量大于总质量的 10% 时，应按密度计法测定粒径小于 0.075mm 的颗粒组成。

3. 计算

（1）按式（1-6）计算小于某粒径的试样质量占试样总质量百分数：

$$x = \frac{m_A}{m_B} d_x \qquad (1-6)$$

式中　x——小于某粒径的试样质量占试样总质量的百分数，%；

　　　m_A——小于某粒径的试样质量，g；

　　　m_B——当细筛分析时或用密度计法分析时所取试样质量（或粗筛分析时则为试样总质量），g；

　　　d_x——粒径小于 2mm 或粒径小于 0.075mm 的试样质量占总质量的百分数，%。

（2）绘制粒径级配曲线。求出各粒组的颗粒质量百分数，以小于某粒径试样质量占试样总质量的百分数为纵坐标，以颗粒粒径为横坐标（对数坐标）绘制颗粒大小分布曲线。

（3）计算级配指标。按式（1-7）计算不均匀系数：

$$C_u = \frac{d_{60}}{d_{10}} \qquad (1-7)$$

式中　C_u——不均匀系数；

　　　　d_{60}——限制粒径，在粒径分布曲线上小于该粒径的土含量占总土质量的 60% 的粒径；

　　　　d_{10}——有效粒径，在粒径分布曲线上小于该粒径的土含量占总土质量的 10% 的粒径。

按式（1-8）计算曲率系数：

$$C_c = \frac{d_{30}^2}{d_{60} d_{10}} \tag{1-8}$$

式中　C_c——曲率系数；

　　　　d_{30}——在粒径分布曲线上小于该粒径的土含量占总土质量的 30% 的粒径。

4. 试验记录（表 1-6）

颗粒大小分析试验记录表（筛分法）　　　　　　　　表 1-6

工程名称：　　　　　　　　　　试 验 者：　　　　　　　　　　土样编号：

计 算 者：　　　　　　　　　　试验日期：　　　　　　　　　　校 核 者：

风干土质量＝　g　　　　　　　小于 0.075mm 的土占总土质量百分数＝　%

2mm 筛上土质量＝　g　　　　　小于 2mm 的土占总土质量百分数＝　%

2mm 筛下土质量＝　g　　　　　细筛分析时所取试样质量＝　g

筛号	孔径 (mm)	累计留筛土质量 (g)	小于该孔径的土质量 (g)	小于该孔径的土质量 百分数（%）	小于该孔径的总土质量 百分数（%）
	60				
	40				
	20				
	10				
	5				
	2				
	1				
	0.5				
	……				
底盘总计					

1.5.2　密度计法

密度计法是以 Stokes 定律为基础，是将一定质量的土样放在量筒中，加入纯水，充分搅拌使土体的大小颗粒均匀分布在水中，制成一定量的均匀浓度的土颗粒悬液。静置土体颗粒悬液，不同粒径的土体颗粒将按 Stokes 定律以不同的速度下沉。在土粒下沉过程中，用密度计测出在悬液中对应于不同时间的不同悬液密度，根据密度计读数和土粒的下沉时间，就可以计算出粒径小于某一粒径的土体颗粒占土样总质量的百分比值。

密度计法需要满足 Stokes 定律及等速下沉的假定，土体颗粒不能太大也不能太小。如果土体颗粒太大，沉降速度会超出 Stokes 公式的范围；如果土体颗粒太小，会发生紊流现象，不能等速下降。一般情况下，0.002～0.075mm 的粒径基本可以满足这一假定。

1. 仪器设备和试剂

甲种（乙种）密度计；量筒，容积 1000mL；细筛，孔径为 2mm、1mm、0.5mm、0.25mm、0.1mm；洗筛，孔径为 0.075mm；天平，称量 1000g、精度 0.1g，称量 500g、精度 0.01g，称量 200g、精度 0.001g；细筛漏斗；搅拌器；砂浴；秒表；锥形瓶。

2. 操作步骤

（1）取代表性风干样 300g，过 2mm 筛，称量出筛上试样质量，计算出筛上试样质量占总质量的百分比。

（2）取筛下土测定试样风干含水率，试样中易溶盐含量大于总质量的 0.5% 时，应做洗盐处理。

（3）称取质量为 30g 的干土试样，倒入 500mL 的锥形瓶中，注入纯水 200mL，浸泡 12h。风干土质量按式（1-9）计算。

$$m = m_d(1 + 0.01\omega) \tag{1-9}$$

式中 m——风干土质量，g；

m_d——试样干土质量，g；

ω——风干土含水率，%。

（4）将锥形瓶放在煮沸设备上，连接冷凝管进行煮沸，一般煮沸时间约 1h。

（5）将冷却后的液体倒入瓷杯中，静置 1min，通过洗筛漏洞将上部悬液过 0.075mm 筛倒入量筒。杯底沉淀物碾散后加水搅拌，再静置 1min 后，将上部液体过 0.075mm 筛倒入量筒。如此反复操作，直至液体澄清，杯底砂粒洗净。

（6）将留在洗筛上的颗粒和杯底的砂粒洗入蒸发器皿中，倒出上部清水，烘干称量，然后进行洗筛筛分。

（7）过筛悬液倒入量筒，加适量的分散剂后注入纯水，使筒内悬液达到 1000mL。

（8）用搅拌器在量筒内沿整个悬液深度上下搅拌 1min，往复约 30 次，使悬液内土粒均匀分布，注意搅拌时勿使悬液溅出筒外。

（9）取出搅拌器，将密度计放入悬液中同时启动秒表。记录 0.5min、1min、2min、5min、15min、30min、60min、120min 和 1440min 的密度计读数。密度计浮泡应保持在量筒中部位置，不得贴近筒壁。

（10）密度计读数均以弯液面上缘为准。

3. 计算

（1）甲种密度计

$$X = \frac{100}{m_d} C_s (R + m_t + n - C_D) \tag{1-10}$$

$$C_D = \frac{\rho_s}{\rho_s - \rho_{w20}} \times \frac{2.65 - \rho_{w20}}{2.65} \tag{1-11}$$

式中　X——小于某粒径的土质量百分数，%；

　　　m_d——试样干土质量，g；

　　　C_s——土粒比重校正值；

　　　n——弯液面校正值；

　　　ρ_s——土粒密度，g/cm³；

　　　ρ_{w20}——20℃时水的密度，g/cm³；

　　　m_t——温度校正值；

　　　C_D——分散剂校正值；

　　　R——甲种密度计读数。

（2）乙种密度计

$$X = \frac{100V}{m_d}C'_s\left[(R'-1)+m'_t+n'-C'_D\right]\rho_{w20} \tag{1-12}$$

$$C'_S = \frac{\rho_s}{\rho_s - \rho_{w20}} \tag{1-13}$$

式中　V——悬液体积，1000mL；

　　　C'_s——土粒比重校正值；

　　　n'——弯液面校正值；

　　　m'_t——温度校正值；

　　　C'_D——分散剂校正值；

　　　R'——乙种密度计读数。

4. 试验记录（表 1-7）

颗粒分析试验记录表（密度计法）　　　　　　表 1-7

工程名称：　　　　　　　　　试 验 者：　　　　　　　土样编号：

计 算 者：　　　　　　　　　试验日期：　　　　　　　校 核 者：

小于 0.075mm 颗粒土质量百分数　　　　干土总质量
湿土质量　　　　　　　　　　　　　　密度计号
含水率　　　　　　　　　　　　　　　量筒号
干土质量　　　　　　　　　　　　　　烧瓶号
含盐量　　　　　　　　　　　　　　　土粒比重
易溶盐含量　　　　　　　　　　　　　比重校正值
风干土质量　　　　　　　　　　　　　弯液面校正值

试验时间	下沉时间 t (min)	悬液温度 T (℃)	密度计读数					土粒落距 L (cm)	粒径 d (cm)	小于某粒径的土质量百分数（%）	小于某粒径的总土质量百分数（%）
			密度计读数 R	温度校正值 m	分散剂校正值 C_D	$R_M=R+m+n-C_D$	$R_H=R_MC_s$				

思　考　题

1. 密度试验有几种测试方法？每种方法的适用条件是什么？
2. 比重试验中，为什么要用砂浴加热比重瓶？
3. 测试土的含水率试验中，为什么要进行平行试验？
4. 土的颗粒分析试验方法有几种？每种方法的适用条件是什么？
5. 简要阐述土的颗粒分析试验的应用。

第2章 应力分析与应变分析

本章学习目标：

1. 掌握一点的应力状态的概念，掌握应力张量及其不变量、应力偏量及其不变量的概念和应用。

2. 掌握主应力空间的基本概念，掌握应力洛德角和 π 平面的概念。

3. 掌握应变张量及其不变量的概念。

4. 了解非饱和土中的应力分析方法。

2.1 应 力 分 析

2.1.1 应力分量与应力张量

在 $Oxyz$ 直角坐标系中，土体中一点 M (x, y, z) 的应力状态可以用通过该点的微小立方体上的应力分量表示，如图 2-1 所示，这个立方体的 6 个面上作用着 9 个应力分量，即：

$$\sigma_x, \sigma_y, \sigma_z, \tau_{xy}, \tau_{yx}, \tau_{yz}, \tau_{zy}, \tau_{zx}, \tau_{xz} \qquad (2\text{-}1)$$

式中，σ_x、σ_y、σ_z 为作用面上的法向应力分量，τ_{xy}、τ_{yx}、τ_{yz}、τ_{zy}、τ_{zx}、τ_{xz} 为作用面上的剪应力分量。

上述应力分量的大小不仅与物体的受力情况有关，同时也与 x、y、z 坐标轴的方向有关。

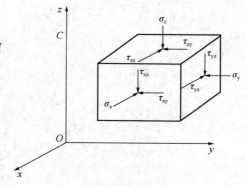

图 2-1 一点的应力状态

土中一点的应力状态是由应力分量所确定的物理量，而应力分量具有张量的性质，所以这 9 个应力分量被称为应力张量，可以用 σ_{ij}（$i, j = x, y, z$）来表示：

$$\sigma_{ij} = \begin{bmatrix} \sigma_x & \tau_{xy} & \tau_{xz} \\ \tau_{yx} & \sigma_y & \tau_{yz} \\ \tau_{zx} & \tau_{zy} & \sigma_z \end{bmatrix} \qquad (2\text{-}2)$$

若采用下标标记 1、2、3，式（2-2）可表示为：

$$\sigma_{ij} = \begin{bmatrix} \sigma_{11} & \sigma_{12} & \sigma_{13} \\ \sigma_{21} & \sigma_{22} & \sigma_{23} \\ \sigma_{31} & \sigma_{32} & \sigma_{33} \end{bmatrix} \qquad (2\text{-}3)$$

根据剪应力互等，应力张量是一个二阶对称张量，只有 6 个分量是独立的，即 σ_x、

σ_y、σ_z、τ_{xy}、τ_{yz}、τ_{xz}。

2.1.2 应力张量的不变量

在过一点的斜截面上，如果只有法向应力而无剪应力时，这个斜截面就是主应力面。已知一点的 9 个应力分量，可以求得过该点的任意斜截面上的应力。在应力点处取一个如图 2-2 所示的微小斜面体，ABC 面为主应力面，AOB、BOC、AOC 面上作用有如式（2-2）所示的 9 个应力分量。

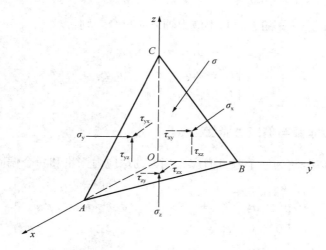

图 2-2 作用在斜四面体上的应力

ABC 面的外法线与 x、y、z 坐标轴的余弦分别为 l、m、n，$l^2+m^2+n^2=1$，其中：

$$\begin{cases} l = \cos\alpha \\ m = \cos\beta \\ n = \cos\gamma \end{cases} \tag{2-4}$$

根据力的平衡条件，如图 2-2 所示的斜四面体在 x、y、z 3 个方向的合力为零，可以得到：

$$\begin{cases} (\sigma_x - \sigma)l + \tau_{yx}m + \tau_{zx}n = 0 \\ \tau_{xy}l + (\sigma_y - \sigma)m + \tau_{zy}n = 0 \\ \tau_{xz}l + \tau_{yz}m + (\sigma_z - \sigma)n = 0 \end{cases} \tag{2-5}$$

以 l、m、n 为未知量，式（2-5）有非零解的条件为：

$$\begin{bmatrix} \sigma_x - \sigma & \tau_{yx} & \tau_{zx} \\ \tau_{xy} & \sigma_y - \sigma & \tau_{zy} \\ \tau_{xz} & \tau_{yz} & \sigma_z - \sigma \end{bmatrix} = 0 \tag{2-6}$$

展开行列式可得到：

$$\sigma^3 - I_1\sigma^2 - I_2\sigma - I_3 = 0 \tag{2-7}$$

如式（2-7）所示的三次方程有 3 个实根，分别为 σ_1、σ_2、σ_3，是 3 个主应力。σ_1、σ_2、σ_3 的作用平面互相垂直，其法线构成了主应力张量的主轴，与原来的 x、y、z 选择无关。因此，I_1、I_2、I_3 是 3 个不随坐标的选择而变化的标量，称为应力不变量，可分别表示为：

$$\begin{cases} I_1 = \sigma_x + \sigma_y + \sigma_z \\ I_2 = \sigma_x\sigma_y + \sigma_y\sigma_z + \sigma_z\sigma_x - \tau_{xy}^2 - \tau_{yz}^2 - \tau_{zx}^2 \\ I_3 = \sigma_x\sigma_y\sigma_z + 2\tau_{xy}\tau_{yz}\tau_{zx} - \sigma_x\tau_{yz}^2 - \sigma_y\tau_{zx}^2 - \sigma_z\tau_{xy}^2 \end{cases} \tag{2-8}$$

若 3 个坐标轴 x、y、z 的方向与主应力轴方向重合，则：

$$\begin{cases} I_1 = \sigma_1 + \sigma_2 + \sigma_3 \\ I_2 = \sigma_1\sigma_2 + \sigma_2\sigma_3 + \sigma_3\sigma_1 \\ I_3 = \sigma_1\sigma_2\sigma_3 \end{cases} \tag{2-9}$$

2.1.3 球应力张量与偏应力张量

应力张量 σ_{ij} 可以分解为一个各方向应力相等的球应力张量和一个偏应力张量，即：

$$\sigma_{ij} = \begin{bmatrix} \sigma_m & 0 & 0 \\ 0 & \sigma_m & 0 \\ 0 & 0 & \sigma_m \end{bmatrix} + \begin{bmatrix} \sigma_{11} - \sigma_m & \sigma_{12} & \sigma_{13} \\ \sigma_{21} & \sigma_{22} - \sigma_m & \sigma_{23} \\ \sigma_{31} & \sigma_{32} & \sigma_{33} - \sigma_m \end{bmatrix} \tag{2-10}$$

式中 σ_m——平均主应力，可表示为：

$$\sigma_m = \frac{1}{3}\sigma_{kk} = \frac{1}{3}(\sigma_{11} + \sigma_{22} + \sigma_{33}) = \frac{1}{3}(\sigma_1 + \sigma_2 + \sigma_3) \tag{2-11}$$

偏应力张量为：

$$S_{ij} = \sigma_{ij} - \frac{1}{3}\sigma_{kk}\delta_{ij} \tag{2-12}$$

式中 δ_{ij}——克罗内克因子。

应力球张量表示各向等压的应力状态，即静水压力状态。偏应力张量也是二阶对称张量，S_i 满足的三次方程为：

$$S^3 - J_1 S^2 - J_2 S - J_3 = 0 \tag{2-13}$$

式中 J_1、J_2、J_3——偏应力张量的第一、第二、第三不变量：

$$\begin{cases} J_1 = S_{kk} = 0 \\ J_2 = \frac{1}{2}S_{ij}S_{ji} = \frac{1}{6}\left[(\sigma_1 - \sigma_2)^2 + (\sigma_2 - \sigma_3)^2 + (\sigma_3 - \sigma_1)^2\right] \\ J_3 = \frac{1}{3}S_{ij}S_{jk}S_{ki} = \frac{1}{27}(2\sigma_1 - \sigma_2 - \sigma_3)(2\sigma_2 - \sigma_1 - \sigma_3)(2\sigma_3 - \sigma_1 - \sigma_2) \end{cases} \tag{2-14}$$

2.1.4 八面体应力

如图 2-2 所示，在 $Oxyz$ 坐标系中，如果取 $OA = OB = OC$，则斜截面 ABC 外法线方向与 3 个坐标轴夹角的余弦均相等。若平面 OAB、OBC、OCA 为主应力面，分别作用 σ_1、σ_2、σ_3，则 ABC 为八面体上的一个面，在坐标系的 8 个象限中分别绘出与 ABC 同样的斜截面，则围成一个八面体，如图 2-3 所示。

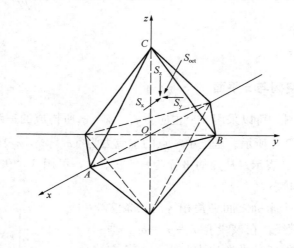

图 2-3 八面体及其应力

假设作用在平面 ABC 上的总应力为 S_{oct}，它在 3 个坐标轴上的分量分别为 S_x、S_y、S_z，根据单元体的受力平衡条件可得：

$$\begin{cases} S_x = \sigma_1 l = \dfrac{1}{\sqrt{3}}\sigma_1 \\[2mm] S_y = \sigma_2 m = \dfrac{1}{\sqrt{3}}\sigma_2 \\[2mm] S_z = \sigma_3 n = \dfrac{1}{\sqrt{3}}\sigma_3 \end{cases} \tag{2-15}$$

则有：

$$S_{oct}^2 = S_x^2 + S_y^2 + S_z^2 = \frac{1}{3}(\sigma_1^2 + \sigma_2^2 + \sigma_3^2) \tag{2-16}$$

平面 ABC 上的正应力为：

$$\sigma_{oct} = S_x l + S_y m + S_z n = \frac{1}{3}(\sigma_1 + \sigma_2 + \sigma_3) = \frac{1}{3}I_1 \tag{2-17}$$

平面 ABC 上的剪应力为：

$$\tau_{oct} = \sqrt{S_{oct}^2 - \sigma_{oct}^2} = \frac{1}{3}\left[(\sigma_1 - \sigma_2)^2 + (\sigma_2 - \sigma_3)^2 + (\sigma_3 - \sigma_1)^2\right]^{1/2} = \sqrt{\frac{2}{3}}J_2^{1/2} \tag{2-18}$$

在土力学中，通常采用 2 个应力不变量 p 和 q 来表示八面体上的正应力和剪应力，即：

$$p = \sigma_{oct} = \frac{1}{3}(\sigma_1 + \sigma_2 + \sigma_3) = \frac{1}{3}I_1 \tag{2-19}$$

$$q = \frac{1}{\sqrt{2}}\left[(\sigma_1 - \sigma_2)^2 + (\sigma_2 - \sigma_3)^2 + (\sigma_3 - \sigma_1)^2\right]^{1/2} = \frac{3}{\sqrt{2}}\tau_{oct} = \sqrt{3J_2} \tag{2-20}$$

式中　p——平均主应力；

　　　q——广义剪应力。

2.1.5　主应力空间与 π 平面

对于各向同性材料，可以采用 3 个主应力 σ_1、σ_2、σ_3 所构成的三维应力空间来研究其应力应变关系，如图 2-4 所示。若土中一点的主应力为 (σ_1，σ_2，σ_3)，则该应力状态可由主应力空间中的一点 P 表示。P 点的坐标为 σ_1、σ_2、σ_3，可用 3 个矢量 OP_1、OP_2、OP_3 的矢量和来表示应力状态。

通过原点 O 与 3 个坐标之间夹角相等的一条空间对角线 OS，即等倾线，在该线上 $\sigma_1 = \sigma_2 = \sigma_3$。垂直于这条空间对角线的任一平面称为 π 平面，其方程为：

$$\sigma_1 + \sigma_2 + \sigma_3 = \sqrt{3}r \tag{2-21}$$

式中　r——沿等倾线 OS 方向由坐标原点到该平面的距离。

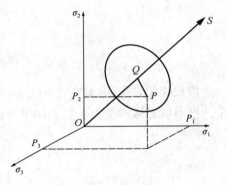

图 2-4　主应力空间

π 平面有无限多个，其中过已知点 P 的 π 平面与空间对角线 OS 相交于 Q 点，连接 QP，由于在 π 平面上各点的平均主应力 p 都相等，所以 QP 表示偏应力的大小。

（1）平均主应力 p

在 π 平面上所有点的主应力之和 $\sigma_1 + \sigma_2 + \sigma_3$ 是一个常数，任一点 P 向 OS 投影都是 Q 点，OP 向 OS 投影的长度为：

$$\overline{OQ} = \sigma_1 l + \sigma_2 m + \sigma_3 n = \frac{1}{\sqrt{3}}(\sigma_1 + \sigma_2 + \sigma_3) = \frac{1}{\sqrt{3}}I_1 = \sqrt{3}\sigma_{oct} = \sqrt{3}p \tag{2-22}$$

可见，OQ 的长度与 3 个主应力之和，或应力第一不变量 I_1，或平均主应力 p 有关，即 π 平面上各点主应力之和都是相等的。

（2）偏应力 q

在 π 平面上 PQ 的长度和偏应力大小有关。由图 2-4 可知：

$$\overline{OP}^2 = \sigma_1^2 + \sigma_2^2 + \sigma_3^2 \tag{2-23}$$

$$\overline{OQ}^2 = \frac{1}{3}(\sigma_1 + \sigma_2 + \sigma_3)^2 \tag{2-24}$$

从而，可得到：

$$\overline{PQ} = \frac{1}{\sqrt{3}} \left[(\sigma_1 - \sigma_2)^2 + (\sigma_2 - \sigma_3)^2 + (\sigma_3 - \sigma_1)^2 \right]^{1/2} = \sqrt{2J_2} = \sqrt{3}\tau_{\mathrm{oct}} = \sqrt{\frac{2}{3}}q \qquad (2\text{-}25)$$

可见，PQ 的长度与八面体剪应力或偏应力第二不变量的大小有关。

（3）应力洛德角 θ_σ

为了表示 3 个主应力 σ_1、σ_2、σ_3，在柱坐标系下描述一个应力点 P，除了 OQ 和 PQ 两段长度外，还需要有另一个变量。如图 2-5 所示，以点 Q 为圆心，PQ 的长度为半径，可以有无数个应力点。为了确定点 P 在 π 平面上的位置，还需引入另外一个参数，即应力洛德角。首先确定在 σ_2 轴与 σ_1 轴之间与 σ_2 轴正方向夹角为 $90°$ 的方向 QR，则应力洛德角 θ_σ 为 PQ 与 QR 之间的夹角，以 QR 起逆时针方向为正。

洛德参数 μ_σ 和毕肖普常数 b 可表示为：

$$\mu_\sigma = \frac{2\sigma_2 - \sigma_1 - \sigma_3}{\sigma_1 - \sigma_3} \qquad (2\text{-}26)$$

$$b = \frac{\sigma_2 - \sigma_3}{\sigma_1 - \sigma_3} \qquad (2\text{-}27)$$

可以得到：

$$\tan\theta_\sigma = \frac{2\sigma_2 - \sigma_1 - \sigma_3}{\sqrt{3}(\sigma_1 - \sigma_3)} = \frac{\mu_\sigma}{\sqrt{3}} = \frac{2b - 1}{\sqrt{3}} \qquad (2\text{-}28)$$

应力洛德角与偏应力不变量之间的关系为：

$$\sin3\theta_\sigma = -\frac{3\sqrt{3}}{2}\frac{J_3}{J_2^{3/2}} \qquad (2\text{-}29)$$

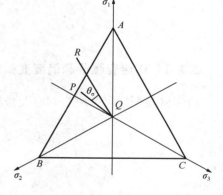

图 2-5　π 平面

应力洛德角或洛德参数都是应力偏量的特征量，可表示主应力和其他两个主应力间的相对比例。若定义 $\sigma_1 > \sigma_2 > \sigma_3$，则应力洛德角在 $-30° \sim +30°$ 之间变化。对于三轴试验，$\sigma_1 > \sigma_2 = \sigma_3$，则 $\theta_\sigma = -30°$；对于三轴拉伸试验，$\sigma_1 = \sigma_2 > \sigma_3$，则 $\theta_\sigma = 30°$。因此，采用 3 个独立的应力参数 p、q 和 θ_σ 可以确定应力点 P 在主应力空间的位置。

2.2　应　变　分　析

2.2.1　应变分量与应变张量

一点的应变状态和应力状态一样，也可以用 9 个分量来表示，即：

$$\varepsilon_x,\ \varepsilon_y,\ \varepsilon_z,\ \frac{1}{2}\gamma_{xy},\ \frac{1}{2}\gamma_{yx},\ \frac{1}{2}\gamma_{yz},\ \frac{1}{2}\gamma_{zy},\ \frac{1}{2}\gamma_{zx},\ \frac{1}{2}\gamma_{xz} \qquad (2\text{-}30)$$

应变分量同样与坐标轴方向有关，由应变分量组成的二阶张量即为应变张量，记为 ε_{ij}：

$$\varepsilon_{ij} = \begin{bmatrix} \varepsilon_x & \dfrac{1}{2}\gamma_{xy} & \dfrac{1}{2}\gamma_{xz} \\ \dfrac{1}{2}\gamma_{yx} & \varepsilon_y & \dfrac{1}{2}\gamma_{yz} \\ \dfrac{1}{2}\gamma_{zx} & \dfrac{1}{2}\gamma_{zy} & \varepsilon_z \end{bmatrix} \tag{2-31}$$

应变张量是一个二阶的对称张量，有 6 个独立分量，即：ε_x、ε_y、ε_z、$\gamma_{xy}/2$、$\gamma_{yz}/2$、$\gamma_{zx}/2$。γ_{ij} 为工程应变，与张量应变 ε_{ij} 之间的关系为：$\varepsilon_{ij} = \gamma_{ij}/2$。因此，式（2-31）也可写作：

$$\varepsilon_{ij} = \begin{bmatrix} \varepsilon_{11} & \varepsilon_{12} & \varepsilon_{13} \\ \varepsilon_{21} & \varepsilon_{22} & \varepsilon_{23} \\ \varepsilon_{31} & \varepsilon_{32} & \varepsilon_{33} \end{bmatrix} \tag{2-32}$$

2.2.2　球应变张量和偏应变张量

应变张量同样可分解为球应变张量和偏应变张量，即：

$$\varepsilon_{ij} = \begin{bmatrix} \dfrac{\varepsilon_v}{3} & 0 & 0 \\ 0 & \dfrac{\varepsilon_v}{3} & 0 \\ 0 & 0 & \dfrac{\varepsilon_v}{3} \end{bmatrix} + \begin{bmatrix} \varepsilon_{11}-\dfrac{\varepsilon_v}{3} & \varepsilon_{12} & \varepsilon_{13} \\ \varepsilon_{21} & \varepsilon_{22}-\dfrac{\varepsilon_v}{3} & \varepsilon_{23} \\ \varepsilon_{31} & \varepsilon_{32} & \varepsilon_{33}-\dfrac{\varepsilon_v}{3} \end{bmatrix} \tag{2-33}$$

式中，ε_v 为体积应变，右边第一项为球应变张量，代表体积应变部分；第二项为偏应变张量，代表形状应变部分，其中 3 个正应变之和等于 0，表明体积改变等于 0。

偏应变张量可用 e_{ij} 表示为：

$$e_{ij} = \varepsilon_{ij} - \frac{\varepsilon_v}{3}\delta_{ij} = \begin{bmatrix} e_x & e_{xy} & e_{xz} \\ e_{yx} & e_y & e_{yz} \\ e_{zx} & e_{zy} & e_z \end{bmatrix} = \begin{bmatrix} e_x & \dfrac{1}{2}\gamma_{xy} & \dfrac{1}{2}\gamma_{xz} \\ \dfrac{1}{2}\gamma_{yx} & e_y & \dfrac{1}{2}\gamma_{yz} \\ \dfrac{1}{2}\gamma_{zx} & \dfrac{1}{2}\gamma_{zy} & e_z \end{bmatrix} \tag{2-34}$$

2.2.3　应变张量不变量

当坐标轴 x、y、z 方向与应变主轴方向重合时，剪应变分量为 0，此时应变张量可写为：

$$\varepsilon_{ij} = \begin{bmatrix} \varepsilon_1 & 0 & 0 \\ 0 & \varepsilon_2 & 0 \\ 0 & 0 & \varepsilon_3 \end{bmatrix} \tag{2-35}$$

正应变分量 ε_1、ε_2、ε_3 称为主应变，主应变的差值 $\gamma_1 = \varepsilon_2 - \varepsilon_3$，$\gamma_2 = \varepsilon_3 - \varepsilon_1$，$\gamma_3 = \varepsilon_1 - \varepsilon_2$ 称为主剪应变。

与应力张量一样，应变张量和偏应变张量分别有 3 个不变量，分别可表示为：

$$\begin{cases} I_{1\varepsilon} = \varepsilon_x + \varepsilon_y + \varepsilon_z = \varepsilon_1 + \varepsilon_2 + \varepsilon_3 \\ I_{2\varepsilon} = \varepsilon_x \varepsilon_y + \varepsilon_y \varepsilon_z + \varepsilon_z \varepsilon_x - \frac{1}{4}(\gamma_{xy}^2 + \gamma_{yz}^2 + \gamma_{zx}^2) = \varepsilon_1 \varepsilon_2 + \varepsilon_2 \varepsilon_3 + \varepsilon_3 \varepsilon_1 \\ I_{3\varepsilon} = \varepsilon_x \varepsilon_y \varepsilon_z + \frac{1}{4}[\gamma_{xy}\gamma_{yz}\gamma_{zx} - (\varepsilon_x \gamma_{yz}^2 + \varepsilon_y \gamma_{zx}^2 + \varepsilon_z \gamma_{xy}^2)] = \varepsilon_1 \varepsilon_2 \varepsilon_3 \end{cases} \tag{2-36}$$

$$\begin{cases} J_{1\varepsilon} = e_{11} + e_{22} + e_{33} = e_1 + e_2 + e_3 = 0 \\ J_{2\varepsilon} = \frac{1}{2} e_{ij} e_{ji} = \frac{1}{6}[(\varepsilon_1 - \varepsilon_2)^2 + (\varepsilon_2 - \varepsilon_3)^2 + (\varepsilon_3 - \varepsilon_1)^2] = e_1 e_2 + e_2 e_3 + e_3 e_1 \\ J_{3\varepsilon} = \frac{1}{3} e_{ij} e_{jk} e_{ki} = \frac{1}{27}(2\varepsilon_1 - \varepsilon_2 - \varepsilon_3)(2\varepsilon_2 - \varepsilon_1 - \varepsilon_3)(2\varepsilon_3 - \varepsilon_1 - \varepsilon_2) \end{cases}$$

$$\tag{2-37}$$

2.2.4　八面体应变

八面体面上的正应变和剪应变分别为：

$$\varepsilon_8 = \frac{1}{3}(\varepsilon_1 + \varepsilon_2 + \varepsilon_3) = \frac{1}{3}\varepsilon_v \tag{2-38}$$

$$\gamma_8 = \frac{2}{3}\sqrt{(\varepsilon_1 - \varepsilon_2)^2 + (\varepsilon_2 - \varepsilon_3)^2 + (\varepsilon_3 - \varepsilon_2)^2} = \frac{2\sqrt{6}}{3}\sqrt{J_{2\varepsilon}} \tag{2-39}$$

广义剪应变，也被称为等效应变或应变强度，定义为：

$$\bar{\gamma} = \frac{\sqrt{2}}{3}\sqrt{(\varepsilon_x - \varepsilon_y)^2 + (\varepsilon_y - \varepsilon_z)^2 + (\varepsilon_z - \varepsilon_x)^2 + \frac{3}{2}(\gamma_{xy}^2 + \gamma_{yz}^2 + \gamma_{zx}^2)} \tag{2-40}$$

采用主应变表示，广义剪应变为：

$$\bar{\gamma} = \frac{\sqrt{2}}{3}\sqrt{(\varepsilon_1 - \varepsilon_2)^2 + (\varepsilon_2 - \varepsilon_3)^2 + (\varepsilon_3 - \varepsilon_1)^2} = \frac{2}{\sqrt{3}}\sqrt{J_{2\varepsilon}} \tag{2-41}$$

纯剪应变，又称剪应变强度，定义为：

$$\gamma_s = 2\sqrt{J_{2\varepsilon}} = \sqrt{\frac{2}{3}[(\varepsilon_1 - \varepsilon_2)^2 + (\varepsilon_2 - \varepsilon_3)^2 + (\varepsilon_3 - \varepsilon_2)^2]} \tag{2-42}$$

2.3　非饱和土基本理论与应力分析

2.3.1　基本理论

实际工程中遇到的土多是以三相状态（土粒、孔隙水、孔隙气）存在，而经典的饱和土力学原理与概念并不完全符合其实际性状。土作为饱和土对大多数工程来讲是一种合理的简化，但是随着研究的逐渐深入，人们已经注意到对于某些特殊区域或特殊性质的土，这种简化会造成研究理论的错误应用。因此，在三相（非饱和）状态下研究土体的工程力学性质是土力学发展的趋势。

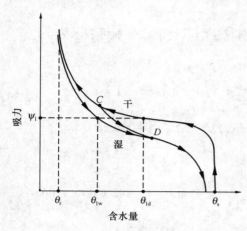

图 2-6　土水特征曲线示意图

非饱和土的关键问题在于土中气体对土体性质的影响，而且这种影响是通过负孔隙水压力产生的，即非饱和土力学中的吸力（suction）。研究表明，经典土力学理论的不足之一是没有反映土中吸力的存在。图 2-6 为土水特征曲线示意图，从中可以看出土体含水率变化将导致土中吸力的变化，进而改变土体的有效应力。因此，根据现场实际情况，必要时可以开展吸力控制的试验。

针对非饱和土，Bishop 提出以下有效应力公式：

$$\sigma' = (\sigma - u_a) + \chi(u_a - u_w) \tag{2-43}$$

式中　σ'——有效应力；

u_a——孔隙气压力；

u_w——孔隙水压力；

χ——与土的饱和度有关的试验参数（有效应力参数）。

Lu 用基质吸力（$u_a - u_w$）与参数 χ 的乘积表示吸应力，即吸应力是吸力的一定比例，但随后人们发现参数 χ 受土类及其他多种因素影响，确定过程比较困难。

Fredlund 提出了建立在多相连续介质力学基础上的非饱和土应力分析，采用双应力状态变量净法向应力（$\sigma - u_a$）和基质吸力（$u_a - u_w$）建立有效应力表达式。

2.3.2　应力分析

图 2-7（a）和（b）分别在直角坐标系中展示了干土和饱和土中某一点的应力状态。对于非饱和土，当采用双应力状态变量时，净法向应力张量为：

$$\begin{bmatrix} \sigma_x - u_a & \tau_{yx} & \tau_{zx} \\ \tau_{xy} & \sigma_y - u_a & \tau_{zy} \\ \tau_{xz} & \tau_{yz} & \sigma_z - u_a \end{bmatrix} \tag{2-44}$$

基质吸力张量为：

$$\begin{bmatrix} u_a - u_w & 0 & 0 \\ 0 & u_a - u_w & 0 \\ 0 & 0 & u_a - u_w \end{bmatrix} \tag{2-45}$$

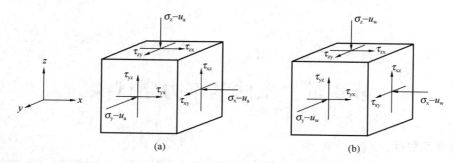

图 2-7　一点的应力状态

（a）干土；（b）饱和土

净法向应力张量和基质吸力张量叠加后应力状态如图 2-8 所示。

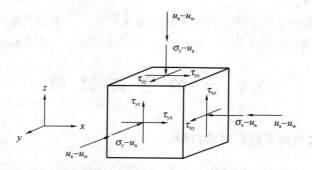

图 2-8　非饱和土某一点的应力状态

思　考　题

1. 什么是应力张量和应变张量的不变量？其不变性的原因是什么？
2. 八面体上的正应力与剪应力有什么特点？
3. 应变张量的球张量和偏张量部分各有什么特点？

第3章 土的基本力学试验

本章学习目标:

1. 熟练掌握土的抗剪强度参数的室内测试方法,掌握直剪试验和三轴试验的优缺点,了解不同类型三轴试验的适用工况。

2. 熟练掌握固结试验确定土的压缩性和压缩性指标的方法,了解固结试验的基本原理。

3. 掌握渗透试验的基本原理,熟练掌握常水头和变水头渗透试验方法和适用范围。

4. 掌握真三轴试验的基本原理,掌握真三轴试验的试验方法和数据分析。

3.1 土 的 直 剪 试 验

3.1.1 直剪试验的原理和试验类型

直剪试验是测定土体抗剪强度的一种常用的室内试验方法,可以直接测出给定剪切面上土的抗剪强度。通常是从地基中某个位置取出土样,制成几个试样,用几个不同的垂直压力作用于试样上,然后施加剪应力,测得剪应力与位移的关系曲线,获得该垂直压力下的抗剪强度。通过几个试样的抗剪强度确定强度包线,从而求出抗剪强度参数,即黏聚力 c 和内摩擦角 φ。本试验可测定细粒土和砂性土的抗剪强度参数。

直剪试验可分为慢剪(S)、固结快剪(CQ)和快剪(Q)3 种试验方法,其中固结快剪和快剪试验适用于渗透系数小于 10^{-6}cm/s 的细粒土。慢剪试验是在试样上施加垂直压力和水平剪应力的过程中均应使试样排水固结;固结快剪试验是在试样上施加垂直压力,待排水固结稳定后,施加水平剪切力;快剪试验是在试样上施加垂直压力后,立即施加水平剪切力。

以上每种试验方法适用于一定排水条件下的土体。慢剪试验用于在施加垂直压力下达到完全固结稳定,而在剪切过程中孔隙水压力的变化与剪应力的变化相适应;固结快剪试验用于施加垂直压力下达到完全固结,但剪切过程中不产生排水固结;快剪试验用于在土体上施加垂直压力和剪切过程中都不发生固结排水的情况。

直剪仪构造简单,操作简便,并符合某些特性条件,至今仍是试验室常用的一种试验仪器。但直剪试验也存在如下缺点:

(1) 剪切过程中试样内的剪应力和剪应变分布不均匀。试样剪坏时,靠近剪力盒边缘应变最大,而试样中间部位的应变相对小得多。此外,剪切面附近的应变又大于试样顶部和底部的应变。基于同样的原因,试样中的剪应力也是很不均匀的。

（2）剪切面人为地限制在上、下盒的接触面上，而该平面并非是试样抗剪最弱的剪切面。

（3）剪切过程中试样面积逐渐减小，且垂直荷载发生偏心，但计算抗剪强度时却按受剪面积不变和剪应力均匀分布计算。

（4）根据试样破坏时的法向应力和剪应力，虽可算出大、小主应力的数值，但中主应力无法确定。

3.1.2　仪器设备与试验方法

常用的直剪仪分为应变控制式和应力控制式两种。应变控制式是控制试样产生一定的位移，测定其相应的水平剪应力；应力控制式是对试样施加一定水平剪应力，测定其相应的位移。应变控制式直剪仪的优点是能够较为准确地测定剪应力和剪切位移曲线上的峰值和最后值，且操作方便。为此，一般采用应变控制式直剪仪，如图 3-1 所示。仪器由固定的上盒和可移动的下盒构成，试样置于上、下盒之间的盒内。试样上、下各放一块透水石以利于试样排水。试验时，首先由加荷架对试样施加竖向压力 F_N，水平推力 F_s 则由等速前进的轮轴施加于下盒，使试样在沿上、下盒水平接触面产生剪切位移，如图 3-2 所示。

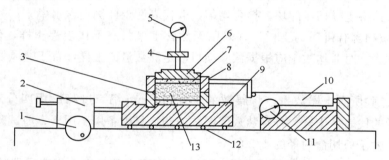

图 3-1　应变控制式直剪仪

1—剪切传动机构；2—推动器；3—下盒；4—垂直加压框架；5—垂直位移计；
6—传压板；7—透水板；8—上盒；9—储水盒；10—测力计；11—水平位移计；12—滚珠；13—试样

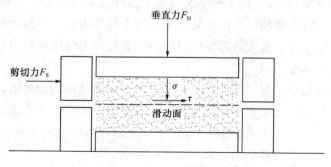

图 3-2　直剪试验的概念图

1. 慢剪试验

（1）试样制备

对于原状土试样，应按下列步骤进行制备：

1）将土样筒按标明的上下方向放置，剥去蜡封和胶带，开启土样筒取出土样。检查土样结构，当确定土样已受扰动或取土质量不符合规定时，不应制备力学性质试验的试样。

2）根据试验要求用环刀切取试样时，应在环刀内壁涂一层薄层凡士林，刃口向下放在土样上，将环刀垂直下压，并用切土刀沿环刀外侧切削土样，边压边削至土样高出环刀，根据试样的软硬采用钢丝锯或切土刀整平环刀两端土样，擦净环刀外壁，称环刀和土的总质量。

3）从余土中取代表性试样测定含水率。比重、颗粒分析、界限含水率等的测定，应按相关标准进行。

4）切削试样时，应对土样的层次、气味、颜色、夹杂物、裂缝和均匀性进行描述，对低塑性和高灵敏度的软土，制样时不得扰动。

对于扰动土试样，应按下列步骤进行制备：

1）将土样从土样筒或包装袋中取出，对土样的颜色、气味、夹杂物和土类及均匀程度进行描述，并将土样切成碎块，拌合均匀，取代表性土样测定含水率。

2）对均质和含有机质的土样，宜采用天然含水率状态下代表性土样，供颗粒分析、界限含水率试验。对非均质土应根据试验项目取足够数量的土样，置于通风处晾干至可碾散为止。

3）根据试验所需土样数量，将碾散的土样过 2mm 筛。过筛后用四分对角取样法，取出足够数量的代表性土样，分别装入保湿缸或塑料袋内备用。用于直剪试验的土样最大颗粒粒径不应大于剪切盒内径的 1/20。

4）取足够试验用的过筛后的风干土，平铺于不吸水的盘内，用喷雾器喷洒预计的水量，拌匀，然后装入保湿缸或塑料袋内扎紧，润湿一昼夜备用。测试润湿土样不同位置的含水率，要求差值不大于 ±1%。

5）对于扰动土样的制备，视工程情况可采用击样法和压样法。击样法是将根据环刀容积及要求的干密度所需要的湿土倒入装有环刀的击样器内，击实到所需密度；压样法是将根据环刀容积及要求的干密度所需要的湿土倒入装有环刀的压样器内，通过活塞用静压力将土样压实到所需密度。

（2）对准剪切容器上下盒，插入固定销，在下盒内放透水板盒滤纸，将带有试样的环刀刃口向上，对准剪切盒口，在试样上放滤纸盒透水板，将试样小心推入剪切盒内。

（3）移动传动装置，使上盒前端钢珠刚好与测力计接触，依次放上传压板、加压框架，安装垂直位移和水平位移量测装置，并调整零点。

（4）根据工程实际和土的软硬程度施加各级垂直压力。对松软试样垂直压力可分级施加，以防试样挤出。施加压力后，向盒内注水，当试样为非饱和土时，应在传压板周围包湿棉纱。

（5）施加压力后，每小时测读垂直变形，直至试样固结变形稳定。变形稳定标准为每小时变形不大于 0.005mm。

（6）拔去固定销，以小于 0.02mm/min 的剪切速率进行剪切，每产生剪切位移 0.2～0.4mm，测量记录测力计读数和位移读数，直至测力计出现峰值，继续剪切至位移达 4mm 时停机，记下破坏值。若测力计读数无峰值，应剪切至位移达 6mm 时停机。

2. 固结快剪试验

（1）试样制备、安装和固结与慢剪试验相同。

（2）固结快剪试验的剪切速率为 0.8mm/min，使试样在 3～5min 内剪坏，其步骤与慢剪试验相同。

3. 快剪试验

（1）试样制备、安装与慢剪试验相同，在安装时应以硬塑料薄膜代替滤纸或用不透水板。

（2）施加垂直压力，拔去固定销，立即以 0.8mm/min 的剪切速率进行剪切，使试样在 3～5min 内剪坏。

4. 砂土的直剪试验

（1）取过 2mm 筛的风干砂样 1200g。

（2）根据要求的干密度和试样体积称取每个试样所需的风干砂样。

（3）对准剪切容器上下盒，插入固定销，放干的不透水板和干滤纸，将砂样倒入剪切容器内，抚平表面，放上硬木块轻轻敲打，使试样达到预定的干密度，取出硬木块，抚平砂面，依次放上干滤纸、干不透水板和传压板。

（4）安装加压框架，施加垂直压力，进行剪切。

3.1.3　数据分析

（1）按下式计算剪应力：

$$\tau = \frac{C \cdot R}{A_0} \times 10 \tag{3-1}$$

式中　τ——试样所受的剪应力，kPa；

　　　R——测力计读数，0.01mm；

　　　A_0——试样面积，cm²；

　　　10——单位换算系数。

（2）绘制剪应力与剪切位移关系曲线，如图 3-3 所示。取曲线上剪应力的峰值为抗剪强度，无峰值时，取剪切位移 4mm 所对应的剪应力为抗剪强度。

（3）绘制抗剪强度与垂直压力关系曲线，如图 3-4 所示。直线的倾角（φ）为内摩擦角，直线在纵坐标上的截距（c）为黏聚力。

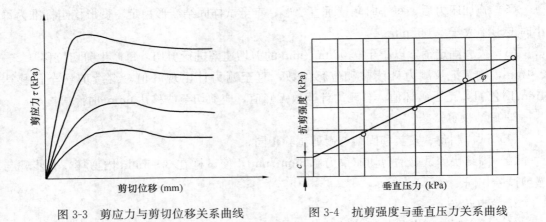

图 3-3　剪应力与剪切位移关系曲线　　　　图 3-4　抗剪强度与垂直压力关系曲线

3.2　土 的 固 结 试 验

3.2.1　固结试验的原理

固结试验是研究土体一维变形特性的测试方法，是测定土体在压力作用下的压缩特性，所得的各项指标用于判断土的压缩性和计算土工建筑物与地基的沉降。试验是将试样放在没有侧向变形的厚壁压缩器内，分级施加垂直压力，测定加压后不同时间的压缩变形，直至各级压力下的变形量趋于某一稳定标准为止，然后绘制各级压力下最终变形量与相应压力的关系曲线，从而求得压缩指标。

1. 固结模型

饱和黏土的固结概念可以用一个带有活塞和弹簧的盛水容器来描述，如图 3-5 所示。模型整体代表一个土单元，弹簧代表土骨架，水代表孔隙水，活塞上的小孔代表土的渗透性，活塞与筒壁之间无摩擦。

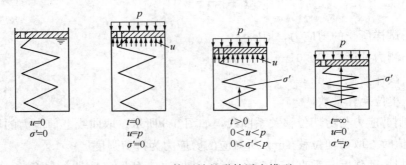

图 3-5　土体固结的弹簧活塞模型

在外荷载 p 刚施加的瞬时，水还来不及从小孔中排出，弹簧未被压缩，荷载 p 全部由孔隙水所承担，水中产生超静孔隙水压力 u，此时 $u = p$。随着时间的推移，水不断从小孔中向外排出，超静孔隙水压力逐渐减小，弹簧逐步受到压缩，弹簧所承担的力逐渐增大。弹簧中的应力代表土骨架所受的力，即等效为土体中的有效应力 σ'，在这一阶段 $u+\sigma'=p$。有效应力与超静孔隙水压力之和作为总应力 σ。当水中超静孔隙水压力减小到零，水不再从小孔中排出，全部外荷载由弹簧承担，即有效应力 $\sigma'=p$。在整个过程中，总应力、有效应力和超静孔隙水压力之间关系为：

$$u(t)+\sigma'(t)=\sigma(t) \tag{3-2}$$

式（3-2）表明有效应力和超静孔隙水压力随时间而变化，但两者之和恒为常数。

2. 固结方程

太沙基在推导固结方程时，作出如下假设：

（1）土体是饱和的，而且是均匀、各向同性的；

（2）土颗粒和孔隙水不可压缩，土的体积变化完全是由孔隙水的排出而产生的；

（3）变形只在垂直加压的方向发生，孔隙水的流动与变形方向相同，侧向变形受限制；

（4）水的流动服从达西定律，边界面上是自由面，对水的流出没有阻力；

（5）在固结过程中，不考虑土层厚度的变化；

（6）土的体积压缩系数 m_v 为常数，土的渗透系数 k 在固结过程中没有变化，所以固结系数 C_v 也是常数。

根据以上假定，太沙基导出了有名的固结微分方程：

$$\frac{\partial u}{\partial t}=C_v\frac{\partial^2 u}{\partial z^2} \tag{3-3}$$

根据给定的边界条件和初始条件，可以求解微分方程式（3-3），从而得到超静孔隙水压力随时间沿深度的变化规律。考虑边界条件如图 3-6 所示。

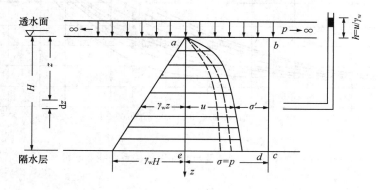

图 3-6 土体单元的固结

当 $0<t<\infty$，$z=0$ 时，$u=0$；

当 $0<t<\infty$，$z=H$ 时，$\dfrac{\partial u}{\partial z}=0$；

当 $t=0$，$0\leqslant z\leqslant H$ 时，$u=p$。

则式（3-3）的解为：

$$u = \frac{4p}{\pi} \sum_{m=1}^{\infty} \frac{1}{m} \sin \frac{m\pi z}{2H} \exp(-m^2 \pi^2 T_v / 4) \tag{3-4}$$

式中　m——正整数，$m=1$，3，5，…；

　　　　H——排水最长距离，当土层为单面排水时，H 等于土层厚度；当土层上下双面排
　　　　　　　水时，H 采用一半土层厚度；

　　　　T_v——时间因数，$T_v = C_v t / H^2$。

定义固结度 U 为地基土层在某一荷载作用下，经过时间 t 后所产生的固结变形量 S_{ct}
与该土层固结完成时最终固结沉降量 S_c 之比，则：

$$U = 1 - \frac{8}{\pi^2} \sum_{m=1}^{\infty} \frac{1}{m^2} \exp(-m^2 \pi^2 T_v / 4) \tag{3-5}$$

式（3-5）级数收敛很快，计算时可根据情况近似地取级数前几项，一般情况下当 U
值估计在 30% 以上时，可考虑仅取前一项，即 $m=1$，则

$$U = 1 - \frac{8}{\pi^2} \exp(-\pi^2 T_v / 4) \tag{3-6}$$

将固结度与时间因数绘制成关系曲线，如图 3-7 所示。

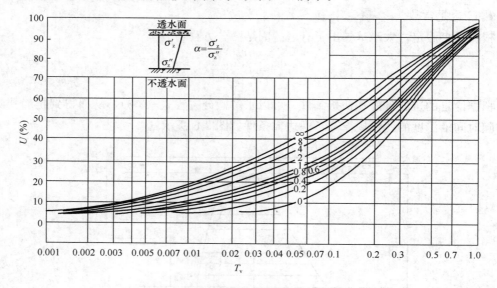

图 3-7　固结度与时间因数关系曲线

3.2.2　仪器设备与试验方法

土的固结试验方法是根据太沙基的固结理论建立的，国内外常用的标准方法是增量分
级加荷法。20 世纪 80 年代，连续加荷的试验研究取得了长足的发展，逐渐形成标准化，
美国于 1983 年将此法列入 ASTM 标准中。

1. 标准固结试验

标准固结试验的仪器设备主要为固结仪，如图 3-8 所示。

（1）固结容器：由环刀、护环、透水板、水槽、加压上盖组成。

1）环刀：内径为 61.8mm 和 79.8mm，高度为 20mm。环刀应具有一定的刚度，内壁应保持较高的光洁度，宜涂一薄层硅脂或聚四氟乙烯。

2）透水板：由氧化铝或不受腐蚀的金属材料制成，其渗透系数应大于试样的渗透系数。用固定式容器时，顶部透水板直径应小于环刀内径 0.2～0.5mm；用浮环式容器时上下端透水板直径相等，均应小于环刀内径。固定式和浮环式固结容器均为双面排水，但受力条件有差异，如图 3-9 所示。

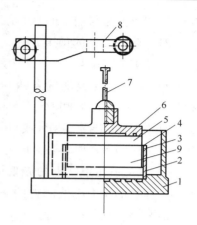

图 3-8　固结仪示意图

1—水槽；2—护环；3—环刀；
4—导环；5—透水板；6—加压上盖；
7—位移计导杆；8—位移计架；9—试样

（2）加压设备：应能垂直地在瞬间施加各级规定的压力，且没有冲击力，压力准确度应符合《岩土工程仪器基本参数及通用技术条件》GB/T 15406—2007 的规定。目前常用的加压设备包括杠杆式和磅秤式两种，杠杆式最大荷重已达 10kN，能满足测定先期固结压力的要求，施加于试样上的压力达到 3.2MPa；磅秤式最大荷重为 5kN，施加于试样上的压力达 1.6MPa。随着科学技术的发展，目前国内也有液压式和气压式等加压设备。

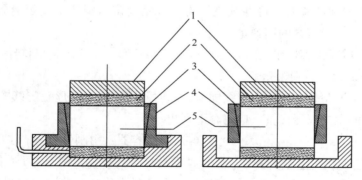

图 3-9　固结容器

1—加压上盖；2—透水石；3—环刀；4—护环；5—试样

（3）变形量测设备：采用量程 10mm、最小分度值为 0.01mm 的百分表或准确度为全量程 0.2% 的位移传感器。

（4）固结试验是将试样切入环刀后放在固结容器中，使侧向变形受限制，在垂直方向施加压力，每级压力从开始直至超孔隙水压力消散完均保持不变。试验步骤为：

1）按有关规定制备试样，测定试样的含水率和密度，取切下的余土测定土粒比重。试样需要饱和时，应进行抽气饱和。

2）在固结容器内放置护环、透水板和薄型滤纸，将带有试样的环刀装入护环内，放上导环，试样上依次放上薄型滤纸、透水板和加压上盖，并将固结容器置于加压框架正中，使加压上盖与加压框架中心对准，安装百分表或位移传感器。

3）施加 1kPa 的预压力使试样与仪器上下各部件之间接触，将百分表或传感器调整到零位或测度初读数。

4）确定需要施加的各级压力，压力等级宜为 12.5kPa、25kPa、50kPa、100kPa、200kPa、400kPa、800kPa、1600kPa、3200kPa。第一级压力的大小应视土的软硬程度而定，宜用 12.5kPa、25kPa 或 50kPa。最后一级压力应大于土的自重压力与附加压力之和。只需测定压缩系数时，最大压力不小于 400kPa。

5）需要确定原状土的先期固结压力时，初始段的荷重率应小于 1，可采用 0.5 或 0.25。施加的压力应使测得的 e-$\log p$ 曲线下段出现直线段。对超固结土，应进行卸压、再加压来评价其再压缩特性。

6）对于饱和试样，施加第一级压力后应立即向水槽中注水浸没试样。非饱和试样进行压缩试验时，须用湿棉纱围住加压板周围。

7）需要测定沉降速率、固结系数时，施加每一级压力后宜按下列时间顺序测计试样的高度变化。时间为 6s、15s、1min、2min15s、4min、6min15s、9min、12min15s、16min、20min15s、25min、30min15s、36min、42min15s、49min、64min、100min、200min、400min、23h、24h，至稳定为止。不需要测定沉降速率时，则施加每级压力后24h 测定试样高度变化作为稳定标准；只需测定压缩系数的试样，施加每级压力后，每小时变形达 0.01mm 时，测定试样高度变化作为稳定标准。按此步骤逐级加压至试验结束。

8）需要进行回弹试验时，可在某级压力下固结稳定后退压，直至退到要求的压力，每次退压至 24h 后测定试样的回弹量。

9）试验结束后吸去容器中的水，迅速拆除仪器各部件，取出整块试样，测定含水率。

2. 应变控制连续加荷固结试验

连续加荷固结试验是在试样上连续加荷，随时测定试样的变形量与试样底部的孔隙水压力。试验所用的主要仪器设备，应符合下列规定：

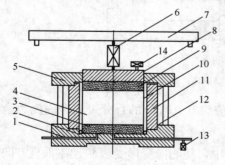

图 3-10　固结仪组装

1—底座；2—排气孔；3—下透水板；
4—试样；5—上盖；6—负荷传感器；
7—加荷梁；8—加压上盖；9—上透
水板；10—环刀；11—护环；12—密
封圈；13—孔压传感器；14—位移传感器

（1）固结容器：由刚性底座（具有连接测孔隙水压力装置的通孔）、护环、环刀、上环、透水板、加压上盖和密封圈组成。底部可测孔隙水压力，如图 3-10 所示。

1）环刀：直径 61.8mm，高度 20mm，一端有刀刃，应具有一定刚度，内壁应保持较高的光洁度，宜涂一薄层硅脂或聚四氟乙烯。

2）透水板：由氧化铝或不受腐蚀的金属材料制成。渗透系数应大于试样的渗透系数。试样上部透水板直径宜小于环刀内径 0.2～0.5mm，厚度 5mm。

（2）轴向加压设备：应能反馈、伺服跟踪连续加荷。轴向测力计（负荷传感器，量程为 0～

10kN）量测误差应小于等于 1%。

（3）孔隙水压力量测设备：压力传感器，量程 0～1MPa，准确度应小于等于 0.5%，其体积因数应小于 $1.5 \times 10^{-5} cm^3/kPa$。

（4）变形量测设备：位移传感器，量程 0～10mm，准确度为全量程的 0.2%。

（5）采集系统和控制系统：压力和变形范围应满足试验要求。

（6）连续加荷固结试验应按下列步骤进行：

1）试样制备与标准固结试验相同。

2）将固结容器底部孔隙水压力阀门打开充纯水，排除底部及管路中滞留的气泡，将装有试样的环刀装入护环，依次将透水板、薄型滤纸、护环置于容器底座上，关孔隙水压力阀，在试样顶部放薄型滤纸、上透水板，套上上盖，用螺丝拧紧，使上盖、护环和底座密封，然后放上加压上盖，将整个容器移入轴向加荷设备正中，调平，装上位移传感器。对试样施加 1kPa 的预压力，使仪器上、下各部件接触，调整孔隙水压力传感器和位移传感器至零位或初始读数。

3）选择适宜的应变速率，其标准是使试验时的任何时间内试样底部产生的孔隙水压力为同时施加轴向荷重的 3%～20%，应变速率可按表 3-1 选择估算值。

应变速率估算值　　　　　　　　　　　　　　表 3-1

液限（%）	应变速率 ε（%/min）	备注
0～40	0.04	液限为下沉 17mm 时的含水率或碟式仪液限
40～60	0.01	
60～80	0.004	
80～100	0.001	

4）接通控制系统、采集系统和加压设备的电源，预热 30min。待装样完毕，采集初始读数，在所选的应变速率下，对试样施加轴向压力，仪器按试验要求自动加压，定时采集数据或打印，数据采集时间间隔，在历时前 10min 内每隔 1min，随后 1h 内每隔 5min；1h 后每隔 15min 或 30min 采集一次轴向压力、孔隙水压力和变形值。

5）连续加压至预期的压力为止。当轴向压力施加完毕后，在轴向压力不变的条件下，使孔隙水压力消散。

6）要求测定回弹或卸荷特性时，试样在同样的应变速率下卸荷，卸荷时关闭孔隙水压力阀，按上述 4）规定的时间间隔记录轴向压力和变形值。

7）试验结束，关闭电源，拆除仪器，取出试样，称试样质量，测定试验后试样的含水率。

3.2.3　数据分析

1. 标准固结试验

（1）试样的初始孔隙比、各级压力下的孔隙比和单位沉降量，应分别按式（3-7）～式（3-9）计算：

$$e_0 = \frac{(1+\omega_0)G_s\rho_w}{\rho_0} - 1 \tag{3-7}$$

$$e_i = e_0 - \frac{1+e_0}{h_0}\Delta h_i \tag{3-8}$$

$$S_i = \frac{\sum \Delta h_i}{h_0} \times 10^3 \tag{3-9}$$

式中　e_0——试样的初始孔隙比；

　　　e_i——各级压力下试样固结稳定后的孔隙比；

　　　S_i——某级压力下的单位沉降量，mm/m；

　　　h_0——试样初始高度，mm；

　$\sum \Delta h_i$——某级压力下试样固结稳定后的总变形量，mm；

　　　10^3——单位换算系数。

（2）某一压力范围内的压缩系数，应按式（3-10）计算：

$$a_v = \frac{e_i - e_{i+1}}{p_{i+1} - p_i} \tag{3-10}$$

式中　a_v——压缩系数，MPa^{-1}。

（3）某一压力范围内的压缩模量，应按式（3-11）计算：

$$E_s = \frac{1+e_0}{a_v} \tag{3-11}$$

式中　E_s——某压力范围内的压缩模量，MPa。

（4）某压力范围内的体积压缩系数，应按式（3-12）计算：

$$m_v = \frac{1}{E_s} = \frac{a_v}{1+e_0} \tag{3-12}$$

式中　m_v——某压力范围内的体积压缩系数，MPa^{-1}。

（5）压缩指数和回弹指数应按式（3-13）计算：

$$C_c \text{ 或 } C_s = \frac{e_i - e_{i+1}}{\log p_{i+1} - \log p_i} \tag{3-13}$$

式中　C_c——压缩指数；

　　　C_s——回弹指数。

（6）以孔隙比为纵坐标，压力为横坐标绘制孔隙比和压力的关系曲线，如图 3-11 所示。

（7）以孔隙比为纵坐标，以压力的对数为横坐标，绘制孔隙比和压力的对数关系曲线，如图 3-12 所示。

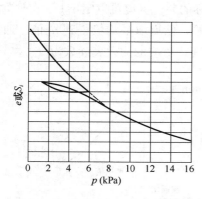

图 3-11　孔隙比与压力关系曲线

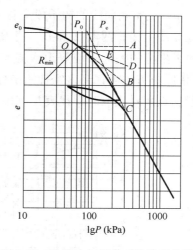

图 3-12　孔隙比与压力对数关系曲线

（8）原状土试样的先期固结压力，应按下列方法确定。如图 3-12 所示，在孔隙比与压力对数关系曲线上找出最小曲率半径 R_{min} 的点 O，过 O 点做水平线 OA，切线 OB 及 $\angle AOB$ 的平分线 OD，OD 与曲线下段直线段的延长线交于 E 点，则对应于 E 点的压力值即为该原状土试样的先期固结压力。

（9）固结系数应按下列方法确定：

1）时间平方根法：以试样的变形为纵坐标，时间平方根为横坐标，绘制变形与时间平方根关系曲线，如图 3-13 所示。该曲线的前面部分呈直线关系，将直线部分延长与纵坐标交于 O' 点，坐标为（0，d_0）（该点与试验开始时的初读数 d_1 不完全重合，两者之差为瞬时变形）。然后从 O' 点引另一直线，使其斜率等于试验曲线直线段部分斜率的 1.15 倍。直线与试验曲线交于 a 点，a 点所对应的时间即为土样达到 90％固结度所对应的时间平方根值 $\sqrt{t_{90}}$。根据上述关系，此时 $T_v = 0.848$。故土的固结系数 C_v 可按式（3-14）计算：

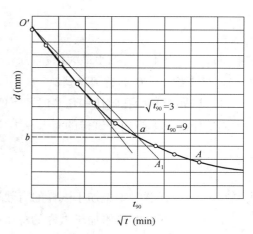

图 3-13　时间平方根法求 t_{90}

$$C_v = \frac{0.848 H^2}{t_{90}} \tag{3-14}$$

式中　H——土体中孔隙水最大渗径，m。

2）时间对数法：根据土的标准压缩试验在某级压力下垂直变形与时间对数的关系曲线确定土的固结系数的方法，称为时间对数法。绘制标准压缩试验试样变形与时间 t 的对数之间的关系曲线，如图 3-14 所示。该曲线大致可分为 3 段，初始段为曲线，中间一段和后面一段为直线段，两直线段间有一过渡曲线。当 $U < 60％$ 时的一段曲线近似为抛物线

$U^2 = 4T_v/\pi$，故实测曲线的初始段应符合这一规律，即沉降增加一倍，时间将增加 4 倍。在初始段曲线上任找两点 A 和 B，使 B 点的横坐标为 A 点的 4 倍，即 $t_B = 4t_A$，此时 A、B 两点间纵坐标的差值 Δ 应等于 A 点与起始纵坐标的差，据此可以定出 $U=0$ 时刻的纵坐标 d_{01}。依同样方法可得到多个初始坐标 d_{02}、d_{03} 等，然后取平均值得到 d_0 值。通常认为两直线段交点所对应的时间代表 $U=100\%$ 时的时间，对应的测微表读数为 d_{100}。

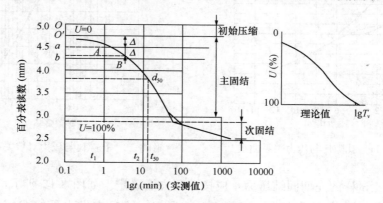

图 3-14　时间对数法中固结系数计算

当固结度 $U=50\%$ 时，时间因数 $T_v=0.197$，对应的时间为 t_{50}，测微表读数为 d_{50}，取 $d_{50} = (d_0 + d_{100})/2$，则可按式（3-15）计算土的固结系数 C_v：

$$C_v = \frac{0.197H^2}{t_{50}} \tag{3-15}$$

式中　H——土体中孔隙水最大渗径，m。

2. 应变控制连续加荷固结试验

（1）试样的初始孔隙比和任意时刻下的孔隙比分别按式（3-7）和式（3-8）计算。

（2）任意时刻施加于试样的有效压力应按式（3-16）计算：

$$\sigma'_i = \sigma_i - \frac{2}{3}u_b \tag{3-16}$$

式中　σ'_i——任意时刻施加于试样的有效压力，kPa；

　　　σ_i——任意时刻施加于试样的总压力，kPa；

　　　u_b——任意时刻试样底部的孔隙压力，kPa。

（3）某一压力范围内的压缩系数，应按式（3-17）计算：

$$a_v = \frac{e_i - e_{i+1}}{\sigma'_{i+1} - \sigma'_i} \tag{3-17}$$

（4）某一压力范围内的压缩指数或回弹指数应按式（3-18）计算：

$$C_c \text{ 或 } C_s = \frac{e_i - e_{i+1}}{\log\sigma'_{i+1} - \log\sigma'_i} \tag{3-18}$$

（5）任意时刻试样的固结系数应按式（3-19）计算：

$$C_v = \frac{\Delta \sigma'}{\Delta t} \times \frac{H_i^2}{2u_b} \qquad (3\text{-}19)$$

式中　$\Delta\sigma'$——Δt 时段内施加于试样的有效压力增量，kPa；

　　　Δt——两次读数之间的历时，s；

　　　H_i——试样在 t 时刻的高度，mm；

　　　u_b——两次读数之间底部孔隙水压力的平均值，kPa。

（6）某一压力范围内试样的体积压缩系数应按式（3-20）计算：

$$m_v = \frac{\Delta e}{\Delta \sigma'} \times \frac{1}{1+e_0} \qquad (3\text{-}20)$$

式中　Δe——在 $\Delta\sigma'$ 压力作用下，试样孔隙比的变化值。

（7）以孔隙比为纵坐标，有效压力对数为横坐标，绘制孔隙比与有效压力关系曲线，如图 3-15 所示。

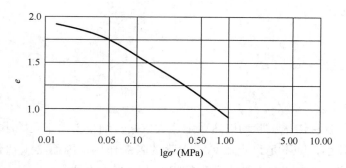

图 3-15　孔隙比与有效压力关系曲线

（8）以固结系数为纵坐标，有效压力为横坐标，绘制固结系数与有效压力关系曲线，如图 3-16 所示。

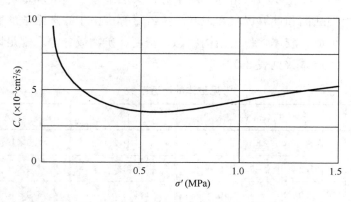

图 3-16　固结系数与有效压力关系曲线

3.3　土 的 渗 透 试 验

3.3.1　渗透试验的原理

渗透是液体在多孔介质中运动的现象。渗透系数是表达这一现象的定量指标。土的渗透性是由骨架颗粒之间存在孔隙构成水的通道所致。水流动时，其中任一质点的运动轨迹称为流线。如相邻两质点的流线互不相交，则水流为层流；若流线相交，则水中出现漩涡，使水形成不规则状态，称为紊流。当水流流速大小在某一界限（临界速度）内即为层流，如超出此界限即为紊流。早在 19 世纪中期，达西（Darcy）就给出了渗流的基本理论，即若均匀介质土中的水流呈线流状态（相邻两个水分子运动的轨迹是相互平行的）时，渗透水流的速率 v 与水力坡降 i 成正比。当水力坡降 $i=1$ 时的渗流速度称为渗透系数。达西定律可表示为：

$$v = ki \tag{3-21}$$

式中　　v——渗流速度，cm/s；

　　　　i——水力坡降；

　　　　k——渗透系数，cm/s。

目前，室内外各种渗透试验均以达西定律为依据。细粒土由于孔隙小，且存在黏滞水膜，若渗透压力较小，则不足以克服黏滞水膜的阻滞作用，因而必须达到某一起始坡降后，才能产生渗流。而对于具有较大孔隙的粗粒土，当水力坡降大于某一数值后，水流状态将由层流转变为紊流，通常以临界雷诺数 R_e 不大于 5～7 为限。因此，细粒土在起始坡降之前、粗粒土在某一坡降之后的渗透现象，达西定律不再适用。

渗透系数是土的一项重要力学指标，用来分析天然地基、堤坝和基坑开挖边坡的渗流是否稳定，确定堤坝断面和计算堤坝和地基的渗流量等。由于渗透系数的影响因素较多且复杂，如土的颗粒组成、胶体含量、结构状态、密度、矿物成分等，都足以影响它的正确测定。常见土体的渗透系数见表 3-2。

常见土体的渗透系数　　　　　　　　　　　　　　表 3-2

土类	k（cm/s）	土类	k（cm/s）
黏土	$<1.2 \times 10^{-6}$	中砂	$6.0 \times 10^{-3} \sim 2.4 \times 10^{-2}$
粉质黏土	$1.2 \times 10^{-6} \sim 6.0 \times 10^{-5}$	粗砂	$2.4 \times 10^{-2} \sim 6.0 \times 10^{-2}$
粉土	$6.0 \times 10^{-5} \sim 6.0 \times 10^{-4}$	砾砂、砾石	$6.0 \times 10^{-2} \sim 1.8 \times 10^{-1}$
粉砂	$6.0 \times 10^{-4} \sim 1.2 \times 10^{-3}$	卵石	$1.2 \times 10^{-1} \sim 6.0 \times 10^{-1}$
细砂	$1.2 \times 10^{-3} \sim 6.0 \times 10^{-3}$	漂石	$6.0 \times 10^{-1} \sim 1.2$

3.3.2　仪器设备与试验方法

对不同类型的土体，应采用不同的试验方法测定其渗透系数，目前一般以室内渗透试验测定渗透系数。渗透试验可分为常水头和变水头渗透试验。常水头渗透试验适用于粗粒土，变水头渗透试验适用于细粒土。一般情况下，常水头法适用于渗透系数大于 10^{-4} cm/s 的土体，变水头法适用于渗透系数在 $10^{-7} \sim 10^{-4}$ cm/s 之间的土体。

1. 常水头渗透试验

（1）常水头渗透仪由金属封底圆筒、金属孔板、滤网、测压管和供水瓶组成，如图 3-17 所示。金属圆筒内径为 10cm，高为 40cm。当使用其他尺寸的圆筒时，圆筒内径应大于试样最大粒径的 10 倍。

（2）常水头渗透试验应按下列步骤进行：

1）按图 3-17 装好仪器，量测滤网至筒顶的高度，将调节管和供水管相连，从渗水孔向圆筒充水至高出滤网顶面。

2）取具有代表性的风干土样 3～4kg，测定其风干含水率。将风干土样分层装入圆筒内，每层 2～3cm，根据要求的孔隙比，控制试样厚度。当试样中含黏粒时，应在滤网上铺 2cm 厚的粗砂作为过滤层，防止细粒流失。每层试样装完后从渗水孔向圆筒充水至试样顶面，最后一层试样应高出测压管 3～4cm，并在试样顶面铺 2cm 砾石作为缓冲层。当水面高出试样顶面时，应继续充水至溢水孔有水溢出。

3）量测试样顶面至筒顶高度，计算试样高度，称剩余土样的质量，计算试样质量。

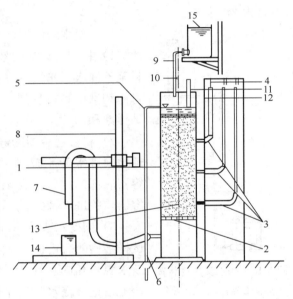

图 3-17　常水头渗透仪

1—金属圆筒；2—金属孔板；3—测压孔；4—测压管；
5—溢水孔；6—渗水孔；7—调节管；8—滑动架；9—供水管；
10—止水夹；11—温度计；12—砾石层；13—试样；
14—量杯；15—供水瓶

4）检查测压管水位，当测压管与溢水孔水位不平时，用吸球调整测压管水位，直至两者水位齐平。

5）将调节管提高至溢水孔以上，将供水管放入圆筒内，开止水夹，使水由顶部注入圆筒，降低调节管至试样上部 1/3 高度处，形成水位差使水渗入试样，经过调节管流出。调节供水管止水夹，使进入圆筒的水量多于溢出的水量，溢水孔始终有水溢出，保持圆筒内水位不变，试样处于常水头下渗透。

6）当测压管水位稳定后，测记水位，计算各测压管之间的水位差。按规定时间记录渗出水量，接取渗出水量时，调节管口不得浸入水中，测量进水和出水处的水温，取平

7) 降低调节管至试样的中部和下部 1/3 处，重复测定渗出水量和水温，当不同水力坡降下测定的数据接近时，结束试验。

8) 根据工程需要，改变试样孔隙比，继续试验。

2. 变水头渗透试验

(1) 变水头渗透试验所用的主要仪器设备，应符合下列规定：

1) 渗透容器：由环刀、透水石、套环、上盖和下盖组成。环刀内径 61.8mm，高 40mm；透水石的渗透系数应大于 $10^{-3}\mathrm{cm/s}$。

2) 变水头渗透装置：由渗透容器、变水头管、供水瓶、进水管等组成，如图 3-18 所示。变水头管的内径应均匀，管径不大于 1cm，管外壁应有最小分度为 1.0mm 的刻度，长度宜为 2m 左右。

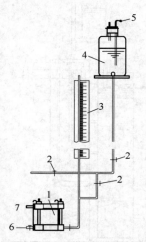

图 3-18　变水头渗透装置
1—渗透容器；2—进水管夹；
3—变水头管；4—供水瓶；
5—接水源管；6—排气水管；
7—出水管

(2) 变水头渗透试验应按下列步骤进行：

1) 将装有试样的环刀装入渗透容器，用螺母旋紧，要求密封至不漏水不漏气。对不易透水的试样，按规定进行抽气饱和；对饱和试样和较易透水的试样，直接用变水头装置的水头进行试样饱和。

2) 将渗透容器的进水口与变水头管连接，利用供水瓶中的纯水向进水管注满水，并渗入渗透容器，开排气阀，排除渗透容器底部的空气，直至溢出水中无气泡，关排水阀，放平渗透容器，关进水管夹。

3) 向变水头管注纯水。使水升至预定高度，水头高度根据试样结构的疏松程度确定，一般不应大于 2m，待水位稳定后切断水源，开进水管夹，使水通过试样，当出水口有水溢出时开始测量记录变水头管中起始水头高度和起始时间，按预定时间间隔测量记录水头和时间的变化，并测量记录出水口的水温。

4) 将变水头管中的水位变换高度，待水位稳定再测量记录水头和时间变化，重复试验 5～6 次。当不同开始水头下测定的渗透系数在允许差值范围内时，结束试验。

3.3.3　数据分析

1. 常水头渗透试验

常水头渗透试验是水流在一定的水头差影响下通过试样，试验时土样长度为固定值，此时水力坡降为常数，根据达西定律，渗透流量为：

$$Q = k_{\mathrm{T}}iAt = k_{\mathrm{T}}\frac{H}{L}At \tag{3-22}$$

因此，常水头渗透试验中渗透系数可按式（3-23）进行计算：

$$k_T = \frac{QL}{AHt} \qquad (3\text{-}23)$$

式中　Q——渗透流量，cm^3；

　　　k_T——试验温度时的渗透系数，cm/s；

　　　i——水力坡降；

　　　H——水头损失，cm；

　　　L——渗流路径长度，cm；

　　　A——试样截面积，cm^2；

　　　t——时间，s。

　2. 变水头渗透试验

变水头试验中渗流水头差随时间的增加而减小，经过一段时间后记录 t_2 时刻的水头差 h_2。设试验过程中任意时刻 t 时的水头差为 h，经过 dt 时段后，变水头管中的水位下降 dh，根据达西定律可得：

$$dQ = k_T \frac{h}{L} A \, dt \qquad (3\text{-}24)$$

　根据水流连续条件，得到土的渗透系数为：

$$k_T = \frac{aL}{A(t_2 - t_1)} \ln \frac{H_1}{H_2} \qquad (3\text{-}25)$$

式中　a——变水头管的断面积，cm^2；

　　　L——渗流路径长度，即试样高度，cm；

　t_1、t_2——测读水头的起始和终止时间，s；

H_1、H_2——起始和终止水头，cm。

　3. 标准温度下渗透系数的校正

渗透试验以水温 20℃ 为标准温度，标准温度下试样的渗透系数应按式（3-26）计算：

$$k_{20} = k_T \frac{\eta_T}{\eta_{20}} \qquad (3\text{-}26)$$

式中　k_{20}——标准温度时试样的渗透系数，cm/s；

　　　η_T——T℃时水的动力黏滞系数，$kPa \cdot s$；

　　　η_{20}——20℃时水的动力黏滞系数，$kPa \cdot s$。

水的动力黏滞系数比 η_T / η_{20} 见表 3-3。

根据计算的渗透系数，应取 3～4 个在允许差值范围内的数据的平均值，作为试样在该孔隙比下的渗透系数（允许差值不大于 2×10^{-n}）。当进行不同孔隙比下的渗透试验时，应以孔隙比为纵坐标、渗透系数的对数为横坐标，绘制关系曲线。

水的动力黏滞系数、黏滞系数比和温度校正值　　　　表 3-3

温度 (℃)	η_T ($\times10^{-6}$kPa·s)	η_T/η_{20}	温度校正系数 T_D	温度 (℃)	η_T ($\times10^{-6}$kPa·s)	η_T/η_{20}	温度校正系数 T_D
5.0	1.516	1.501	1.17	17.5	1.074	1.066	1.66
5.5	1.498	1.478	1.19	18.0	1.061	1.050	1.68
6.0	1.470	1.455	1.21	18.5	1.048	1.038	1.70
6.5	1.449	1.435	1.23	19.0	1.035	1.025	1.72
7.0	1.428	1.414	1.25	19.5	1.022	1.012	1.74
7.5	1.407	1.393	1.27	20.0	1.010	1.000	1.76
8.0	1.387	1.373	1.28	20.5	0.998	0.988	1.78
8.5	1.367	1.353	1.30	21.0	0.986	0.976	1.80
9.0	1.347	1.334	1.32	21.5	0.974	0.964	1.83
9.5	1.328	1.315	1.34	22.0	0.968	0.958	1.85
10.0	1.310	1.297	1.36	22.5	0.952	0.943	1.87
10.5	1.292	1.279	1.38	23.0	0.941	0.932	1.89
11.0	1.274	1.261	1.40	24.0	0.919	0.910	1.94
11.5	1.256	1.243	1.42	25.0	0.899	0.890	1.98
12.0	1.239	1.227	1.44	26.0	0.879	0.870	2.03
12.5	1.223	1.211	1.46	27.0	0.859	0.850	2.07
13.0	1.206	1.194	1.48	28.0	0.841	0.833	2.12
13.5	1.188	1.176	1.50	29.0	0.823	0.815	2.16
14.0	1.175	1.168	1.52	30.0	0.806	0.798	2.21
14.5	1.160	1.148	1.54	31.0	0.789	0.781	2.25
15.0	1.144	1.133	1.56	32.0	0.773	0.765	2.30
15.5	1.130	1.119	1.58	33.0	0.757	0.750	2.34
16.0	1.115	1.104	1.60	34.0	0.742	0.735	2.39
16.5	1.101	1.090	1.62	35.0	0.727	0.720	2.43
17.0	1.088	1.077	1.64				

3.4　土的三轴试验

3.4.1　三轴试验的原理和试验类型

1. 三轴试验的原理

三轴试验是测定土体抗剪强度的一种试验方法。土的抗剪强度是土的重要力学指标之一，建筑物地基、各种结构物的地基（包括路基、堤坝、桥等）的承载力，挡土墙、地下结构的土压力，以及各类结构的人工边坡和自然边坡的稳定性均由土的抗剪强度控制。能否正确地确定土的抗剪强度，往往是设计和工程成败的关键所在。

饱和土体中一点的抗剪强度取决于很多因素，考虑力和温度的影响，土的抗剪强度可表示为：

$$\tau_f = F(\sigma'_{ij}, e, \varepsilon_{ij}, d\varepsilon_{ij}, C, S, H, S_p, t, T, E) \tag{3-27}$$

式中　σ'_{ij}——土体有效应力；

$\quad\quad e$——孔隙比；

$\quad\quad \varepsilon_{ij}$——应变；

$\quad\quad d\varepsilon_{ij}$——应变增量；

$\quad\quad C$——土的成分；

$\quad\quad S$——土的结构；

$\quad\quad H$——应力历史；

$\quad\quad S_p$——应力路径；

$\quad\quad t$——时间；

$\quad\quad T$——温度；

$\quad\quad E$——环境和生成条件的影响。

就某一确定的饱和土体来说，式（3-27）诸多影响土体抗剪强度的因素中，土体有效应力 σ'_{ij} 的影响是最大的，其次是孔隙比 e（忽略温度和时间的影响）。仅用土体有效应力确定土的抗剪强度是一种近似的方法，但对于大多数工程问题来说，只要积累足够的工程经验，即可利用这一方法得到工程上满意的结果。

一般认为，采用莫尔-库伦强度准则来描述土体的破坏条件比较符合实际情况。图 3-19 为抗剪强度包线，也称莫尔破坏包线。若代表土单元体中某一个面上的法向应力 σ 和剪切应力 τ 的点落在破坏包线以下，如 A 点，则表明该法向应力 σ 作用下，该截面上的剪应力 τ 小于土的抗剪强度 τ_f，土体不会沿该截面发生剪切破坏。若点刚好落在强度包线上，如 B 点，则表明剪应力等于抗剪强度，土体单元处于临界破坏状态。若点落在强度包线以上的区域，如 C 点，则表明土体已经破坏，实际上，这种应力状态是不会存在的，因为剪应力 τ 增加到 τ_f 时，就不可能再继续增加了。

土单元体中只要有一个方向上的截面发生了剪切破坏，该单元体就进入了破坏状态。如果可能发生剪切破坏面的位置已经预先确定，只要算出作用于该面上的正应力和剪应力，就可以判断其是否发生破坏。但在实际问题中，可能发生剪切破坏的平面一般不能预先确定。如上所述，当应力圆有一点正好与强度包线相切，说明土中这

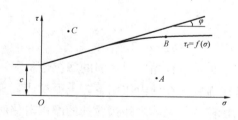

图 3-19　抗剪强度包线

一点有一截面上的剪应力正好等于其抗剪强度，该截面处于破坏的临界状态。试验表明，一般土体在应力变化范围不大时，其抗剪强度与法向应力呈线性函数关系，即为莫尔-库伦强度理论，也称作极限平衡条件，可用式（3-28）和式（3-29）进行表示：

$$\sigma_1 = \sigma_3 \tan^2\left(45° + \frac{\varphi}{2}\right) + 2c\tan\left(45° + \frac{\varphi}{2}\right) \tag{3-28}$$

$$\sigma_3 = \sigma_1 \tan^2\left(45° - \frac{\varphi}{2}\right) - 2c\tan\left(45° - \frac{\varphi}{2}\right) \tag{3-29}$$

式中　　σ_1、σ_3——大、小主应力，kPa；

　　　　　c——土体黏聚力，kPa；

　　　　　φ——土体内摩擦角，°。

　　室内常规三轴试验是取 3～4 个圆柱体试样，分别在其四周施加不同的恒定周围压力 σ_3，即小主应力，随后逐渐增加轴向应力 σ_1，即大主应力，直至试样破坏为止。根据破坏时的大主应力和小主应力分别绘制莫尔圆，莫尔圆的切线就是剪应力与法向应力的关系曲线，通常以近似的直线表示，其倾角为 φ，在纵轴上的截距为 c，如图 3-20 所示。

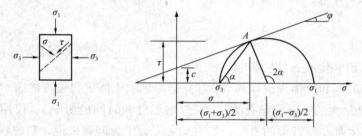

图 3-20　三轴试验中试样破坏时剪应力与法向应力关系

　　剪应力和法向应力关系可用库仑公式表示为：

$$\tau = c + \sigma\tan\varphi \tag{3-30}$$

式中　　σ、τ——分别为作用在破坏面上的剪应力和法向应力，与大主应力 σ_1、小主应力 σ_3 以及破坏面与大主应力面的倾角 α 具有如下关系：

$$\sigma = \frac{\sigma_1 + \sigma_3}{2} + \frac{\sigma_1 - \sigma_3}{2}\cos 2\alpha \tag{3-31}$$

$$\tau = \frac{\sigma_1 - \sigma_3}{2}\sin 2\alpha \tag{3-32}$$

式中　　$\alpha = 45° + \varphi/2$。

　　土是一种黏聚力很弱的摩擦性材料，其颗粒和集聚体本身的强度远远大于它们之间的连接强度。在外力作用下，土颗粒或其集聚体本身的变形很小，因此土体的变形主要是由土颗粒或集聚体之间接触处的摩擦滑移所产生的孔隙体积变化而导致的。另外，土颗粒或集聚体产生的破坏也不太可能出现在其内部，当土颗粒或集聚体之间接触处移动、滑移过大而产生破坏时，通常只能出现在它们的连接处，即在连接处发生过大的摩擦剪切滑移导致破坏（除非压力非常大，而使其本身产生压碎或剪坏）。而连接处的正压力是土这种摩擦材料产生摩擦抗力的驱动或外部原因。这种连接处的应力或粒间力通过平均化后所形成的应力就是土骨架应力或有效应力。因此，在外力作用下，土体所产生的变形和破坏均是由有效应力导致的。土体抗剪强度主要取决于有效应力的大小，故式（3-30）可写成：

$$\tau = c' + \sigma' \tan\varphi' \tag{3-33}$$

式中　c'——土体有效黏聚力；

　　　φ'——土体有效内摩擦角。

2. 三轴试验的类型

针对工程中的固结和排水情况，三轴试验可分为不固结不排水试验（UU）、固结不排水试验（CU）和固结排水试验（CD）。

（1）不固结不排水试验

对于不固结不排水试验，无论施加围压 σ_3 还是轴向压力 σ_1，直至剪切破坏均关闭排水阀。整个试验过程中试样不能固结排水，故试样的含水率保持不变。试样在受剪前，围压 σ_3 会在土内引起初始孔隙水压力 u_1，施加轴向附加压力 $\Delta\sigma$ 后，便会产生一个附加孔隙水压力 u_2。至剪破时，试样的孔隙水压力 $u_f = u_1 + u_2$。该试验方法适用于土体受力而孔隙水压力不消散的情况，当建筑物施工速度快，土的渗透系数较低，而排水条件又差时，为考虑施工期的稳定，可采用 UU 试验。对于天然地层的饱和黏土，用这种方法所测定的 $\varphi_u = 0$，$c_u = (\sigma_1 - \sigma_3)_{max}/2$，所以在总应力分析中采用 $\varphi = 0°$ 的分析法。

对于非饱和土，如压实填土、未饱和的天然地层，这种土的强度随 σ_3 的增加而增加，当 σ_3 增加到一定值，空气逐渐溶解于水而达到饱和时，强度不再增加。此时，强度包线并非直线，因此，用总应力法分析时，应按规定的压力范围选用 c_u、φ_u。如非饱和的天然地层预计施工期可能有雨水渗入或地下水位上升，会使试样饱和，则试样应在试验前进行饱和。

（2）固结不排水试验

用三轴仪进行固结不排水试验时，打开排水阀，让试样在施加围压 σ_3 时排水固结，试样的含水率将发生变化。待固结稳定后关闭排水阀，在不排水条件下施加轴向附加压力 $\Delta\sigma$ 后，产生附加孔隙水压力 u_2。剪切过程中，试样的含水率保持不变。至剪破时，试样的孔隙水压力 $u_f = u_2$，破坏时的孔隙水压力完全由试样受剪引起。

在固结不排水试验中不测孔隙水压力时，求得总应力强度参数 c_{cu}、φ_{cu}，可作为总应力分析的强度指标。若测量孔隙水压力，求得土的有效强度参数 c'、φ'，以便进行土体稳定的有效应力分析。该方法相当于地基或土工建筑物建成后，本身已基本固结，但考虑使用期间荷载的突然增加或水位骤降引起土体自重的骤增，或土层较薄，渗透性较大，施工速度较慢的竣工工程以及先施加垂直荷载，而后施加水平荷载的建筑物地基（例如挡土墙、船坞、船闸等挡水建筑物）。

（3）固结排水试验

用三轴压缩仪进行固结排水试验时，整个试验过程中始终打开排水阀，不但要使试样在围压 σ_3 作用下充分排水固结，而且在剪切过程中也要让试样充分排水固结，因而剪切速率应尽可能缓慢，直至试样剪破。该方法可用于研究砂土地基的承载力或稳定性，也可用于研究黏土地基的长期稳定问题。

以上 3 种三轴试验方法中，试样在固结和剪切过程中剪破时的应力条件、孔隙水压力变化和所得到的强度指标见表 3-4。

不同三轴试验方法中剪破时的应力条件、孔隙水压力变化和强度指标　　表 3-4

试验方法	孔隙水压力 u 的变化		剪破时的应力条件		强度指标
	剪前	剪切过程中	总应力	有效应力	
UU 试验	$u_1 > 0$	$u = u_1 + u_2 \neq 0$ （不断变化）	$\sigma_{1f} = \sigma_3 + \Delta\sigma$ $\sigma_{3f} = \sigma_3$	$\sigma'_{1f} = \sigma_3 + \Delta\sigma - u_f$ $\sigma'_{3f} = \sigma_3 - u_f$	c_u、φ_u
CU 试验	$u_1 = 0$	$u = u_2 \neq 0$ （不断变化）	$\sigma_{1f} = \sigma_3 + \Delta\sigma$ $\sigma_{3f} = \sigma_3$	$\sigma'_{1f} = \sigma_3 + \Delta\sigma - u_f$ $\sigma'_{3f} = \sigma_3 - u_f$	c_{cu}、φ_{cu}
CD 试验	$u_1 = 0$	$u = u_2 = 0$ （任意时刻）	$\sigma_{1f} = \sigma_3 + \Delta\sigma$ $\sigma_{3f} = \sigma_3$	$\sigma'_{1f} = \sigma_3 + \Delta\sigma$ $\sigma'_{3f} = \sigma_3$	c_d、φ_d

3.4.2　仪器设备

土工三轴仪是一种能较好地测定土的抗剪强度的试验设备，可分为应变控制式和应力控制式两种。应变控制式三轴仪如图 3-21 所示，由轴向加压系统、压力室、周围压力系统、孔隙压力测量系统和变形测量系统等组成。附属设备包括击样器、饱和器、切土架、切土器、原状土分样器、切土盘、承膜筒和对开圆模，如图 3-22～图 3-26 所示。

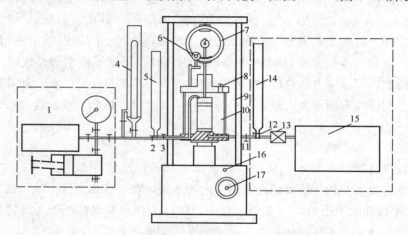

图 3-21　应变控制式三轴仪

1—周围压力系统；2—周围压力阀；3—排水阀；4—体变管；5—排水管；6—轴向位移表；7—测力计；8—排气孔；9—轴向加压设备；10—压力室；11—孔压阀；12—量管阀；13—孔压传感器；14—量管；15—孔压量测系统；16—离合器；17—手轮

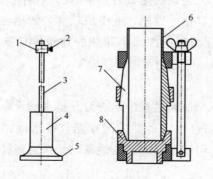

图 3-22　击样器

1—套环；2—定位螺栓；3—导杆；4—击锤；5—底板；6—套筒；7—击样筒；8—底座

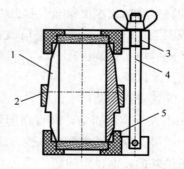

图 3-23　饱和器

1—土样筒；2—紧箍；3—夹板；4—拉杆；5—透水板

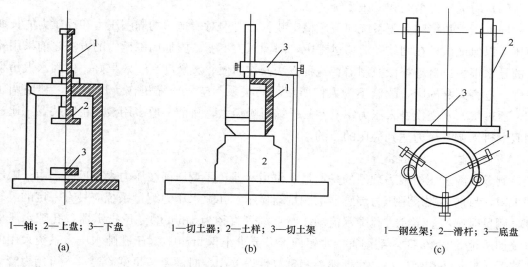

1—轴；2—上盘；3—下盘　　　　1—切土器；2—土样；3—切土架　　　　1—钢丝架；2—滑杆；3—底盘

(a)　　　　　　　　　　　　　　(b)　　　　　　　　　　　　　　(c)

图 3-24　原状土切土盘分样器

（a）切土盘；（b）切土架和切土器；（c）原状土分样器

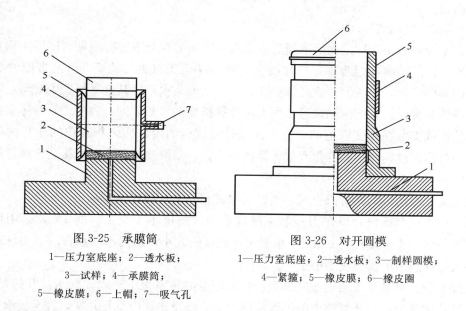

图 3-25　承膜筒　　　　　　　　图 3-26　对开圆模

1—压力室底座；2—透水板；　　　1—压力室底座；2—透水板；3—制样圆模；

3—试样；4—承膜筒；　　　　　　4—紧箍；5—橡皮膜；6—橡皮圈

5—橡皮膜；6—上帽；7—吸气孔

（1）轴向加压系统

轴向加压系统通常由电动机和变速箱进行传动的螺旋千斤顶，通过仪器台架上固定横梁的反作用，将荷载直接加到贯通压力室的顶盖活塞杆上，最后施加于试样上。轴向压力的大小反映在横梁下的测力计上。

（2）压力室

压力室是安装试样并使周围压力和轴向荷载作用于试样的重要部分。压力室由金属上盖、有机玻璃和底座组成，用拉杆加以连接构成一体。上盖中央有不锈钢活塞传递轴向压力。

（3）周围压力系统和反压系统

周围压力系统和反压系统即液压稳定装置，要求对所施加的周围压力和反压力能长期恒压，以保证试样在固结和剪切过程中，周围压力不变。施加周围压力的方法之前采用较广的是水银恒压自动补偿控制器，这种方法操作简便、灵敏度高、效果好。但因水银污染空气、危害人身健康，故已不为人们所用。其次采用空气压缩机作为压力源，利用调压阀，通过气、水交换进入压力室，空气压缩机噪声大，目前一般多用液压稳定装置，通过伺服电机来调整压力达到稳压的目的。

（4）孔隙压力测量装置

测量孔隙水压力较为理想的是通过零位指示器，用调压筒在压力表上反映，由于限制用水银，目前多数采用压力传感器加测量箱显示。孔隙水压力测量系统应具有一定的灵敏度，测量时基本上不允许孔隙水流动。对毛细管直径为 1mm 的零位指示器，孔隙水压力系统加压至 500kPa 时，毛细管内水银面上升要求小于 9mm。对于孔隙水压力系统采用的传感器，要求体积因数小，线性误差和重复性误差小，时漂要满足试验要求。可用内管为毛细管的体变管与传感器连接后施加压力，测得压力与体变的关系曲线，进而求出传感器的体积因数。

（5）变形测量装置

轴向变形通常采用固定在活塞顶端或量力环下端的百分表进行测量。试样体积变化的测定对确定固结和剪切过程中，试样改变后真实断面积有直接关系。目前常用的是体变管，管内装中性油，当压力水流经体变管时，推动油与水，使其分界面发生变动，即可测出试样的体积变化。目前三轴试验已发展用计算机自动采集数据，内外二管的体变管已被体变传感器或安装在体变管上的电容式压差计替代。测定试样体积变化的还有读数显微镜，其通过测定试样直径的变化间接计算体积变化，双圆筒的压力室直接测定试样的体积变化。

在三轴试验前，均须对以上所述的仪器组成部分进行检查。

周围压力控制系统和反压力控制系统仪表的误差应小于全量程的 1%，采用传感器时，其误差应小于全量程的 0.5%。根据试样强度的大小，选用不同量程的测力计或传感器，最大轴向压力的准确度不小于 1%。

孔隙水压力测量系统的气泡应排除，其方法是测量系统中充以无气水，并施加压力，小心打开孔隙压力阀，让管路中的气泡从压力室底座排出。应反复几次，直至气泡完全冲出为止。孔隙压力测量系统的体积因数应小于 $1.5 \times 10^{-5} \, \text{cm}^3/\text{kPa}$。

排水管路应畅通，各连接处应无漏水漏气现象。压力室活塞在轴套内应能自由滑动。仪器检查完毕，关闭周围压力阀、孔隙压力阀和排水阀，以备使用。

3.4.3 试验方法

1. 试样制备和饱和

三轴试验采用的试样最小直径为 35mm，最大直径为 101mm，试样高度宜为试样直径的 2～2.5 倍，试样的土粒最大粒径见表 3-5。对于有裂缝、软弱面和构造面的试样，直径宜大于 60mm。

试样的土粒最大粒径（单位：mm）　　　　　　　表 3-5

试样直径	允许最大粒径
<100	试样直径的 1/10
>100	试样直径的 1/5

（1）原状土试样的制备

1）对于较软的土样，先用钢丝锯或切土刀切取一稍大于规定尺寸的土柱，放在切土盘上下圆盘之间，用钢丝锯或切土刀紧靠侧板，由上往下细心切削，边切削边转动圆盘，直至土样被削成规定的直径为止。试样切削时应避免扰动，当试样表面遇有砾石或凹坑时，允许用削下的余土填补。

2）对于较硬的土样，先用切土刀取一稍大于规定尺寸的土柱，放在切土架上，用切土器切削土样，边削边压切土器，直至切削到比要求的试样高度约高出 2cm 为止。

3）取出试样，按规定的高度将两端削平，称量。并取余土测定试样的含水率。

4）对于直径大于 10cm 的土样，可用分样器切成 3 个土柱，按上述方法切取直径 39.1mm 的圆柱试样。

（2）扰动土试样的制备

对于扰动土试样，根据预定的干密度和含水率备样后，在击样器内分层击实，粉土宜为 3～5 层，黏土宜为 5～8 层，各层土料数量应相等，各层接触面应刮毛。击完最后一层，将击样器内的试样两端整平，取出试样称量。对制备好的试样，应测量其直径和高度。试样的平均直径按式（3-34）计算：

$$D_0 = \frac{D_1 + 2D_2 + D_3}{4} \tag{3-34}$$

式中　D_1、D_2、D_3——分别为试样上、中、下部位的直径，mm。

（3）砂土试样的制备

制备砂土试样时，应先在压力室底座上依次放上透水板、橡皮膜和对开圆模。根据试验要求的干密度和试样体积，称取所需的砂样质量，分三等分，将每份砂样填入橡皮膜内，填至该层要求的高度，依次第二层、第三层，直至膜内填满为止。当制备饱和试样时，在压力室底座上依次放透水板、橡皮膜和对开圆模，在模内注入纯水至试样高度的 1/3，将砂样分三等分，在水中煮沸，待冷却后分三层，按预定的干密度填入橡皮膜内，直至膜内填满为止。若要求的干密度较大，在填砂过程中应轻轻敲打对开圆模，使所称的砂样填满规定的体积，整平砂面，放上不透水板或透水板、试样帽，扎紧橡皮膜。对试样内部施加 5kPa 的负压力使试样能站立，拆除对开圆模。

（4）试样饱和

1）抽气饱和：将制备好的试样装入饱和器内，放入真空缸，真空缸与抽气机接通，进行抽气。当真空度接近一个大气压后，应继续抽气，抽气时间对粉质土应大于 0.5h，黏质土大于 1h，坚硬的黏质土大于 2h。然后向真空缸注入清水，试样在水中静止 10h 以上，取出进行试验。

2）水头饱和：将试样装入压力室内，初始围压设为 20kPa，将试样底部和顶部的水头差设置在 1m 左右，底部的水头差要高于顶部的水头差，打开所有阀门，使无气水利用水头差从底部连通的阀门进入试样，从顶部连通的阀门流出，水头饱和完成的标志是同一时间下相同时间内进水量等于出水量。当试验试样不易达到饱和要求时，可以在水头饱和之前，将二氧化碳气体从底部阀门通入试样，置换试样中的空气，然后从试样顶部阀门均匀流出，二氧化碳的压力设定在 5～10kPa，以免撑破橡皮膜，然后再进行水头饱和，达到提高饱和度的目的。

3）反压饱和：试样要达到完全饱和时，需要对试样施加反压力。反压力系统和周围压力系统相同，但需要用双层体变管代替排水量管。试样装好后，调节孔隙水压力等于大气压力，关闭孔隙水压力阀，先对试样加 20kPa 围压，打开孔隙水压力阀，等待孔隙水压力变化稳定后记录读数，关闭孔隙水压力阀。分级施加反压的过程中，同时分级施加围压，目的是尽量减少对试样的扰动。围压和反压的每级增量可设置为 30kPa，打开体变管阀和反压力阀，同时施加围压和反压，并缓缓打开孔隙水压力阀，检查孔隙水压力增量是否稳定，稳定后记录孔隙水压力和体变管读数，然后再施加下一级围压和孔隙水压力。计算每级围压引起的孔隙水压力增量，当孔隙水压力增量与围压增量之比 $\Delta u/\Delta\sigma_3 > 0.98$ 时，认为试样饱和。

2. 不固结不排水试验

（1）试样安装

1）将不透水板、试样和不透水试样帽依次放在压力室的底座上，用承膜筒将橡皮膜撑开套在试样外，并用橡皮圈先将橡皮膜与底座扎紧，再用橡皮圈将橡皮膜与试样帽扎紧，注意试样应水平以免产生轴向偏心。

2）首先将位于压力室罩顶部的活塞抬高，然后放下压力室罩，最后将活塞对准试样的中心，并均匀地拧紧与底座相连的螺母。向压力室内注满纯水，直到压力室顶部排气孔有水溢出的时候，迅速拧紧排气孔，并将活塞对准测力计和试样顶部。

3）施加大小与实际工程荷载相适应的围压。转动手轮和活塞，当测力计有微读数时，证明活塞和试样帽接触，然后清零测力计和轴向位移计读数。

（2）试样剪切

1）根据实际工况选择合适的剪切应变速率，可以选择每分钟轴向应变 0.5%～1.0%。

2）试验开始加载，在剪切过程中，自动记录测力计和轴向变形值。可以选择当轴向应变达到 15%～20% 时停止试验。

3）试验结束，停止加载，关围压阀，打开排气孔，排掉压力室内的水，将试样从底座上拆除下来，拍照记录试样破坏状态，测试样含水率。

3. 固结不排水试验

（1）试样安装

1）控制孔隙水压力阀和量管阀，对孔隙水压力系统和压力室底座充水排气。依次将透水板、湿滤纸、试样、湿滤纸、透水板放在压力室底座上，在试样的周围贴上 7～9 条浸润的滤纸条。用承膜筒将橡皮膜撑开套在试样外，并用橡皮筋将橡皮膜下端与底座扎紧。为了减少试样与橡皮膜之间的气泡，控制孔隙水压力阀和量管阀开关，使水能够缓缓地从底部流入试样。试验前先使试样帽充满水，打开排水阀，将充满水的试样帽放在透水板上，将橡皮膜上端与试样帽用橡皮圈扎紧，降低排水管使管内水面位于试样中心以下20～40cm，将位于试样与橡皮膜之间多余的水用洗耳球吸除，最后关排水阀。可以将夹有硅脂的两层圆形橡皮膜放置在试样与透水板之间，预留直径为1cm的圆孔在膜中间排水，以确定试验结果中土的应力应变关系。

2）安装压力室罩、充水和调整测力计等具体步骤与第 2 小节中不固结不排水试验中相同。

（2）试样固结

1）为了管内水面与试样高度的中心齐平调节排水管，并对排水管水面进行读数记录。通过控制孔隙水压力阀开闭，使得孔隙水压力等于大气压力，对初始读数进行记录。需要进行反压时，按前面的步骤进行反压。调整孔隙水压力到围压值附近，在打开孔隙水压力阀之前施加围压，测定孔隙水压力值需要等待孔隙水压力稳定。

2）控制排水阀开闭完成固结。孔隙水压力消散95%以上认为固结完成，在关闭排水阀后测量并记录排水管水面和孔隙水压力读数。在试样剪切之前对压力机升降台进行微调，让试样与活塞有接触，试验过程中试样固结时的高度变化可以通过轴向变形指示计的变化值得到。

（3）试样剪切

1）剪切速率可由试样的成分进行选择，如果试样为黏土可选择应变0.05%～0.1%/min，如果试样为粉土可选择应变0.1%～0.5%/min。将测力计、轴向变形指示计和孔隙水压力读数均调整至零。

2）开始进行剪切。在试验过程中注意记录孔隙水压力、测力计和轴向变形的示数变化，在剪切变形到15%～20%时停止试验。停止试验后，关闭各个阀门，拆样，称量，测定试样含水率。

4. 固结排水试验

按第 3 小节固结不排水试验中安装试样、固结和剪切等步骤进行，固结排水试验需要在剪切过程中打开排水阀，剪切速率可以选择应变0.003%～0.012%/min。

3.4.4　数据分析

1. 不固结不排水试验

（1）轴向应变应按式（3-35）计算：

$$\varepsilon_1 = \frac{\Delta h_1}{h_0} \times 100\% \tag{3-35}$$

式中　ε_1——轴向应变，%；

　　Δh_1——剪切过程中试样的高度变化，mm；

　　h_0——试样的初始高度，mm。

（2）试样面积的校正，应按式（3-36）计算：

$$A_a = \frac{A_0}{1 - \varepsilon_1}$$ （3-36）

式中　A_a——试样的校正断面积，cm^2；

　　　　A_0——试样的初始断面积，cm^2。

（3）主应力差应按式（3-37）计算：

$$\sigma_1 - \sigma_3 = \frac{CR}{A_a} \times 10$$ （3-37）

式中　$\sigma_1 - \sigma_3$——主应力差，kPa；

　　　　σ_1——大主应力，kPa；

　　　　σ_3——小主应力，kPa；

　　　　C——测力计率定系数，N/0.01mm 或 N/mV；

　　　　R——测力计读数，0.01mm；

　　　　10——单位换算系数。

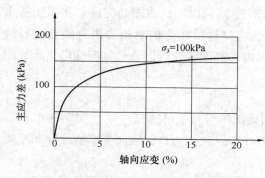

图 3-27　主应力差与轴向应变关系曲线

（4）主应力差与轴向应变关系曲线的绘制

以轴向应变为横坐标，主应力差为纵坐标，绘制主应力差与轴向应变关系曲线，如图 3-27 所示，当曲线上主应力差有峰值时，其作为破坏点；当曲线上主应力差无峰值时，取轴向应变 15％时的主应力差作为破坏点。

（5）抗剪强度包线的绘制

以法向应力为横坐标，剪应力为纵坐标，以破坏时的 $[(\sigma_{1f} + \sigma_{3f}) / 2, 0]$ 为圆心，以破坏时的 $(\sigma_{1f} - \sigma_{3f}) / 2$ 为半径，将破坏应力圆绘制在 $\tau - \sigma$ 应力平面上，通过绘制不同围压下的破坏应力圆以确定抗剪强度包线，并从抗剪强度包线上得出不排水的强度参数，如图 3-28 所示。

2. 固结不排水试验

（1）试样固结后的高度，应按式（3-38）计算：

$$h_c = h_0 \left(1 - \frac{\Delta V}{V_0}\right)^{1/3}$$ （3-38）

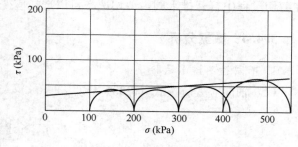

图 3-28　不固结不排水抗剪强度包线

式中　h_c——试样固结后的高度，cm；

　　　　ΔV——试样固结后与固结前的体积变化，cm^3；

　　　　V_0——试样的初始体积，cm^3。

（2）试样固结后的断面积，应按式（3-39）计算：

$$A_c = A_0 \left(1 - \frac{\Delta V}{V_0}\right)^{2/3} \tag{3-39}$$

式中　A_c——试样的校正断面积，cm^2。

（3）试样面积的校正，应按式（3-36）计算。

（4）主应力差应按式（3-37）计算。

（5）有效大主应力、有效小主应力和有效主应力比分别按式（3-40）与式（3-41）计算：

$$\sigma'_1 = \sigma_1 - u \tag{3-40}$$

$$\sigma'_3 = \sigma_3 - u$$

$$\frac{\sigma'_1}{\sigma'_3} = 1 + \frac{\sigma'_1 - \sigma'_3}{\sigma'_3} \tag{3-41}$$

式中　σ'_1——有效大主应力，kPa；

　　　σ'_3——有效小主应力，kPa；

　　　u——孔隙水压力，kPa。

（6）初始孔隙水压力系数和破坏时孔隙水压力系数分别按式（3-42）与式（3-43）计算：

$$B = \frac{u_0}{\sigma_3} \tag{3-42}$$

$$A_f = \frac{u_f}{B(\sigma_1 - \sigma_3)} \tag{3-43}$$

式中　B——初始孔隙水压力系数；

　　　u_0——施加围压时产生的孔隙水压力，kPa；

　　　A_f——破坏时的孔隙水压力系数；

　　　u_f——试样破坏时主应力差产生的孔隙水压力，kPa。

（7）绘制主应力差与轴向应变关系曲线，如图 3-27 所示。绘制有效应力比与轴向应变的关系曲线，以轴向应变为横坐标，有效应力比为纵坐标，如图 3-29 所示。

（8）绘制孔隙水压力与轴向应变的关系曲线，以轴向应变为横坐标，孔隙水压力为纵坐标，如图 3-30 所示。

（9）绘制有效应力路径曲线，以（$\sigma'_1 + \sigma'_3$）/2 为横坐标，（$\sigma'_1 - \sigma'_3$）/2 为纵坐标，如图 3-31 所示。

用式（3-44）与式（3-45）分别计算有效内摩擦角和有效黏聚力：

$$\varphi' = \sin^{-1} \tan\alpha \tag{3-44}$$

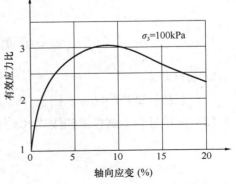

图 3-29　有效应力比与轴向应变关系曲线

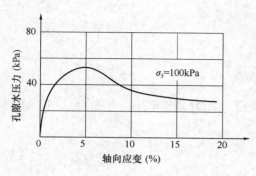

图 3-30　孔隙水压力与轴向应变关系曲线

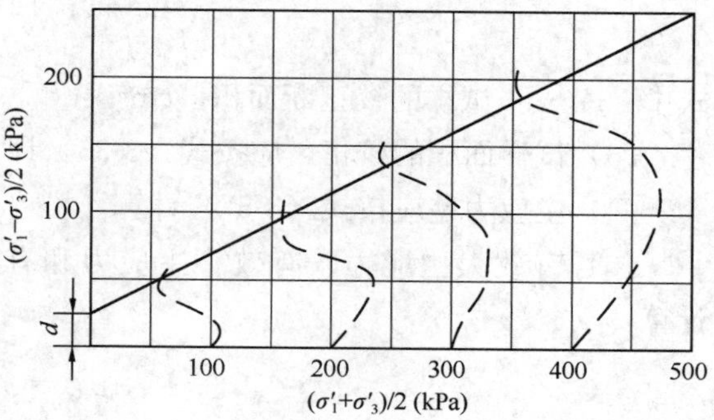

图 3-31　有效应力路径曲线

$$c' = \frac{d}{\cos\varphi'} \tag{3-45}$$

式中　φ'——有效内摩擦角，°；

　　　　α——应力路径图上破坏点连线的倾角，°；

　　　　c'——有效黏聚力，kPa；

　　　　d——应力路径上破坏点连线在纵轴上的截距，kPa。

　　不同围压下的破坏应力圆及其包线的绘制参考不固结不排水试验的规定。以 $[(\sigma'_1 + \sigma'_3)/2, 0]$ 为圆心，$(\sigma'_1 - \sigma'_3)/2$ 为半径绘制有效破坏应力圆，计算有效内摩擦角和有效黏聚力，如图 3-32 所示。

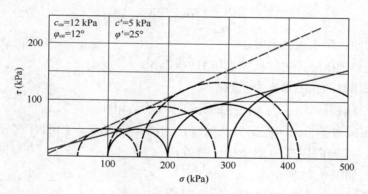

图 3-32　固结不排水抗剪强度包线

3. 固结排水

（1）固结后试样的高度和面积分别按式（3-38）和式（3-39）计算。

（2）剪切过程中试样面积按式（3-46）进行校正：

$$A_a = \frac{V_c - \Delta V_i}{h_c - \Delta h_i} \tag{3-46}$$

式中　V_i——剪切过程中试样的体积变化，cm³；

Δh_i——剪切过程中试样的高度变化，cm。

（3）按式（3-37）计算主应力差，按式（3-41）～式（3-43）分别计算有效应力比和孔隙水压力系数。

（4）按不固结不排水试验中有关规定绘制主应力差与轴向应变关系曲线，按固结不排水试验中有关规定绘制主应力比与轴向应变关系曲线。

（5）体积应变与轴向应变关系曲线以轴向应变为横坐标，体积应变为纵坐标绘制。

（6）按固结不排水试验有关规定绘制破坏应力圆、计算有效内摩擦角和有效黏聚力，如图 3-33 所示。

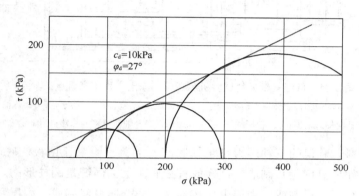

图 3-33　固结排水抗剪强度包线

3.4.5　低温三轴试验

冻土是指温度小于或等于 0℃ 含冰的土壤或岩石，是由土骨架、冰、未冻水及空气或其他气体构成的四相体系统。冰作为冻土中的特殊成分，可以胶结材料的形式将土体中的相邻土颗粒进行胶结连接，降低其透水性，使结合体的强度增大，有别于一般融土的物理力学性质。

冻土的强度是冻土所具有的抵抗外界破坏的能力，是冻土的重要力学性质之一。一般认为，冻土的强度由粒间分子键结力、结构键结力和冰胶结键结力构成。对冻土强度的认识通常是在分析冻土各组成要素，特别是冰与土颗粒之间关系的基础上，室内试验主要是测定冻土的应力-应变关系曲线及基本力学参数，冻土强度的大小通常通过分析试验曲线结果来确定。冻土的破坏和常规未冻土体一样，通常都是剪切破坏，三轴试验是研究冻土强度问题常用的试验方法。

1. 试验设备

冻土三轴试验的设备可以采用低温三轴材料试验机，如图 3-34 所示，试验机采用的是模块组合结构，由围压加载系统、轴压加载系统、制冷系统和控制系统等几个部分组成，三轴试验可以通过力控制或位移控制。该设备也能够用于常规未冻土或经受冻融循环以后的融土三轴试验。

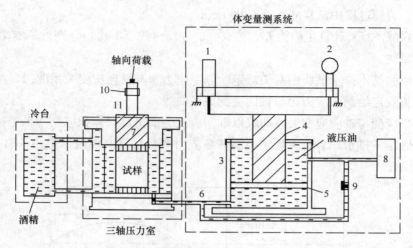

图 3-34　低温三轴材料试验机示意图（冻土工程国家重点试验室）
1—活塞 5 的位移传感器；2—百分表；3—油缸；4—活塞杆；5—活塞；6—高压油管；
7—轴向加载活塞；8—稳压油源；9—二通阀；10—轴向位移传感器；11—活塞杆

低温三轴材料试验机的三轴压力室包括底座、上盖、筒壁、顶板。底座由导热不良、强度高的材料（如环氧树脂）制成，试样放置在底座上。筒壁是圆柱形的，分三层，内层由导热性能好的金属材料制成，中层由导热不良的非金属材料制成，内层和中层之间有耐低温管道，并与外部的制冷控温系统相连，外层由金属材料制成，中层和外层之间填充聚氨酯保温材料。上盖外侧由金属材料制成，内侧由非金属材料制成，中间填充保温材料。顶板由金属材料制成，内部设有循环液流通槽道，并与外部制冷控温系统相连。冻土三轴仪的压力室内充满液压油，既可作为施加围压的媒介，又作为热传导的介质。

控温系统由循环液储蓄槽、小型压缩机、加热丝、温控器组成，小型压缩机冷却循环液，加热丝加热循环液，循环液在储蓄槽与压力室的筒壁和顶板之间流动循环，和压力室内的液压油进行热交换，使液压油降温，进而降低试样温度。

轴向加压设备由高压油源、控制器、框架、可升降横梁、作动器、加载杆组成。压力室放置在框架底座上，加载杆伸进压力室内。常规三轴仪上带的加载杆由金属材料制成，而对于冻土三轴仪，为减少压力室内外的热交换，须增加一个由导热不良、强度高的材料制成的上压头到原来的加载杆下部，并且增加的上压头直径满足与试样直径一致的要求，高度根据需要而定。

2. 试验方法

（1）制备试样

制备原状或扰动土试样。将试样从模具中取出，将试样帽垫在试样的上、下两端，用承膜筒将橡皮膜撑开套在试样外，橡皮膜两端与试样帽分别用橡皮圈扎紧。将试样连橡皮膜一起放入可控温的恒温箱内，设定较低的温度，使试样快速冻结 24h 以上。然后将恒温箱温度调整至试验原定的试样温度，将试样继续置于设定温度的恒温恒湿箱内 24h 以上。

（2）安装试样

向压力室内注入航空液压油，打开温度控制系统，使液压油的温度降至负温。将三轴压力室的上盖打开，在压力室内的试样底座上放入从恒温箱内取出的试样。关闭压力室上盖，向压力室内倒入航空液压油，观察到有油从压力室顶部排气孔溢出时，将排气孔螺母拧紧。

打开轴向加压设备以通过位移控制方式，将加载杆下降使其接触试样。保持加载杆与试样接触的位置不变，将位移清零。通过温度控制系统，将温度设定到试验所需温度，使试样恒温 2h 以上。然后，施加围压，保持围压不变，维持 2h，使试样内部结构更均匀。

（3）施加轴向荷载

根据试样需求，设置试验方案和加载应力路径。向电脑发送控制程序，施加轴向荷载。

（4）轴向加载方式

根据不同的试验需求，使用不同的加载控制方式，通常采用的是恒应变速率加载方式（强度试验）和恒荷载方式（蠕变试验）。

在强度试验中，控制应变速率不变的条件下，试样破坏或者试样变形达到一定标准前逐渐增加轴向压力，结束当前试验。然后，施加不同围压对另一个试样进行加载，完成试样的另一个强度试验。3 个以上不同围压条件下的试验为一组。

在蠕变试验中，首先用一个试样进行三轴强度试验，得到三轴强度值。根据这个强度值确定蠕变试验时所应施加的蠕变应力的大小，一般在三轴强度的 20%、30%、40%、50%、60%、70%、80%、90%中选取几个。试验时，首先在很短的时间内使荷载达到所需的恒定荷载值，然后尽可能保持荷载不变。当试样变形稳定或试样已破坏时，结束试验。

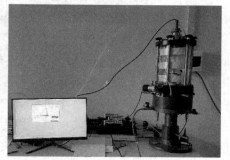

3.4.6　吸力控制的三轴试验

1. 试验规定

参见一般三轴试验规定，土样粒径应小于 20mm。对于无法取得多个试样、灵敏度较低的原状土，可采用一个试样多级加荷试验。

2. 仪器设备

本试验所用的仪器设备应符合下列规定：

（1）非饱和土三轴仪（图 3-35，以 GDS 非饱和土三轴仪器为例）是传统三轴试验的扩展，可以模拟现场的应力状态和饱和状态，控制反压和气压进行测试。

（2）仪器硬件包括：

1）数字式压力/体积控制器（图 3-36），实现对孔隙气压和气体的体变的测量和控制。

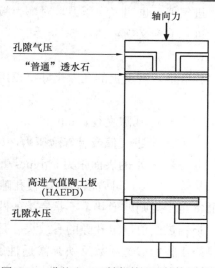

图 3-35　非饱和土三轴仪外观及结构示意图

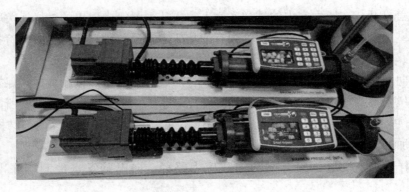

图 3-36　气压控制器

2）仪器配有高进气值陶土板（HAEPD）的底座，可以根据孔隙气和孔隙水压力的不同进行更换。

进行的试验为非饱和土时，陶土板的主要作用是隔开孔隙中的空气和水，确保稳定的压力差在水压和气压之间能够维持住。饱和充分的陶土板，将最大气/水压力差（气压大于水压）等于进气值。

陶土板的性能描述如下：

在 GDS 系统中，高进气值陶土板是固定在底座上的。孔隙水从压力室的外部连接到陶土板的底部。注意：保持陶土板底部的压力与顶部的压力之差不超过 50kPa。

"高进气值"陶土板有一个特别的功能（需保持饱和）：在陶土板的一边水压为 xkPa，而另外一边气压为 $(x+y)$kPa，空气不能穿过该物质。y 值就是"进气值"。通常（在非饱和土试验中）陶土板顶部的压力（孔隙中空气的压力）要高于底部的压力。陶土板可以很好地维持这种状态并保持一个进气值的压力差。

陶土板的孔隙尺寸非常关键，因为它直接关系陶土板的进气值和渗透系数，且陶土板孔隙率的变化与孔隙的尺寸和分布有关。

进气值，也叫气泡压力，对陶土板而言，就是阻止空气穿过饱和陶土板的压力。陶土板的进气值定义为：

$$P = 30\sigma/D \tag{3-47}$$

相应地，陶土板的孔隙尺寸可以由式（3-48）确定：

$$D = 30\sigma/P \tag{3-48}$$

式中　D——孔隙直径，μm；

　　　P——进气值或者气泡压力，以汞柱高（mm）表示；

　　　σ——水的表面张力，dynes/cm，水的表面张力在 20℃时为 72dynes/cm。

从式（3-47）可看出，陶土板孔隙尺寸越小，对应的进气值越高。考虑陶土板中的孔隙通常是不规则的形状，不是完美的圆形，陶土板的进气值往往取决于最大孔隙直径。因此，根据进气值确定孔隙的有效尺寸是很重要的。

陶土板的渗透系数反映其渗透性能，反映陶土板在一个已知的水力梯度下透水的能力。渗透系数由孔隙尺寸、孔隙尺寸的分布和总孔隙率决定，属于陶土板的内在性能指标。

渗透系数 K 按达西公式计算，以"cm/s"表示：

$$K = \frac{QL}{A\Delta h \Delta t}$$

(3-48)

式中　Q——在给定时间流过给定面积的水的体积，cm^3；

　　　L——渗流长度，cm，在陶土板中渗流长度就是陶土板的厚度；

　　　A——水流通过的横截面积，cm^2；

　　　Δh——水头高度的变化，cm；

　　　Δt——测量水流的间隔时间，s（秒）。

渗透系数可通过表 3-6 查得。

陶土板的物理特性　　　　　　　　　　　　　　表 3-6

进气值 （bar）	气泡压力 （psi）	近似孔隙率 （%体积）	饱和渗透系数 （cm/s）	孔隙尺寸 （μm）	通过 0.635cm （1/4 英寸）厚陶土 板的流动速率 [mL/（h·cm²· 14.7psi）]
1/2	7～9	50	3.11×10^{-5}	6.0	180
1（高流量）	19～28	45	8.6×10^{-6}	2.5	50
1（标准流量）	20～30	34	3.46×10^{-7}	2.1	2
2	35～45	38	1.73×10^{-7}	1.2	1
3	46～70	34	1.7×10^{-7}	0.8	1
5	80	31	1.21×10^{-7}	0.5	0.7
15	220	32	2.59×10^{-9}	0.16	0.015

3）GDS 非饱和土试验模块。

4）负荷传感器。

5）位移传感器。

（3）附属设备：

1）饱和器；

2）击实器；

3）原状土分样器；

4）切土器和切土架；

5）切土盘；

6）承膜筒；

7）制备砂样圆模，用于充填土或砂性土；

8）透水板；

9）橡皮膜。

（4）仪器基本构造与原理

非饱和土三轴试验系统主要由控制器、压力室、数据采集系统三大部分组成。控制器与压力室和数据采集系统相连，压力主要通过水和气传递。以英国 GDS 公司生产的非饱和应力路径三轴仪为例子，非饱和三轴的控制器中，轴向压力、围压和反压分别由两台液压控制器及一台双通道气压控制器控制（图 3-36）。

非饱和土三轴试验利用反压和气压来测试试样。压力室底座连接着轴向压力控制器，试样的剪切过程通过底座的升降实现；围压控制器与压力室相连通，能够控制、量测三轴压力室内水压力；需要控制反压时，将反压控制器与压力室底座的陶土板相连，能够控制、量测试样中的孔隙水压力及其体积变化（和常规饱和三轴仪类似）。试样帽与气压控制器相连，通过试样帽上的孔道将试样中的孔隙与气压控制器中的空气相连，能够控制、量测土样中的孔隙气压力以及空气在整个系统中的体积变化。当试样中的吸力等于所控制的吸力时，表现为土样内部孔隙气（水）压与试样两端控制的孔隙气（水）压达到平衡状态。该系统（GDS 非饱和土三轴仪）可以使用数据采集界面来测量轴向应力、轴向位移、局部轴向和径向应变、孔隙水压和孔隙气压等。

非饱和三轴试验系统如图 3-37 所示。

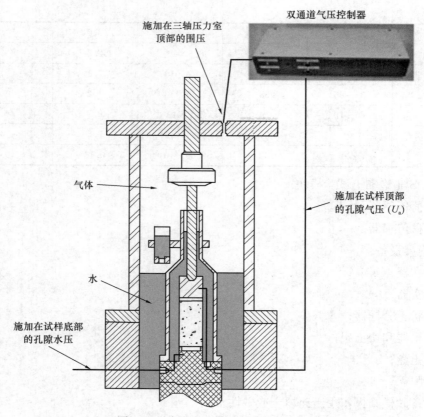

图 3-37　非饱和三轴试验系统示意图

3. 试验方法

（1）试验前的准备工作

1）预估试样强度，选择不同量程的传感器。

2）及时排除孔隙压力量测系统内的可能存在的气泡。方法如下：将无气水注入孔隙压力量测系统中并对其施加压力，同时小心地开启孔隙压力阀，使存在于管路中的气泡能够从压力室底座排出。应重复几次操作直至气泡完全排出。保持孔隙压力量测系统的体积因数小于规定要求的 $1.5 \times 10^{-5}\,\mathrm{cm^3/kPa}$ 的状态。

3）检查排水管路维持通畅，活塞能在轴套内无限制地滑动，各连接处不漏水漏气。检查完毕后，将排水阀、围压阀门和孔隙压力阀关闭。

4）在使用前仔细检查橡皮膜有无漏气情况。方法如下：将两端扎紧，往膜里充气，然后放进水下检查，观察有无气泡冒出。

5）为了确保试验的精确性，选用蒸馏水。存放时间较长的蒸馏水可能有空气溶解在水中，在与饱和陶土板接触时，可能会因为溶解在水中的空气影响量测孔隙水体积和孔隙水压力变化的精确程度。对于存放时间较久的蒸馏水可以选择再次煮沸或者使用真空泵等方法处理，以排出溶解在水中的空气。

6）将传感器的读数清零。

（2）试样的制备

1）试样高度 h 与直径 D 之比 h/D 应为 $2.0 \sim 2.5$，直径 D 为 39.1mm、61.8mm 或 101.0mm，当试样有软弱面、构造面或裂隙时，直径选择 101.0mm 为宜。

2）制备原状土试样

根据试样的软硬程度对试样进行不同的处理：

① 相对较软的试样，需先用削土刀或钢丝锯切取略大于规定尺寸的土柱，放置于切土器的上、下圆盘中间。再用削土刀或钢丝锯贴紧侧板，仔细从上往下切削，一边转动圆盘一边切削，直到将土样的直径削到规定的直径。然后将试样的上下两端削平到试样要求的高度。当土样为直径为 10cm 的软黏土时，可用原状土分样器先将土样分成 3 份，再按上面描述的方法削切成直径为 39.1mm 的试样；

② 相对较硬的土样，可以用钢丝锯或削土刀切取略大于规定尺寸的土柱，将土柱上下两端削平，试样根据试验规定的层次方向置于切土架上，然后用切土器对土样进行切削。首先将一薄层凡士林涂在切土器刀口内壁，切土器的刀口需要对准土样上端，一边压切土器一边削土，直到切削的试样比规定的高度大约高 2cm，将试样取出后按规定要求的高度削平两端。试样的两端面互相平行，应平整，侧面垂直，上下两端均匀。在对试样进行切削过程中，如有因砾石被切削而造成试样表面出现孔洞，可以用切削过程产生的余土进行填补；

③ 直径为 101.0mm 的试样在称量时，应精确到 1g；直径为 39.1mm 和 61.8mm 的试样应精确到 0.1g。取切下的余土，平行测定含水率，取其平均值作为试样的含水率。试样高度和直径用卡尺量测，试样的平均直径应按式（3-49）计算：

$$D_0 = \frac{D_1 + 2D_2 + D_3}{4} \tag{3-49}$$

式中　　　　D_0——试样平均直径，mm；

　D_1、D_2、D_3——试样上、中、下部位的直径，mm。

④ 当土样很不均匀或者特别坚硬而难以直接制成均匀、平整的圆柱体时，可以选择先用工具切成与规定直径较类似的柱体，将上下两端削平至规定的高度，进行称量，然后试样外围套上橡皮膜，为了换算出试样的平均直径和体积采用浮称法称取试样的质量。

3）扰动土试样的制备

① 称取代表性土样，直径为 39.1mm 的试样约取 2kg，直径为 61.8mm 的试样取 10kg，直径为 101.0mm 的试样 20kg。经过风干、碾碎、过筛等操作之后，测定土样的风干含水率，其中在过筛时筛的孔径按表 3-7 的规定，按规定的含水率算出需要加的水量；

土样粒径与试样直径的关系（mm）　　　　　　　　　　　　　　表 3-7

试样直径 D	最大允许粒径 d_{max}
39.1	D/10
61.8	D/10
101.0	D/5

② 将需加的水量均匀地喷洒到土料上进行拌匀，静置一段时间之后放入塑料袋，将其放入密封容器不少于 20h，确保水分均匀分布。对处理后的土料进行含水率的复测，含水率误差±1%。当含水率的误差不满足要求时，对土样的含水率进行调整直到满足要求；

③ 选择与试样直径相同内径的击样筒。其中可以选择小于或者等于试样直径的击锤。在使用击样筒前，内壁应保持洁净并薄涂一层凡士林；

④ 根据试验前定好的干密度，称量出一定量的土。根据试样的高度对其进行分层击实，其中各层的土质量应该相等，黏土分成 5～8 层，粉土分成 3～5 层。在进行每层的击实时，在达到每层要求的高度之后需要将表面刮毛，然后再加下一层的土。每一层对此操作进行重复，直到击实至最后一层。对击样筒内试样的上下两端整平，从中取出称重。

4）砂土试样制备

① 根据试验前规定的试样体积和试样干密度，计算并称取需要的风干砂样质量，平均分成三份，先在水中煮沸，冷却后备用；

② 开启量管阀及孔隙压力阀，将水充进压力室底座。在压力室底座上滑入煮沸过的透水板后，为了防止砂土泄漏进底座，用橡皮圈将其绑扎在底座上。关闭量管阀及孔隙压力阀，在压力室底座上套上橡皮膜的一端并扎紧，在橡皮膜外围套上对开模，橡皮膜贴紧对开模将上端翻出，为了使橡皮膜紧贴对开模内壁，需要对对开模抽气；

③ 将试样高的 1/3 的无气水注入橡皮膜。将一份煮沸冷却的砂样用长柄小勺装入橡皮膜中，填至每层要求的高度。对要求高密度和含有细粒土的试样，可进行干砂装样，并且进行反压饱和或水头饱和；

④ 填完第一层砂样后，注试样高度 2/3 的水，继续再对第二层砂样装样。如此重复前面步骤，直到装样完成。当试样要求的干密度较大时，可以在装样过程中，轻轻敲打对

开模，使所称出的砂样填满规定的体积。然后放上透水板、试样帽，翻起橡皮膜，并扎紧在试样帽上；

⑤ 开量管阀降低量管，使管内水面低于试样中心高程以下约 0.2m，当试样直径为 101mm 时，应低于试样中心高程以下约 0.5m。在试样内产生一定负压，使试样能站立。拆除对开模，测量试样高度与直径应符合本章 3.4.6 的规定，复核试样干密度。各试样之间的干密度最大允许差值应为 ±0.03g/cm³。

（3）试样的饱和

1）抽气饱和法：应将装有试样的饱和器置于无水的抽气缸内，进行抽气，当真空度接近当地 1 个大气压后继续抽气，继续抽气时间宜符合表 3-8 的规定。

抽气时间表　　　　　　　　　　　　　表 3-8

土类	抽气时间（h）
粉土	>0.5
黏土	>1
密实的黏土	>2

当抽气时间达到表 3-8 的规定后，缓慢注入无气水，并保持真空度稳定。待饱和器完全被水淹没即停止抽气，并释放抽气缸的真空。试样在水下静置时间应大于 10h，然后取出试样并称其质量。

2）水头饱和法：适用于粉土或粉土质砂。应按常规三轴试验的步骤安装试样，试样顶用透水帽，然后施加 20kPa 的围压，并同时提高试样底部量管的水头和降低连接试样顶部固结排水管的水头，使两管水头差在 1m 左右。打开量管阀、孔隙压力阀和排水阀，让水自下而上通过试样，直至同一时间间隔内量管流出的水量与固结排水管内的水量变化相等。当需要提高试样的饱和度时，宜在水头饱和前，从底部将二氧化碳气体通入试样，置换孔隙中的空气。二氧化碳的压力宜为 5~10kPa，再进行水头饱和。

3）反压饱和法：试样要求完全饱和时，可对试样施加反压。

① 试样装好后装上压力室罩，关孔隙压力阀和反压阀，测量并记录体变管读数。先对试样施加 20kPa 的围压进行预压，并开孔隙压力阀，待孔隙压力稳定后记下读数，然后关闭孔隙压力阀；

② 反压应分级施加，并同时分级施加围压，以减少对试样的扰动，在施加反压过程中，始终保持围压比反压大 20kPa，反压和围压的每级增量对软黏土取 30kPa；对坚实的土或初始饱和度较低的土，取 50~70kPa；

③ 操作时，先调围压至 5kPa，并将反压调至 3kPa，同时打开围压阀和反压阀，再缓缓打开孔隙压力阀，待孔隙压力稳定后，测量并记录孔隙压力计和体变管读数，再施加下一级的围压和反压；

④ 计算每级围压下的孔隙压力增量 Δu，并与围压增量 $\Delta\sigma_3$ 比较，当孔隙水压力增量与周围压力增量之比 $\Delta u/\Delta\sigma_3 > 0.98$ 时，认为试样饱和；否则应重复反压力饱和法，直至试样饱和。

（4）测量体积变化

通过充满无气水的 2MPa/200cc 水压/体积控制器用来控制孔隙水压（反压）并测量孔隙水体积变化，通过充满空气的 2MPa/1000cc 气压/体积控制器用来控制孔隙气体积变化。通过计算孔隙气和孔隙水体积变化的总和就可以估算出试样总体积变化。

试样总体积变化也可以通过三轴压力室本身体积变化进行估算，该体积变化通过围压控制器测量。

另外，系统通过数据采集板可以测量轴向应力、轴向位移，局部轴向和径向应变、孔压和大气压力。

通过 GDS 压力/体积控制器，使用一个水压/体积控制器可以测量孔隙水的体积变化，通过气压/体积控制器可以测量气体体积变化。这两个值加起来可以计算试样总的体积变化。

当进行非饱和土试验时，有必要明确试样的总体变。具体可以通过以下方法实现：

1）通过控制器体变得到

直接在试样内部控制/测量气压和水压及体变。这涉及使用 GDS 一个压力/体积控制器控制试样中的气压和体变，并通过第二个控制器用来控制孔隙水压和体变。从这两个控制器得到的体积变化总和就是试样体积变化值。为了完成该计算，须测定已知以下参数：试样干重、干比重、试样饱和度、控制器中空气的体积。

控制器中空气的体积可以通过向控制器充满无气水的方式进行计算。将控制器的体变设为零，然后排空控制器。倒转控制器，使接头处于该设备的最低点。取下塑料管，在接头的下面放一个已知质量的大口杯，充填（空气）和排空控制器，直到再没有水出来为止。称得大口杯的重量，基于水的重量计算体积。该体积为控制器的净体积。输入排空命令使控制器活塞向前运动到极限，将体积设为零。输入充填命令，使控制器活塞向后运动到极限位置，显示的体变值应加入净体积中，从而得到控制器的总体积。

2）通过小应变测量值得到

通过该系统的霍尔效应局部应变传感器（Hall Effect local strain transducers）在试样上直接测量局部直径和轴向变形。通过测量到的局部应变值，可估算出试样整体体积的变化。但需注意，这是一个估算值，因为缺少试样准确的几何尺寸。

3）通过压力室体变得到

通过测量压力室体积变化得到试样总体变，这种方法并不理想，因为压力室的刚度有限，试样加载的变化和围压的变化都会使压力室产生一定的变形。另外还要求系统的温度恒定，很小的温度变化都会使压力室中的水的体积产生较大的变化。

（5）GDSLAB 非饱和软件模块

GDSLAB 非饱和土试验模块的主要部分是四维应力路径。四维应力路径模块可以同时控制孔隙气、孔隙水、径向和轴向控制器，规则与饱和土试验中的应力路径（二维）一样，只是增加控制孔隙气和孔隙水的功能。

同时控制孔隙气、孔隙水、轴向和径向参数的功能几乎适用于所有线性变化的非饱和土试验，绘制吸力（$u_a - u_w$）、饱和度和孔隙比等参数的关系曲线。

（6）饱和高进气值陶土板（HAEPD）

饱和底座和陶土板分为三个阶段。

1）阶段1：

在第一个阶段，必须确保所有的水管中都没有气体。注：在任何阶段都要确保陶土板底部压力不高于顶部压力50kPa。

如果有两个孔压连接头连接到底座上。第一步，在连接到底座前分别排除各自管中的空气，然后在一个压力下，例如25kPa，使水从一个连接头流至另一个连接头，没有压力的连接头应该低于水面。当再无气泡出现时（在管中看不到气泡），即可停止；然后再倒过来，这样水就在两个方向都能流动。对于小直径的试样，只能有一个孔隙水接头连到底座上，在这种情况下，只需在将水管连接到底座前让水流过水管，这样会使水管中空气的体积降到最低。

2）阶段2：

加一个小的正的水压到陶土板下部，比如30kPa（一般不超过50kPa）。一直维持到陶土板顶部充满水。对于一个进气值为1500kPa（15Bar）的陶土板，完成这个阶段通常需24h。对于一个进气值为500kPa（5Bar）的陶土板，完成这个阶段通常需2~4h。这个过程可将空气从陶土板中排出。

3）阶段3：

对陶土板按照常规方向施加水压。可以通过推动压力室里的底座完成，在压力室中充满水，并向压力室加压，同时打开孔压接头。通过选择一个高的压力室压力（通常等于试验压力），例如500kPa，让水按照一个相反的方向流过HAEPD，以确保水管中没有空气。对于5Bar的陶土板，需在这种情况下放置至少4~8h，而对于15Bar的陶土板，则放置1~2d。注：如果在试验结束时确保没有进气，则只需饱和24h就可以进行下一个试验。

试验结束进行下一组试验之前，为了保持某一个饱和度，可以将陶土板马上浸入水中。这样可以减少下次饱和的时间。

（7）试验条件

两个必需条件：合理的速度和保持陶土板湿润。当安放试样时，不能使陶土板暴露在空气中，始终在表面铺一层水。同时在孔压接头要保持一个小的正水压，大约10kPa。

一般来说，非饱和土试验开始时是一个100%饱和的试样。通常的方式是关闭孔隙气阀门。当达到要求的"B"值时（显示系统饱和）才可以在非饱和模式下运行试验。当打开孔隙气压阀前，必须确保孔隙气压与孔隙水压相近，但至少比孔隙水压高10kPa。

需要遵循的试验条件包括：

1）围压必须高于孔隙气压和孔隙水压；

2）孔隙气压必须高于孔隙水压；

3）孔隙气压与孔隙水压之差不能超过底座陶土板的进气值。

陶土板饱和时，只有当气压高于水压时才有效。

（8）设置饱和度

首先准备土水特征曲线，然后从一个可以设置孔隙气压和孔隙水压的饱和条件开始，直到要求的饱和度。

（9）土水特征曲线

在这个过程中，孔隙气压和反压保持一个恒定的差值。施加一个小的轴向荷载以确保试样和底座间接触良好。这个小的荷载将在系统闭合回路控制下维持一个常量。一般来说，试验开始时，孔隙气压较高，而反压较低。系统允许有一段时间使两者达到平衡而没有（或只有很小）体积变化。然后减少孔隙气压，再达到平衡。这个过程一直重复直到达到最后一个孔隙气压值并且达到平衡。或者孔隙气压保持恒定，或者孔隙水压保持恒定。结果通常表现为饱和度和吸力（孔隙气压和孔隙水压之差）之间的关系。

要绘出土水特征曲线，就要用四维应力路径模块。该试验是在围压和偏应力不变的条件下完成的。孔隙水压和孔隙气压预先在程序中设置好，根据孔隙水体积变化与时间的关系曲线决定每个阶段的终止。典型的坐标见表 3-9。

孔隙水体积变化与时间的关系（单位：kPa）　　　　　　　　　　表 3-9

围压	偏应力	孔隙气压	孔隙水压
1200	10	1160	1150
1200	10	1160	1050
1200	10	1160	950
1200	10	1160	850
1200	10	1160	750
1200	10	1160	650
1200	10	1160	550
1200	10	1160	450
1200	10	1160	350
1200	10	1160	250
1200	10	1160	150
1200	10	1160	50

坐标点之间的时间间隔应该根据材料性质确定。通过观察孔隙水体积随时间变化的曲线形状，可以确定何时达到平衡状态，即在此阶段，可以按下 F2 功能键将系统移至测试的下一阶段。

（10）在饱和或非饱和条件下的排水试验

在饱和或非饱和条件下进行常规排水试验。在试验过程中轴向应力保持不变，而 u_w（非饱和时为 u_a）以线性方式变化。相反，σ_3 保持不变，σ_1 和 u_w（非饱和时为 u_a）随时间线性变化。

4. 软件操作说明

（1）软件适用试验

1）应力路径

提供独立的轴向应力、径向应力、孔隙气压力和孔隙水压力的线性控制。

2）应变路径

提供独立的轴向应变、径向应变、孔隙气压力和孔隙水压力的线性控制。

（2）硬件要求

1）应力/应变路径

① 轴向应力/应变控制/数据采集

② 径向应力控制/采集

③ 孔隙气压控制/采集

④ 孔隙水压控制/采集

2）硬件选项

① 独立的大气压测量

② 独立的温度测量

（3）试验过程

从站点试验计划（Station Test Plan）窗口中添加试验阶段（Add Test Stage）。

1）面板上选择试验控制模块，如图 3-38 所示。

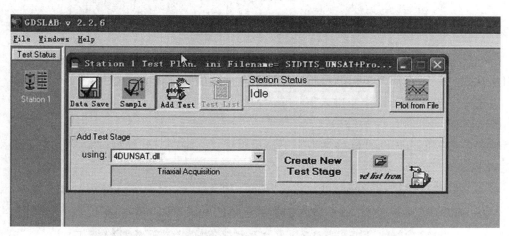

图 3-38　添加试验计划

2）点击创建新试验阶段（Create New Test Stage）按钮，打开试验阶段详细菜单（Test Stage Details）。

3）选择要求的试验类型（轴向应力或轴向应变控制）。

① 轴向应力控制

应力/应变路径设置屏幕（如下）将在黄色窗口显示当前读数。试验类型（轴向应力控制或轴向应变控制）可从试验类型下拉菜单选择。默认试验是轴向应力控制，如图 3-39所示。

输入试验要求的目标轴向应力（σ_a），径向应力（σ_r），孔隙气压（u_a）和孔隙水压值（u_w）（全部以"kPa"为单位）。所需遵循的原则是：径向应力必须大于孔隙气压，孔隙气压必须大于孔隙水压，孔隙水压值必须大于 0。

注意：该试验将完成当前值和目标值之间的线性应力路径。软件将一直保持设置的路径，但是当其中任何一个参数达到较慢时，试验就会慢下来。这一点在非饱和土试验时非常关键，因为此时气压控制器需要较大体积的变化，以达到压力变化。速度较慢的一部分

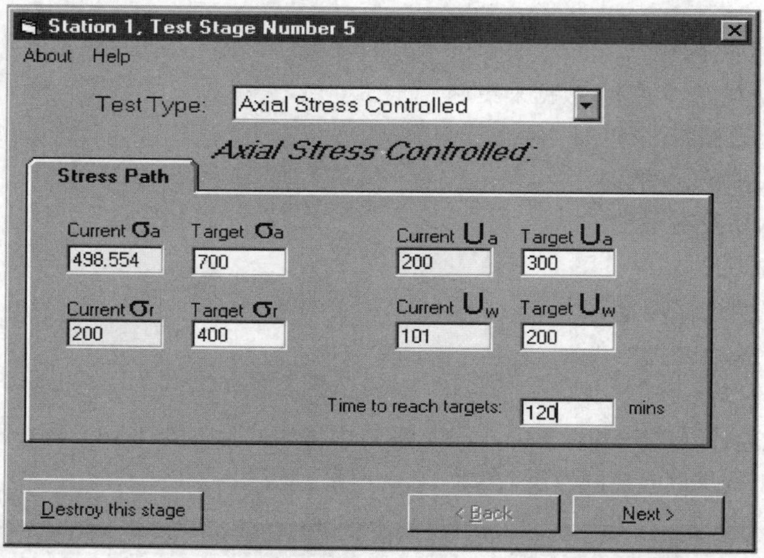

图 3-39　设置应力路径（轴向应力控制）

原因是孔隙气压一直都大于孔隙水压，以保证高进气值陶土板的完整性。

点击下一步（Next）按钮进入下一个阶段。

② 轴向应变控制

轴向应变控制可以从"试验类型"下拉菜单选择。轴向应变控制试验设置屏幕显示如图 3-40 所示。

输入试验要求的目标轴向应变（ε_a），径向应变（ε_r），孔隙气压（u_a）和孔隙水压值（u_w）（压力以 kPa 为单位）。然后输入达到目标值的时间（以 min 为单位）。

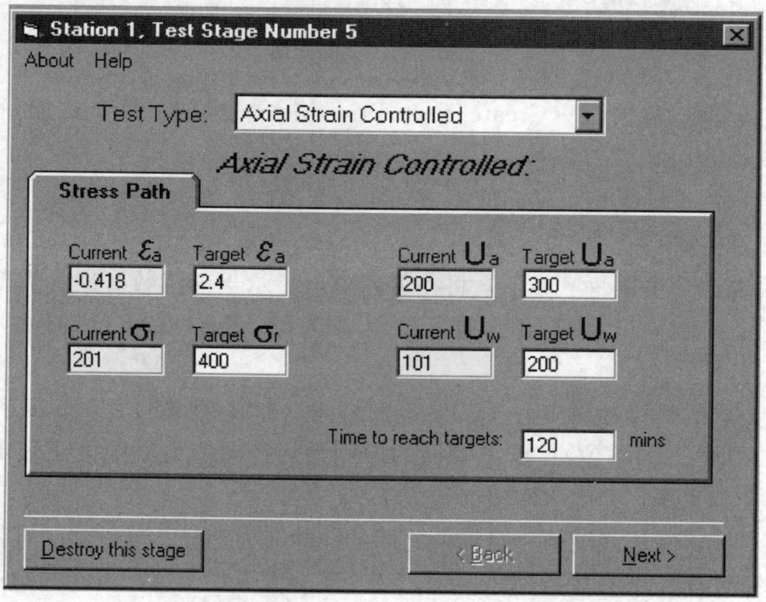

图 3-40　设置应力路径（轴向应变控制）

点击下一步（Next）按钮进入下一个阶段。

4）试验设置下一步是选择估计试验时间或试验终止条件，如图 3-41 所示。

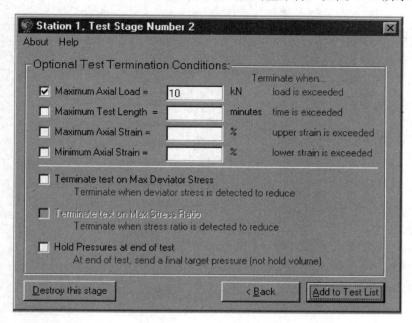

图 3-41　终止条件设置

① 最大轴向荷载（Maximum Axial Load）：输入最大轴向荷载限值，当轴向荷载达到该值时，试验结束。

② 最长试验时间（Maximum Test Length）：如果知道确切的试验时间，则选择该项。如果不选择该项，试验将一直进行下去，直到用户终止试验为止。

③ 最大轴向应变（Maximum Axial Strain）：输入最大轴向应变临界值，当轴向应变达到该值时，试验结束。

④ 最小轴向应变（Minimum Axial Strain）：可以输入最小轴向应变限值，当轴向应变达到该值时，试验结束，此方法在卸载时会经常用到。

⑤ 最大偏应力（Max Deviator Stress）：计算机通过检测连续 4 个偏应力读数，看最近的读数是否与前一个读数相等或低于前一个读数时，则当第 4 个偏应力读数小于第 3 个偏应力读数时，表示达到最大偏应力，试验结束。

⑥ 最大应力比（Max Stress Ratio）：计算机首先换算得到最大偏应力，再通过检测连续 4 个偏应力读数，看最近的读数是否与前一个读数相等或低于前一个读数时，则当第 4 个偏应力读数小于第 3 个偏应力读数时，表示达到最大应力比，试验结束。

⑦ 在试验结束时保持压力不变（Hold Pressure at end of test）：选择该项，则试验阶段结束时维持最终压力。如果不选择，则维持体积不变。

⑧ 试验设置可以通过返回（Back）按钮查看。

5. 非饱和土试验参数设置

试验的最后一步是输入与非饱和土试验有关的参数。任何在试样描述中没有输入的参数都可以在这里输入。这些参数对试验结果没有影响，但必须输入，用于后续相关计算，如图 3-42 所示。

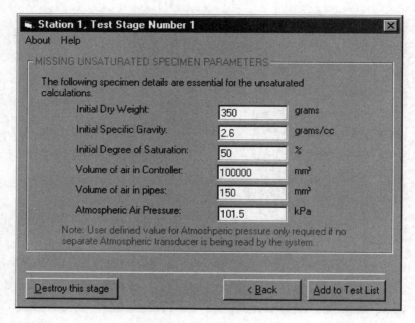

图 3-42　参数设置

注释：

（1）控制器中气体体积（Volume of air in Controller）：这是对 GDS 气压控制器中气体体积的一个估计值。开始试验的理想状态是气压控制器充满气体，需要知道总的气体体积。

（2）管路中气体体积（Volume of air in Pipes）：这是对气压控制器和试样间所有管路中气体体积的一个估计值。

（3）大气压（Atmospheric Air Pressure）：如果没有额外的气压传感器，则需要设定这个压力值。如果不输入，缺省值为 100kPa。

（4）一旦试验设置好后，就可以加入试验计划中。

（5）试验计划成功添加，检查无误之后，点击"start"按钮机器即开始试验。

3.5　土的真三轴试验

3.5.1　基本原理

真三轴试验是研究岩土在三维应力空间中土体变形特性的一个重要试验方法，真三轴可以施加 3 个不同方向主应力，其试验结果可以分析在 3 个不同主应力作用下试样的变形和强度特性。按照真三轴仪的加荷方式，归纳起来主要有 3 种：应变控制的全部刚性的加荷方式，应力控制的全部柔性的加荷方式，复合控制的刚性和柔性的加荷方式。真三轴仪可以实现 3 个轴向分别施加不同大小的主应力，3 轴向产生应变，能够模拟土体中一般的应力条件。为了实现 3 个轴向施加主应力，真三轴试样一般为一个立方体。若真三轴仪的 3 个轴向均采用平板加载时，每个轴向施加正应力的平板的刚性大，相对于土样，三向加载板可视为刚性板。

现有大部分真三轴仪是一种刚柔复合型加载真三轴仪，它的加荷方式属于复合加荷方式类型。在轴向具有一对刚性边界，用于施加大主应力 σ_1；侧向具有两对柔性边界，它们由四个橡皮膜或橡胶膜制成的压力腔构成，用于施加中主应力 σ_2 和小主应力 σ_3。试样尺寸为 $7.0\text{cm} \times 7.0\text{cm} \times 7.0\text{cm}$，试样包含在一个特制的橡胶膜内，并安置在 4 个压力腔和 1 个刚性底座及 1 个刚性试样帽之间。试样的中主应力和小主应力由压力腔提供，试样和中主应力压力腔、小主应力压力腔均置于密封的压力室内。侧向两对压力腔和轴向的压力腔提供固结压力，竖向轴提供试验时的大主应力。

真三轴试验时，首先是向密封的压力腔内注入水充满液压囊，然后加压，使土样在压力腔提供的压力下固结，待土样固结稳定后，再按照预定应力路径，通过伺服步进电机驱动滚珠丝杠推进活塞的液压/体变控制器在三向施加压力。如进行等 b 试验时，按一定的比例（中主应力比率 $b = \dfrac{\sigma_2 - \sigma_3}{\sigma_1 - \sigma_3}$）通过中主应力压力腔相应地对土样施加中主应力 σ_2。对于某一试验，土样的中主应力比率 b 和小主应力 σ_3，在整个试验过程中维持不变。这样，当小主应力 σ_3 保持不变，而大主应力 σ_1 和中主应力 σ_2 增大时，土样终于因受剪而破坏。用同一种土样不同含水量的若干个试件按上述方法分别进行试验，每次试验在不同的中主应力比率 b 和不同的小主应力 σ_3，以及不同的初始含水率 w 条件下进行，这样就可以得到土样在不同情况下剪切破坏时的 3 个主应力及 3 个主应变，其工作原理如图 3-43 所示。

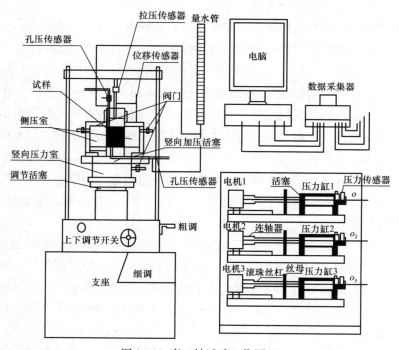

图 3-43　真三轴试验工作原理

3.5.2　仪器构造

（1）压力室

压力室由外筒、盖板、底座和隔板组成。它们都由不锈钢金属材料制成。压力室外筒的形状为不等边八边形，四个方向为线性直边，另外四个方向为弧形边长。具体形状如图 3-44 所示。其直边宽度为 200mm，厚度为 8mm，高度为 150mm，倒角弧度为 15°。压力室内的盖板及底座、试样帽也由不锈钢材料制成；传压活塞也由不锈钢材料精细研磨加工而成。

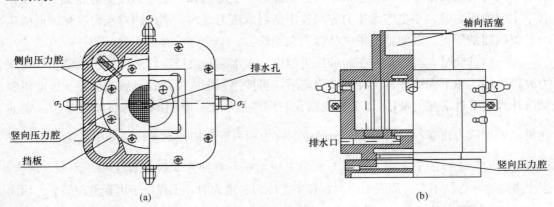

图 3-44　真三轴仪压力室

（a）真三轴仪压力室平面图；（b）真三轴仪压力室立面图

（2）中主应力和小主应力压力腔

在真三轴试验中，土样的中主应力和小主应力分别由一对压力腔提供，每个压力腔内均装有柔性加压囊，相邻压力腔由可以径向弹性伸缩、平面弹性转动的四块刚性板隔离，如图 3-44 所示。试验时，压力腔的柔性加压囊内充满液体，压力的施加由伺服步进电机驱动滚珠丝杠推动活塞的液压/体变控制器连通柔性加压囊实现。柔性加压囊是压力腔的主要组成部分，它是由乳胶膜制成的，在垂直于土样的方向上有足够的变形量，以便能跟踪土样在侧向上的变形，同时也使中主应力和小主应力能够均匀地施加到土样表面上。乳胶膜在高度上略大于土样的尺寸，在宽度方向上等于土样的尺寸，这样可使土样的橡皮套在试验过程中始终与乳胶膜接触，从而尽可能地消除边角应力的影响。成型的乳胶膜膜厚为 0.5mm，竖向长度为 7.1cm，水平长度为 7.0cm，深度呈梯形状，深度为 3.0cm。

（3）固结加压系统

在真三轴试验中，试验时的固结压力均由伺服步进电机驱动液压控制器直接供给。两个侧向固结应力由两对主应力压力腔提供，大主应力方向由底座下面的压力腔推动活塞施加到试样上。这样，在试验固结时能实现 3 个固结应力的单独施加，3 个固结应力互不干扰和影响。并且通过 3 个固结应力的调节，可以实现不同的固结应力条件。

（4）轴向加压系统

对试样施加轴向力可以分为应变控制式和应力控制式两种。应变控制是指试样按规定的变形速率产生轴向变形，测定产生某一轴向变形所需要的轴向力。应力控制式是指分级加载，测量每级荷载作用下试样的变形量。它们可以分别由轴向荷载传感器和位移传感器量测，并通过自动控制系统反馈于伺服步进电机液压/体变控制器控制。

（5）排水系统和量测系统

土样在固结和试验时采用上下双面排水，在与土样直接接触的顶板和底座上设置有透水板，通过透水板可以进行排水。在做固结排水试验时，可以通过量水管量测试样在试验时的排水量；进行固结不排水试验时，可将排水管连接到孔压传感器上，以测得试样的孔隙水压力。增加吸力量测功能还可以进行非饱和土真三轴试验：试样顶盖增加通气孔，可以控制非饱和土样的孔隙气压力，也可以通过连接气压传感器直接量测孔隙气压力；压力室底座增加陶土板控制渗气，再连接孔隙水压力传感器，可以实现孔隙水压力量测。

（6）液压源的压力缸

压力/体积控制器主要通过伺服步进电机驱动滚珠丝杆推动的活塞直接压缩压力缸内的油或水产生相应的压力，达到一定压力的加载，同时通过计算电机相应的脉冲数可转化为计算测量体积变化，或者外部放置高精度电子称重计或者通过电子光栅尺读数从而得出体积变化，压力缸原理如图 3-45 所示。

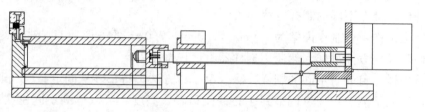

图 3-45　压力缸及步进电机系统

3.5.3　试验方法

（1）试验前准备工作

试验前的准备工作是整个试验环节中必不可少的组成部分。试验前的准备工作主要分为试验方案的制订、仪器的检查及传感器的标定。仪器的检查主要是检查整个加荷系统的工作性能和侧压力腔是否存在泄漏情况。这里主要说明一下传感器的标定问题。

传感器的标定主要分为轴向拉压传感器的标定、侧向液压传感器的标定及位移传感器的标定。

1）轴向拉压传感器的标定：对于轴向拉压传感器标定，我们一般采用砝码进行标定，首先准备达到额定压力的砝码，然后将压力传感器从主机上取下，放到平坦的地方。逐级施加砝码，传感器在计算机采集系统中显示一个对应的值，然后逐级减小砝码，同样记录减小砝码时的采集值，如果重复两次的显示值的误差在允许范围内，取其平均值。绘制压力与测定值的关系曲线，曲线的斜率即为拉压应力传感器的标定系数 K。如此重复多次，最后取其平均值。

2）侧向液压传感器的标定：对于侧向液压传感器的标定，采用加压的液压缸推动压力施加的方法，首先在侧向应力 σ_2 和 σ_3 方向接上两个压力表，设定每分钟加载应力。每级应力采集的信号在计算机中显示一个读数，通过压力表可以读出一个读数，达到量程后逐级减小，采取与增加压力同样的方法，最后绘制压力与测定值的关系曲线，曲线的斜率即为侧压应力传感器的标定系数 $K_{\sigma2,3}$。如此重复多次，最后取其平均值。

3）位移传感器的标定：对于轴向位移传感器，采用在轴向活塞上安装一个千分表，拧动升动手轮，使千分表随轴面的位置变化，测量并记录每级变位时的千分表读数，同时通过位移传感器的采集信号在计算机中读出相应的值，直到达到所需的变形范围为止，如果上升和下降的读数接近，取其平均值，绘制垂直变形与计算机读数之间的关系曲线，曲线的斜率即为轴向位移传感器的标定系数 K。对于侧向缸体位移的标定，由于电机转向过程中造成了采集信号脉冲值的丢失，所以为了测量更精确的应变，在侧向增加了两个测量侧向缸体位移的传感器，它们的标定通过放置千分尺，让电机推动丝杠向前变化或向后变化，测量并记录每级变化时的千分尺读数和计算机采集读数，采用轴向位移传感器位移标定相同的处理方法，得到了侧向位移传感器的标定系数 $K_{\sigma2,3}$。如此重复多次，最后取其平均值。

（2）试验土样的制备

由于真三轴试验在现阶段还是处于研究阶段，还没有大量地应用于工程实际，针对每一种真三轴仪，都有不同的制样方法。

针对软土试样，可制作内壁为 $7.0cm \times 7.0cm \times 7.0cm$ 的方形环刀，试验时通过方形环刀将样切割成立方体试样，然后用推样器将试样推出。

对于砂土样，目前有不同的制样方法。第一种方法，将干砂从固定高度，通过一定直径的漏斗，洒入承模筒；通过调整漏斗的直径和洒入高度，可以得到不同密实度的砂样。这种制样方法得到的砂样，其初始状态和天然砂土的性质比较类似。

第二种方法和前一种方法制样类似，区别在于预先在承模筒中注入脱气水，这种方法得到的试样，初始状态类似天然状态下在水中沉积的砂层。

这两种方法得到的砂样，其结构和变形特性都和天然砂层的性质类似，即具有初始各向异性。

第三种方法，振捣干法制样，通过分层洒砂，并在每层洒制完成后，用一定直径的金属棒均匀振捣，通过消除砂粒的定向排列，从而得到相对初始各向同性的试样。

最后按以下步骤制作了砂土土样（图 3-46、图 3-47）：步骤一，安置承模筒及橡皮膜，

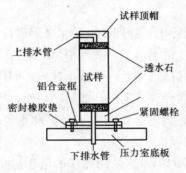

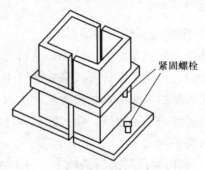

图 3-46　制样示意图　　　　　　　　图 3-47　制样用铝合金板模示意图

试样的设计尺寸为 7cm×7cm×3.5cm，先在底座上放 7cm×3.5cm×0.5cm 的透水石，在透水石上放同样面积大小的浸泡过的滤纸，然后将橡皮膜套放在底座上，再先后用橡皮垫片，压紧框通过定位螺栓固定在底座上，保证橡皮膜下端与压力室底板密封，防止试验中漏水；然后，将对开承模筒从中主应力方向套住橡皮膜并用定位螺栓固定，以防止装样过程中产生的不必要扰动；步骤二，振捣湿法装样，将脱气水从开口于底座的下排水管缓慢注入橡皮膜，将称量好的砂样置于漏斗，通过橡皮膜顶端开口，均匀分层撒入，每层撒完后，用直径 5mm 的金属棒均匀振捣，注水，撒砂，振捣，如此反复，直至砂样全部装毕；平整砂样顶部，将浸泡后的滤纸覆于砂样上，加透水石，加压帽，用定位螺栓固定，使试样完全密封在橡皮膜内；步骤三，饱和，脱气水通过底座的下排水管，渗透通过试样，顶出试样内残存空气，经过加压帽上的上排水管排出；再用气球在连接上排水管的滴定管开口处吸气，产生微小负压，使试样能够站立；除去对开承模筒，安置中主应力加压装置，固定传感器，密封压力室。然后，通过反压饱和，饱和度达到95％以上。再根据试验需要施加初始等向固结压力 50kPa、100kPa 及其他初始固结压力不等。

对于原状土土样的制备，在制样时，仿照常规三轴试样的制样方法，设计了一种削样器；对于重塑土的制样，采用过筛，常通过压样的方法制成。针对真三轴仪试样的特殊性，此处以重塑样制样设备为例进行说明。重塑土样制备时，把原状土先粉碎，晾干，过 2mm 的筛，配置预定含水率的土样，然后将土分层在制样筒内压实，再用推样杆将其推出。如果当前含水率小于所需试验的试样含水率，那么采取滴定的方法配制到所需含水率，然后将其放入保湿缸一周，让水分充分转移；如果当前试样含水率大于试验试样所需含水率，那么采取风干的方法，不停地称样，直至风干到所需含水率，然后将其放置于保湿缸内，保湿一周，让水分充分转移。重塑样的制样设备设计图如图 3-48～图 3-55 所示。

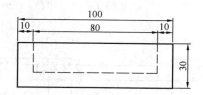
图 3-48　制样器底座立面图（单位：mm）

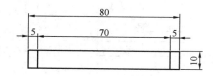
图 3-49　压样环立面图（单位：mm）

（3）试样的安装

试样的安装关系整个试验过程的质量，甚至整个试验的成败。所以，一次试验的成功与否，关键点在于试验试样的安装。试样的安装主要分为以下几个步骤：

1）安装试样时首先要检查排水孔是否堵塞，让排水通道保持畅通；检查侧压力腔的四个橡皮囊是否有漏水现象，保证整个试验过程中不会出现液体的泄漏现象。

2）关掉几个压力管路上的开关阀门，打开程序，进入调试界面，检查整个加压工作系统的协调工作性能，然后关闭程序，打开压力管路上的开关阀门。

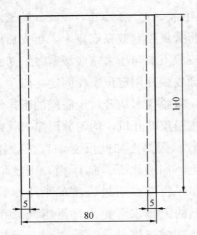

图 3-50　成样筒立面图（单位：mm）

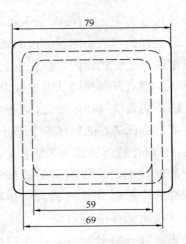

图 3-51　制样棒俯视图（单位：mm）

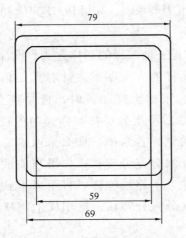

图 3-52　制样棒底面（单位：mm）

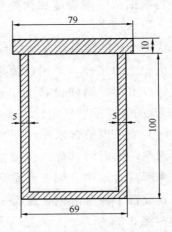

图 3-53　制样棒立面图（单位：mm）

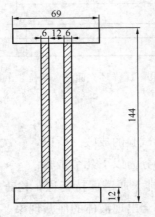

图 3-54　推样杆剖面图（单位：mm）

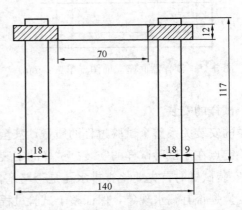

图 3-55　推样器立面图（单位：mm）

3）在试样底座上放上滤纸和透水石，从保湿缸中取出土样，将试样按位置放于压力室底座上；套上橡皮膜，然后将橡皮膜与底座接触的下端密封；放上试样帽，并且将试样帽与橡皮膜的接触部位密封。

4）装上压力室，并且将压力室和压力室底座用螺钉拧紧。

5）将侧向柔性加压囊装入压力腔内，并且保证四个侧向压力腔的伸出管与压力腔内橡皮囊没有扭曲现象，并用卡子将其固定于压力室上。

6）安装压力室顶盖，并将其用螺钉固定于压力室上。拧紧时必须保证不要将侧向压力腔的橡皮囊卡在压力室顶盖和侧压腔隔板之间，以免将橡皮囊压裂。然后将轴向传力轴连接于拉压传感器上。

7）摇动手柄，调整压力室位置，使试样帽与轴向传力轴刚好接触；同时，让位移传感器与压力室顶盖接触，再固定位移传感器。

8）启动程序，调出控制界面；将压力腔内充满液体。传感器初始记录读数清零。

（4）试样固结

固结时，侧向压力通过侧压腔的柔性加压囊施加，轴向压力通过压力室底座下油缸施加。固结应力采取应力加载方式分级施加，达到所需固结压力后维持压力稳定继续固结，在最后一级压力下当试样变形稳定时，固结结束。固结步骤为：

1）打开程序，新建试样固结文件；

2）打开程序界面，设置固结参数，设定每级压力施加大小、固结应力大小、选择固结方式为 K_0 固结或 K_c 固结。如果是 K_c 固结，则需设定 σ_{2c} 和 σ_{3c} 相对于 σ_{1c} 的比率；设定固结等待时间。

3）点击固结方式，然后打开排水开关阀门和压力管道阀门；点击固结前采样；点击开始固结；然后进入固结等待。

（5）真三轴试验

土样固结稳定后，即开始试验。此处以应变控制真三轴剪切试验为例，试验时轴向应力通过 σ_1 方向的伺服步进电机驱动滚珠丝杆推动活塞的液压/体变控制器，推动液体进入轴向油缸，推动轴向油缸内活塞匀速上升，进而推动底座匀速上升将轴向压力施加到试样上，轴向压力通过轴向拉压传感器信号进行采集；侧向压力 σ_1 和 σ_2 通过侧向的伺服步进电机驱动滚珠丝杆推动活塞的液压/体变控制器推动液体施压到试样上。具体试验步骤如下：

1）试验固结完成后，采集固结结束时的 3 个方向体变；

2）新建试样试验文件，设定试验方式及参数；

3）开始试验。

（6）真三轴试验后仪器整理

试验后进行仪器整理。首先启动程序调试界面，将电机设为反向运动，将 3 个压力腔的部分液体抽回加载控制器的棚体内。其次，摇动手柄，调低压力室位置，撤除压力室顶盖及侧向腔内柔性加压囊，并将柔性加压囊妥善放好；撤除试样，清理仪器。

3.5.4　数据分析

（1）$\sigma_1 - \sigma_3 \sim \varepsilon_1$ 应力应变曲线

对于硬化性曲线，参照常规三轴试验的方法，对大主应力和小主应力作差，取轴向大主应变达到 15% 作为破坏应变，建立主应力差和应变的应力应变关系曲线，如图 3-56 所示。一般可以得到随着中主应力比率 b 的增大，试样破坏时的主应力差也相应地增大。从应力应变曲线中可以看出，在加荷初期，剪应力增长迅速，但变形发展较小，曲线较陡，这一阶段主要是土内部结构首先发挥作用，抵抗外加荷载作用。含水量越大，这个变形阶段结构的作用越弱，陡变段越小。在这个变形阶段的末端，土结构遭到较大程度的破坏，颗粒接触面重新排列，并且有向稳定孔隙发展的趋势；随着变形发展的增大，原生结构体系被打破，新的结构体系逐渐生成，两者交错变化，相互制约，是一个结构调整复杂化的时期，土体逐渐形成稳定的孔隙架构，压硬性和剪缩性表现出抵抗力增强；在土的变形较大时，土结构表现出的抗力发挥到了最大。另外，随中主应力比率 b 的增大，加荷初期的应力应变曲线逐渐变陡，表现为初始切线模量随中主应力比率 b 的增大具有逐渐增大的趋势，这说明了中主应力对土的变形发展具有一定的制约作用，随着中主应力的增大，土所能承受的抗力也相应增大。

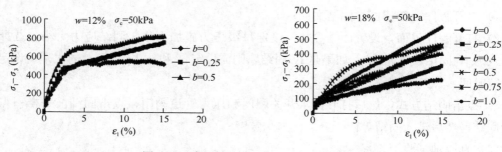

图 3-56　真三轴 $\sigma_1 - \sigma_3 \sim \varepsilon_1$ 应力应变曲线

（2）$\sigma_2 - \sigma_3 \sim \varepsilon_1$ 应力应变曲线

参照常规三轴试验的方法，对中主应力和小主应力作差，取轴向大主应变达到 15% 作为破坏应变，建立中主应力差和应变的应力应变关系曲线，如图 3-57 所示。随着中主

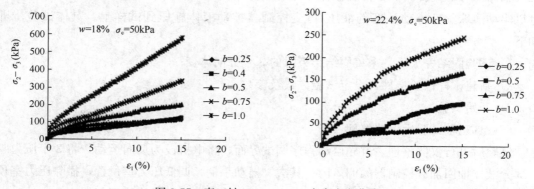

图 3-57　真三轴 $\sigma_2 - \sigma_3 \sim \varepsilon_1$ 应力应变曲线

应力比率 b 的增大曲线变得越来越陡；同时随着中主应力比率 b 的增大，试样破坏时的主应力差也相应地增大。

（3）$q \sim \varepsilon_1$ 应力应变曲线

在真三轴试验中，由于考虑了中主应力的影响，广义剪应力 q 考虑了中主应力，$q = \dfrac{1}{\sqrt{2}}\left[(\sigma_1 - \sigma_2)^2 + (\sigma_2 - \sigma_3)^2 + (\sigma_3 - \sigma_1)^2\right]^{1/2}$。从图 3-58 中可以看出，$q$-$\varepsilon_1$ 曲线表现出了与 $\sigma_1 - \sigma_3 \sim \varepsilon_1$ 曲线基本相同的性质，所不同的是，就曲线的整体形式来说 q-ε_1 曲线较 $\sigma_1 - \sigma_3 \sim \varepsilon_1$ 曲线表现得平缓，这一定程度上是考虑了中主应力的影响，同时随着中主应力比率 b 的增大，曲线的初始切线斜率也相应地增大，曲线达到破坏应变时强度也有相应的提高，说明中主应力对于土体存在一定的固化作用，同时限制了其侧向变形的发展，因在工程实际中土体通常处于一个复杂的三向应力状态，因此考虑中主应力影响的土体变形强度参数更符合工程实际。

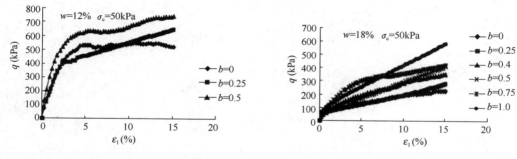

图 3-58　真三轴 $q \sim \varepsilon_1$ 应力应变曲线

（4）$q/p \sim \varepsilon_1$ 应力应变曲线

$q/p \sim \varepsilon_1$ 曲线实际上是将试验过程中每一试样的广义剪应力进行标准化后的应力应变关系曲线。从图 3-59 中可以看出，随着中主应力比率 b 的增加，试验土样的偏应力水平和球应力水平也相应地增加，但球应力的增加在应变发展的后期明显快于偏应力的增加，在图中表现为 $q/p \sim \varepsilon_1$ 曲线逐渐平缓，对于同一个试验而言，正则化后会发现应力应变关系在变形发展后期也逐渐平缓。随着 b 值的增大，标准化呈减小的趋势，分析认为，随着中主应力比率 b 的增大，限制了第二主应力方向变形的发展，试样的压缩性增大，球应力的增加大于相同条件下偏应力的增加速度。

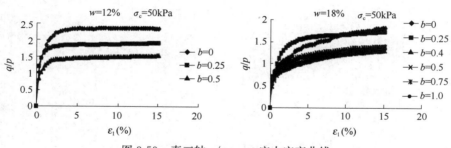

图 3-59　真三轴 $q/p \sim \varepsilon_1$ 应力应变曲线

思 考 题

1. 固结试验中怎么确定土的压缩系数？该指标在土力学中有什么用途？

2. 与直接剪切试验相比，三轴试验有哪些优缺点？为什么说三轴试验更接近于地基土的真实情况？

3. 渗透试验中，由达西定律计算得出的水的流速与土样中水的实际流速是否相同？并说明原因。

4. 与常规三轴试验相比，真三轴试验有哪些优缺点？

第4章 土的动力学性质试验

本章学习目标：

1. 掌握动三轴试验的基本原理，熟练掌握动三轴试验的成果分析方法，了解温控动三轴试验的基本方法。

2. 掌握动单剪试验的基本原理，掌握动单剪试验的成果应用。

3. 了解空心扭剪试验的基本原理，掌握空心扭剪加载过程中单元体的应力状态变化，并掌握其数据处理方法。

4. 了解共振柱试验的基本原理，掌握共振柱试验的操作方法和成果应用。

4.1 概 述

天然振源和人工振源是引起土体振动的两种振源。天然振源包括地震、波浪力、风力等，人工振源包括交通荷载、爆炸、打桩、机器基础等，这些振源的振动频率、次数和波形各不相同。天然振源发生随机振动的激振力，人工振源有随机振动也有周期性振动。例如爆炸等瞬时荷载引起的振动是随机的，连续运转的机器引起的振动是周期性的。在不同动荷载下土的强度和变形都受到加载速率和加载次数的影响。动荷载都是在很短的时间内施加，一般是百分之几秒到十分之几秒，爆炸荷载只有几毫秒。动荷载下，土体的强度比静荷载时提高，变形比静荷载时减小，如果荷载在数十秒时间内保持不变，则可忽略加载速率的影响，作为静力问题处理。与静荷载是一次加上不同，动力荷载通常是周期性连续作用的。

除受静荷载作用外，建筑物及其地基还可能会受到动荷载的作用，如地震作用、车辆及机器等引起的振动荷载、爆炸引起的爆震荷载等。在土体中，由静荷载引起的静应力的大小及作用方向是与时间无关的，而由动荷载引起的动应力的大小及作用方向是与时间相关的。这种变化，如地震引起的地震应力，为随机波；如往复式机器引起的振动，为类似正弦波；如爆破荷载在土体中引起的应力，为脉冲型震动。

土的动力特性是一组土的物理和力学特性，决定了它们对动荷载作用的响应，可用于：

(1) 计算在动荷载下运行结构的振动；

(2) 评估地震特性和地震增量；

(3) 预测在动荷载作用下结构的附加沉降；

(4) 评估破坏的可能性，包括土壤液化并确定其可能的后果；

(5) 选择正确的基础设计，管道施工方法，路基设计，工程保护措施等。

　　要想评估动荷载对土工建筑物及其地基的变形和稳定性的影响，就需掌握有关土的动强度、液化和动应力应变特性等工程性质。得到土料的动力特性的方法有原位测试和各种室内动力试验，如波速法测试、动三轴试验、振动台试验、动扭剪三轴试验、共振柱三轴试验和动单剪试验等。共振柱法为无损检测，原理为共振原理，其适用范围：应变较小（$10^{-5} \sim 10^{-3}$）、频率较高（几到几百赫兹）。具体方法是在圆形试样上施加纵向激振力或扭转激振力，在施力过程中改变振动的频率使其达到共振，最后，由共振频率、试样尺寸、边界条件求得试样的动模量。波速法是模拟地震波在土体中的传播，也属于无损检测。波速法是利用声波仪来测纵波和横波波速，进而求得土体动剪切模量和动弹性模量。目前，室内常规试验所采用的动荷载，其波形一般为拉压对称的正弦波，频率为 $0.5 \sim$ 2.0Hz，最常用的为1Hz。

4.2　土的动三轴试验

4.2.1　基本原理

　　动三轴试验与静三轴试验原理及轴向应力条件相似，只是将主应力换成模拟动主应力施加在试样上，在试验过程中，监测试样的动主应力、动应变、相应的孔隙压力等动态反应。由此，可以得到试样在试验过程中表现出的性状并推导出土样的动弹性模量、阻尼比等动力学参数。按试验的方法，动三轴试验可分为双向激振式和单向激振式。

　　对土样施加的围压力 σ_0，通常由土层的实际受力状态决定。其确定方法与静三轴试验设计相似，一般可采用平均主应力 $\sigma_0 = 1/3(\sigma_1 + 2\sigma_3)$，使试验尽可能与天然应力条件相似。在设计动应力时，也需考虑模拟场地的实际情况。例如在模拟地震作用时，需先计算得到土层自重、建筑物附加荷载以及施加的应力与模拟地震基本烈度或加速度的对应关系，即计算动应力 σ_d。然后，以半波峰幅值形式将动荷载施加在土样上，其在每个周期中的受力状态如图 4-1 所示。由图 4-1 可知，正应力 $\sigma_0 + \sigma_d/2$ 作用在土样45°斜面上，动剪应力以正负交替的 $\sigma_d/2$ 出现在同一斜面。在天然地面附近，由于土体所受的上覆压力和侧压力较小，因而对土样所施加的围压也应较小。而做土体的动强度或液化特征试验时，需要对土样施加较大的轴向压力，而由于此时围压较小，就会出现 $\sigma_0 - \sigma_d < 0$ 的情况，即土样会受到张力，但目前的动三轴仪是无法测量张力的。

　　电机制动的动三轴仪的压力室和动力驱动器是一体的。压力室中装有电机驱动的螺旋传动基座，可由压力室底座施加轴向力和轴向应变。当未选择径向动力驱动器时，动态试验对恒定围压的影响可通过平衡锤消除。动三轴试验法宜用于应变较大（$10^{-4} \sim 10^{-1}$）、频率较低范围内参数的测定，该方法可模拟地震的动力作用，是当前使用最多的一种方法。法向应力 $\sigma_3 = 0$ 时是动单轴试验。按加载方式，动三轴试验可分为强度试验（即恒应变速率等幅动应变振动试验）和蠕变试验（即恒应力幅值动荷载试验）两种。恒应变速率等幅动应变振动试验是控制应变幅的上、下界随时间在应变幅值保持不变的情况下，以相同速率等速增长；恒应力幅值动荷载试验，是施加正弦变化的轴向循环周期荷载，但应力

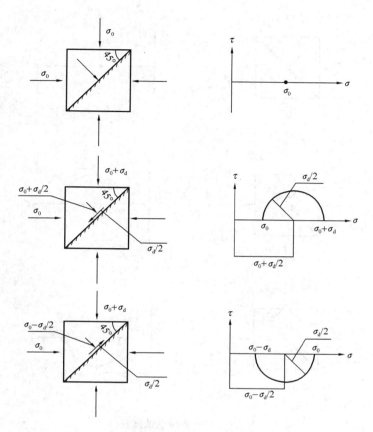

图 4-1 单向激振三轴试验

幅值保持恒定。

变侧压动三轴试验即双向激振三轴试验，同时对土体施加径向应力和轴向应力，能够有效地弥补单向激振试验的不足之处。其实际应力状态如图 4-2 所示。设计试验围压仍按天然的应力条件来设计。双向激振三轴试验施加动应力的方式：同时对土样施加水平向应力和竖向应力，相位差为 $180°$，施加动应力大小为 $\sigma_d/2$，这样可使 σ_0 始终在土样内部的 $45°$ 斜面处，动剪应力值为正负交替的 $\sigma_d/2$。当施加地震作用时，不受应力比 σ_1/σ_3 限制。

4.2.2 动三轴试验仪器构造

传统动三轴仪一般由压力室、激振设备及量测设备 3 个部分组成。对于压力室，动三轴仪室与静三轴的基本一样，其材料、结构、密封形式也基本相同。对于量测设备，动三轴的要比静三轴复杂。动三轴仪一般采用电测设备量测，其原理是用传感器将动应力、动孔隙水压力和动变形的变化转换成电参数或电量的变化，然后再放大，使光电示波器的振子发生偏转，从而引起光点的移动，最后在紫外线感光纸带上记录下来。

英国 GDS（Geotechnical Digital Systems Instruments）的仪器研究人员研发了新型动三轴仪（包括分为动三轴系统和静三轴系统），解决了传统动三轴仪存在的很多问题。新

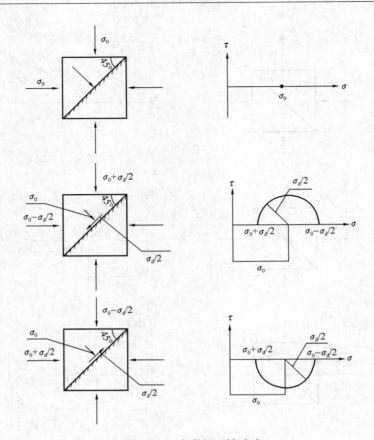

图 4-2　双向激振三轴试验

型动三轴仪的工作原理、动力方式等都发生了革命性变化。仪器的参数性能得到大幅提高，能满足更高精度的动三轴试验。新型动三轴仪的动、静三轴系统采用现代先进的自动控制技术和机械制造工艺，实现了数字化操作并且量测、控制精度高，可以根据需求进行手动或自动（专用 GDSLAB 软件控制）控制进行动、静三轴试验并自动记录数据。

GDS 动三轴仪系统基本组成：GDS 三轴仪主要由压力室、围压施加系统、轴向加压设备、体积变化和孔隙压力量测系统 5 部分组成。与传统三轴仪不同的是，GDS 三轴仪中增加了计算机控制和分析系统，使其真正实现自动化，充分凸显了它的先进性。在压力室中放入试样并加满油，用油媒介传递围压，通过围压施加系统加压，则油就将围压施加到试样上了。轴向加压设备给试样施加轴向压力，从而使试样中产生偏应力。体积变化量测系统可以测量试验过程中试样的体积变化，从而可以计算试验中试样轴向应力和平均断面积。对于饱和三轴试验，孔隙压力量测系统仅量测、控制孔隙水压力；对于非饱和土试验，孔隙压力量测系统用来量测、控制土样孔隙水压力和孔隙气压力。GDS 三轴仪可以通过其计算机控制与分析系统，实现饱和土或非饱和土各种应力路径下的试验。

GDS 动三轴仪仪器基本组件包括围压控制器（Cell Pressure Controller）、反压控制器（Black Pressure Controller）和气压控制器（Air Pressure Controller）。围压控制器通过细塑料管与压力室相连，用以量测控制三轴压力室中的油压力，亦即施加于试样上的围压力。反压控制器由细的合成塑料管与轴室底座相连，底座上有预留的小孔，从而使反压控制器中的水与土样孔隙中的水连为一体，这样就可以通过反压控制器来量测和控制试样中的孔隙水压力，并且可以测量试样中孔隙水体积的变化值。气压控制器由细合成塑料管与试样帽相连，再通过试样帽上预留孔道将气压控制器中的空气与试样孔隙气体连为一体。对于饱和土，试样的体积变化量就是孔隙水的体积变化量；对于非饱和土，试样的体积变化量就是孔隙水的体积变化量和孔隙气体体积变化量的总和，故还需测量孔隙气体体积变化量。孔隙气体体积变化量要用气压控制器测量。围压控制器的精度和反压控制器的是相同的。

4.3　温度控制的动三轴试验

4.3.1　仪器构造

国内外研究学者通过自行研制的温控试验装置已经开展了土的固结和三轴试验，并在热固结、热强度试验和理论方面取得了研究成果。在动力荷载的作用下，土的强度和变形特性都会受到很大影响。利用动三轴试验、振动单剪试验、共振柱试验等设备开展土的动力特性试验，进而确定土的动参数，可以更好地为工程建设服务。国内外学者对常温的循环荷载作用下土的动力特性进行了研究，得到了累积应变、动模量、阻尼比等参量的变化规律。随着冻土工程的发展，低温动三轴材料试验机被研发出来，推进了低温对土体性质影响的研究并取得了一些成果，但目前国内外尚未有高温下土的动力特性试验及温控动三轴仪研制方面的报道，温度对土动力特性的影响仍有待于研究。

常规三轴仪主要是通过底部升降台使压力室升降，再由轴向活塞杆自上向下实现加载，故此类三轴压力室可以采用内加热模式。与常规三轴不同，TAJ-20 动静三轴试验系统的轴向荷载是由主机下部的轴向激振器通过活塞杆自下向上施加，再由试样传递到上传力杆和压力传感器，这与 GDS 三轴仪的轴向加载类似。TAJ-20 动静三轴试验系统的压力室由底盘、压力室筒、压力室上盖、活塞杆、上传力杆、上下试样帽、密封圈、压力传感器组成，如图 4-3 所示。压力室有钢压力室（1MPa 以上试验）和有机玻璃压力室两种类型，其中上传力杆和试样帽均为钢质材料。考虑 TAJ-20 系统的压力室结构及现有内、外加热模式的优缺点，笔者在仪器购置过程中，与试验机生产厂家联合设计温控压力室，研制温控动三轴试验系统。

设计方法如下：在钢压力室外壁上，设计两块弧形加热板，将其完全包裹并紧贴在压力室外壁上，来增大加热面积。这样就可以通过加热板对压力室外壁加热，再由压力室外壁对液体进行加热，从而加热试样。与此同时，对上传力杆和活塞杆进行加热，这样热量将传递给钢试样帽、压力室内水和透水石及试样，进而可以实现对室内液体的内加热，以及对试样上、下端的直接加热，最终形成了内、外联合加热模式，如图 4-3 所示。

黑龙江水利科学研究所研制了 DM-10 冻土试验仪。该仪器具有体积较小、操作简单、功耗低、自动化程度较高的优点，并可以完成全约束、半约束和无约束条件下的冻融试

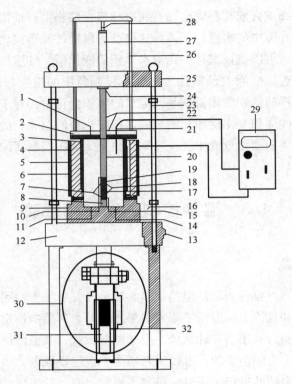

图 4-3　温控动三轴主机

1—排水孔；2—压力室上盖；3—压力室筒；4—加热板；5—隔热石棉；6—不锈钢围板；
7—上下试样帽；8—活塞杆；9—底盘；10—上水管；11—进水管；12—加载架承台；
13—动控制阀；14—出水管；15—下排水管；16—孔压传感器；17—试样；18—透水石；
19—乳胶膜；20—上传力杆；21—温度传感器；22—橡胶材料；23—加载架支杆；24—压
力传感器；25—加载架横梁；26—提升杆；27—气缸；28—气泵连接线；29—温度控制
器；30—轴向激振器；31—轴向位移传感器；32—变形传感器

验。该仪器可自动控制、检测、记录试验过程中的边界温度；可以做冻胀力、冻胀量、冻结过程试验并定时检测试验过程中的排水量，综合抽、吸压力等物理参数。主要参数如下：荷载范围 0～1500kg，精度 ±2.0kg，水位调节范围 -0.6～0.5m，供水、排水量精度 ±0.5mL，温控范围 -20～40℃，精度 ±0.5℃，冻结期综合抽吸压力测定精度 ±5.0mm 汞柱。

1989 年，中国科学院寒区旱区环境与工程研究所冻土工程国家重点实验室从美国 MTS 公司订购了 25t 三轴试验机（MTS-810），并于 1990 年 10 月安装调试并进入科研试验。该设备可以做冻土的静、动恒定荷载或恒定变形速率单、三轴拉、压试验，主要技术指标如下：轴向 250kN，围压 0～20MPa，位移 0～75mm，频率 0～20Hz，温度 -30～30℃，长期精度 ±3%，短期精度 ±1%。

MTS-810 试验机配备了全数字控制系统 TestAide，由 4 部分组成：计算机、全数字控制器、手动控制面板（包括紧急停机按钮）和试验机，如图 4-4 所示。

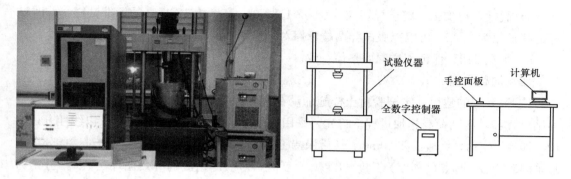

图 4-4　试验助手全数字控制系统（冻土工程国家重点试验室）

4.3.2　试验方法

以 MTS-810 冻土动三轴试验为例，其主要试验方法如下：

（1）试样尺寸要求及制样流程

按标准制样流程，具体如下：

1）将原状土风干、碾碎并过 2mm 筛，再测定其初始含水率；

2）将第一步得到的风干土用蒸馏水配制成设定含水率的湿土，并搅拌均匀，放入密封袋中平衡 24h，使其含水均匀，从密封袋中不同位置取湿土并测定其含水率，含水率的差值不可超过 1%；

3）根据试验设定的试样干密度，体积为定值，计算得到湿土的质量，然后称取湿土，将称好的湿土放入模具中一次性击实成重塑土样，模具直径为 61.8mm，高度为 125mm，如图 4-5 所示；

图 4-5　试验土样

4）将重塑土样放入饱和器中，抽气 2h、饱水 12h，然后将土样置于 −30℃ 条件下，冻结 48h；

5）脱模，再加工，将土样切成直径为 61.8mm、高度为 125mm 的标准试样。此时试样的高径比为 2.02，可以克服试样两端摩擦对试验结果的影响；

6）恒温 24h，保证土样温度整体一致。

（2）加载流程

按 Seed 等的建议，本试验对土样施加动荷载，采用分级加载的方式。加载过程包括固结过程和轴向动荷载施加过程。首先，采用等压固结方式（$\sigma_1 = \sigma_2 = \sigma_3$），以线性方式将围压加到设定值，大概需要 30min，然后保持压力 2h，固结过程完成；其次，对试样分级施加轴向动荷载。地震的烈度为 7 度、8 度、9 度时，对应的谐波的等效循环次数 N_e 分别为 10 次、20 次、30 次，每级动荷载振动 30 次，采用的是正弦波形，如式（4-1）所示：

$$\sigma(t) = \sigma_3 + \sigma_d \sin(2\pi f t) \tag{4-1}$$

其中，σ_3 为围压，σ_d 为动应力幅值，$\sigma_d = (\sigma_{max} - \sigma_{min})/2$，$\sigma_{max}$ 为最大动应力，σ_{min} 为最小动应力，f 为加载频率，t 为加载周期。

4.3.3　土的动力特性

动三轴试验通常在低频条件，采用循环荷载、等幅谐波的加载方式，当现场静力条件已知时，可以确定土的动剪切模量、阻尼比、动剪切强度（包括液化）和动孔压、动变形等动力特性参数与规律。动荷载很小时，土体的变形主要是弹性的，但随着动荷载的增大，土体的变形逐渐发展为塑性的。在弹性范围内，土的动力性能主要由剪切模量和阻尼比来描述；在塑性范围内，确定土的各项动强度（包括液化）指标。综上所述，室内土的动力参数的测定试验主要是测定土的剪切模量和阻尼比以及测定土的动强度指标。为了解土的动力变形特性，做地基土层或土工建筑物的动力分析和变形分析就需要测定土的剪切模量和阻尼比；为验算判别地震作用下，地基土层或土工建筑物的液化可能性和液化范围，就需要测定土的动强度指标。动三轴试验，在应用上主要有以下两个关键点：一是试验方案能尽量与工程的实际条件相符，二是在条件与工程实际相符下得到的试验结果与工程实际相符。室内动三轴试验，首先，将试样按照设定的含水率、密度、级配和应力状态压制于制样器中，然后按试验方案施加不同形式和强度的动荷载，试验过程中可量测在动荷载作用下，试样的应力和应变等参数，从而可定性和定量地对土性和土动力性能有关指标的变化规律作出判断。由于土动力问题研究的应变范围很大，因此，可以做从小应变到大应变的室内试验来确定土动力计算中所用的特性参数。

4.3.4　动参数的试验成果分析

1. 动应力-应变关系的基本特征

土的动剪应力-剪应变是土体动力分析的基本特性关系，可通过一定条件作用下的试验测得。通常，条件较普遍时土体的应力-应变关系可用本构模型表示，本构模型中的参数可通过要求条件下的试验确定。加载后，材料的力学性状与其产生应变的大小相关，可能是动弹性、黏性、塑性的，或者是上述三者的某种组合。为建立土动应力-动应变关系，根据土的实际应力-应变关系，找出与之相符的由各种基本力学元件及它们组合形式（黏弹性、弹塑性以及黏弹塑性等）。随着动荷载的增大，土颗粒之间的连接逐渐破坏，土颗粒相互移动损耗的能量逐渐增大，土骨架产生不可恢复的变形，土的塑性性能表现得越来越明显。当动荷载增大到一定程度时，土颗粒之间的连接几乎完全破坏，土处于流动或破坏状态。土体变形是因为土颗粒在外力作用下向新的较稳定的位置移动。土体变形时，对于饱和土，土骨架变形，孔隙水排出，孔隙变小；对于非饱和土，首先土体孔隙气被压缩，然后是多余的气体和孔隙水被挤出，此时由于土骨架与孔隙水之间存在摩擦，使得孔隙水和孔隙气体排出受阻，从而使变形延迟，所以土的变形及应力变化都是时间的函数。由于土具有弹塑性和黏性的特点，因此可将土视为黏弹塑性体。另外，土的各向异性显著，再加上土中水的影响，使土的动动力应变关系极为复杂。综上，要想得到土的动应力应变关系，必须对土的非线性、滞后性、变形积累三方面的特性有较深入的了解。

（1）非线性

土的非线性特性可以从土的骨干曲线的实测资料中反映出来，如图 4-6（a）所示。骨干曲线是受同一固结压力的土在不同动应力幅值作用下每一周应力-应变滞回曲线顶点的连线。从图 4-6（a）中可见，骨干曲线的斜率随着动应变幅的增大而逐渐变缓，骨干曲线的非线性反映了土的等效动剪切（变形）模量的非线性。

（2）滞后性

应变对应力的滞后性在图 4-6（b）土的应力-应变关系中得到了很明确的反映，同时这是土的黏性特性的反映。从图 4-6（b）中可见，滞回曲线所包围的面积随动应变幅值的增大而增大。

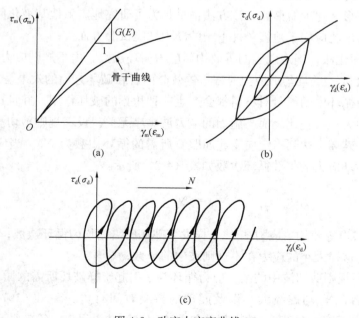

图 4-6　动应力应变曲线
（a）土的骨干曲线；（b）土的应力-应变关系曲线；（c）滞回曲线

（3）变形积累性

在循环荷载作用下，每一周期都会产生不可恢复的塑性变形并逐渐累积。从图 4-6 (c) 所见，即使荷载大小恒定，变形也会随循环荷载周期的增加而增大，同时滞回圈中心不断朝一个方向移动，这是由土的塑性引起的，同时也是土对荷载积累效应的反映。变形的积累效应也包含了应力应变的影响。

测定土的静强度，常选用某一固定应变速率做强度试验并得到应力-应变关系曲线。静强度通常为应力-应变关系曲线峰值点或 15％ 应变处对应的强度，选定的破坏准则不同，对应的静强度值也会有差异。受速率效应和循环效应的影响，土的动强度比较复杂，而且对于冻土还要考虑温度效应。动荷载的循环效应在振动次数上得到了体现，通过文献调研发现，循环效应对土体动强度的影响主要取决于土性和所加的动荷载特性。动荷载的振动频率越高，速率效应越明显，且土的强度会随加载速率增加而增大，尤以黏性土更加明显。总之，土动强度的影响因素，除了影响土静强度的影响因素，如土性（密度、粒度、含水量、土的结构、温度等）、固结条件、破坏标准选取等之外，还有动强度的专有因素，包括动荷载波形、振动次数、振动频率、动应力幅值等。动强度是在一定动荷载循环作用次数 N 下土体达到某一指定破坏应变，或达到某一破坏标准所需的动应力。故动强度与破坏标准密切相关，即动强度随破坏标准不同而有差异。动强度的破坏标准有以下四种：第一种是取土样应变为 5％；第二种是在土样应变 2.5％～10％ 的范围内取值，具体值由地基土的情况和工程重要性决定；第三种是极限平衡条件；第四种是动荷载作用过程中变形开始陡降。

振动测试的动力条件主要是模拟地震作用的波形、方向、频幅和持续的时间。一般的动三轴仪、动直剪仪无法直接加载真实地震的加速度或速度波形，而大多数采用 Seed 简化法：将地震波形转化为简谐波，该方法最早是为了研究地震下地基液化问题而创造出来的，近年来也被广泛应用于地震条件下土的动力性能试验方面。

通过 Seed 简化法，确定地震的等效均匀应力循环次数。由不规则应力时程（图 4-7a）可以等效最大值为 τ_{av} 的均匀剪应力时程。等效时两者在破坏方面的效果是一致的。

在每一应力循环中的能量对材料都会产生一种积累的破坏作用，并且这种破坏作用与该循环中能量的大小成正比，而与施加的应力波顺序无关。设不规则剪切波中的某一应力循环 τ_i 引起土样破坏（达到指定应变或屈服）所需的循环周数为 N_{if}。当应力时程曲线不规则时，均匀循环应力的等效循环次数如式（4-2）所示：

$$N_{eq} = N_e \sum \frac{N_i}{N_{if}} \tag{4-2}$$

式中　　N_e——假设等效均匀应力 τ_{av} 使土样发生破坏所需的均匀循环次数；

　　　　N_i——τ_i 这样大小的应力在不规则波中的个数；

　　　　N_{if}——不规则剪切波中的某一应力循环为 τ_i 引起土样破坏所需的循环周数。

选定 τ_{av} 之后，N_{eq} 与震级大小以及震动的持续时间有关。Seed（1976、1979）利用 DeAlba，Seed 和 Chan（1976）的大型动单剪液化试验结果得出，等效循环次数与地震震级的关系为 $\tau_{av}=0.65\tau_{max}$。对于地震来说，按 Seed 的方法，可以将随机变化的地震波型

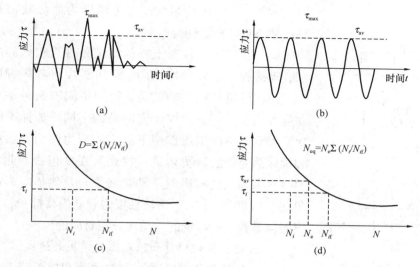

图 4-7　等效均匀应力与等效振动次数示意图

简化为一种等效的谐波作用，谐波的等效循环次数 N 根据地震的烈度确定（7 度、8 度、9 度时分别为 10 次、20 次、30 次），频率为 1～2Hz，地震方向按水平剪切波考虑。

　　试验时保证同组试样的特性、固结条件、初始静应力、动荷载振动频率等都相同，只改变应力幅值 σ_m 的大小，然后绘制应变幅值 ε_m 随振动次数 N 的变化曲线（图 4-8）。本书根据试验材料、结构重要程度等因素将破坏标准定为应变达到 5%，这样可以得到每一应变幅对应的破坏振次。定义轴向偏应力最大值为动强度 σ_{df}，即 $\sigma_{df} = \sigma_s + \sigma_m - \sigma_3$。以动强度为纵坐标，破坏振次为横坐标，绘制动强度与破坏振次的关系曲线，振次常采用对数坐标表示，这样绘制的曲线称为"土的动强度曲线"（图 4-9），使用时，根据所要求的破坏振次，在土的动强度曲线上找到相应的动强度 σ_{df}。

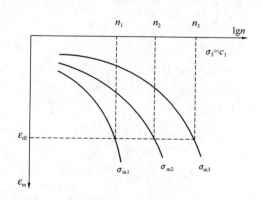

图 4-8　土的应变幅值与振动次数变化关系曲线

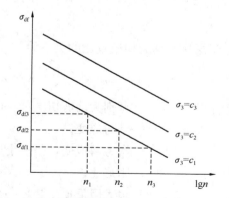

图 4-9　不同围压条件下土的动强度曲线

　　在循环试验中，先施加静荷载至某一应力 σ_s，然后施加动应力 σ_d，控制每组试验的振动循环次数 N 相同，改变动应力 σ_d 的幅值，则动应力-动应变曲线如图 4-10（a）～（c）所示。可见，动应变随着动应力 σ_d 的增高而逐渐增大（对应于图 4-10d 中的 A、B、C

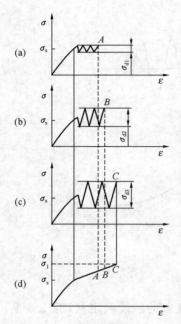

图 4-10　一定振次下的动应力-应变关系

点），图 4-10（d）中最大的应力值即为静荷载 σ_s 和振动循环次数 N 时的动强度。

同一组试验，控制土样的固结条件、初始静应力、围压、动荷载振动频率均相同，每组最少设置 3 种围压，改变应力幅值进行动三轴试验，得到不同围压条件下试样的动强度曲线。可以根据研究问题的不同，选择不同的振动次数，得到不同围压作用下对应的应力幅值，然后将围压和轴线总应力绘制莫尔圆，找到其强度包线，此时，强度包线在纵轴上的截距就是动黏聚力 c_d，斜率即为动内摩擦角 φ_d。"动强度指标"为动黏聚力和动内摩擦角。土的动强度指标是和某一特定的振动次数相对应的。

2. 土的动剪切模量和阻尼比的常用表达式

动力作用水平提高时，土的动剪切模量降低，而阻尼比则增大。土动力作用水平通常用剪应变幅值表示，通常以动剪切模量比与动剪应变幅值之间的关系来表示土的动剪切模量的退化，以阻尼比与动剪应变幅值之间的关系来表示土的阻尼比的变化。Seed 等首先给出了砂土和黏性土的动剪切模量比与动剪应变幅值关系曲线和阻尼比与动剪应变幅值关系曲线。应指出的是，Seed 等给出的动剪切模量比与动剪应变幅值关系曲线的离散性很大，特别是动剪应变幅值为 $10^{-4} \sim 10^{-3}$ 范围内的时候，而这个范围正是中等以上强度地震在土体中引起的剪应变幅值范围。Hardin 等给出的动剪切模量比与动剪应变的关系（即 Hardin-Drnevich 双曲线模型）为：

$$\frac{G}{G_{\max}} = \frac{1}{\left(1 + \dfrac{\gamma}{\gamma_r}\right)} \tag{4-3}$$

阻尼比与动剪切模量比的关系为：

$$\lambda = \lambda_{\max}\left(1 - \frac{G}{G_{\max}}\right) \tag{4-4}$$

式中　G、$G_{\max}$——分别为动剪切模量、最大动剪切模量；

　　　γ——动剪应变；

　　　γ_r——参考剪应变，是一个土性参数；

　　　λ——阻尼比；

　　　$\lambda_{\max}$——最大阻尼比，是另一个土性参数。

式（4-3）也是目前地震安全性评价土层地震反应分析中采用的剪切模量比与剪应变幅值关系曲线的标准形式。

根据试验数据，在循环荷载作用下可假设土体动应力-应变关系为：

$$\tau = \frac{\gamma}{a + b\gamma} \tag{4-5}$$

由式（4-5）可得试验数据处理时常用的动剪切模量倒数与剪应变幅值关系的直线方程：

$$\frac{1}{G} = a + b\gamma \tag{4-6}$$

比较式（4-3）、式（4-6）可得：

$$\gamma_r = \frac{b}{a} = \frac{\tau_{max}}{G_{max}} \tag{4-7}$$

式中　τ、τ_{max}——分别为动剪应力、最大动剪应力；

　　　a、b——双曲线参数，常常通过试验数据拟合获得。

Hardin-Drnevich 模型的优点是形式简单、参数物理意义明确、应用方便等，该模型可以较好地模拟强度较低的土体（如砂土、软黏土等）的剪切模量变化规律，但对于硬土的拟合效果较差。Martin 等在 Hardin-Drnevich 模型基础上，对式（4-3）和式（4-4）进行了改进，提出了具有 3 个参数的 Davidenkov 模型和具有幂次形式的阻尼比拟合公式：

$$\frac{G}{G_{max}} = 1 - \left[\frac{(\gamma - \gamma_0)^{2B}}{1 + (\gamma - \gamma_0)^{2B}}\right]^A \tag{4-8}$$

$$\lambda = \lambda_{max} \left\{\left[\frac{(\gamma - \gamma_0)^{2B}}{1 + (\gamma - \gamma_0)^{2B}}\right]^A\right\}^n \tag{4-9}$$

式中　A、B、λ_{max}、n、γ_0 均为拟合参数。

Davidenkov 模型具有可通过调整参数更好地拟合试验数据的优点，因此可较好地对动剪切模量进行预测；但其缺点在于：将 Hardin-Drnevich 模型中具有明确物理意义的参考剪应变 γ_r 替换成了没有实质物理意义的拟合参数 γ_0，而且该参数取值没有一定标准，难以把握；由于拟合参数过多且不能从试验中获取，故应用复杂；并且拟合参数取值没有标准，在试验数据较多时就使拟合数据杂乱、无规律性。根据室内试验结果可用以下经验公式：

$$\lambda = \lambda_{max} \left(1 - \frac{G}{G_{max}}\right)^{\beta} \tag{4-10}$$

式中　λ_{max}——最大阻尼比；

　　　β 为 $\lambda \sim \gamma$ 关系曲线形状系数（阻尼比参数），对于大多数土，β 数值范围为 $0.2 \sim 1.2$。在双对数坐标系上，式（4-10）可写成如下直线形式：

$$\lg\lambda = \lg\lambda_{max} + \beta\lg\left(1 - \frac{G}{G_{max}}\right) \tag{4-11}$$

对式（4-11）通过实测数据拟合可得 λ_{max} 和 β。

将式（4-3）代入式（4-10）可得：

$$\frac{\lambda}{\lambda_{max}} = \left(\frac{\gamma}{\gamma_r + \gamma}\right)^{\beta} \tag{4-12}$$

利用式（4-12）可绘出目前地震安全性评价土层地震反应分析中采用的阻尼比与剪应变关系曲线。

3. 阻尼比函数的确定

在研究阻尼比 λ 与动应变的关系时，一般来讲，阻尼比会随平均有效主应力、孔隙比、固结时间、土的结构联结、塑性指数等的增大而降低，随振次、应变的增加而增加，超固结比、应变率和振次对阻尼比的影响不大。阻尼比 λ 为实际的阻尼系数 c 与临界阻尼系数 c_{cr} 之比，它对对数减幅系数 δ 及能量损失数 Ψ 之间的关系为式（4-13）：

$$\lambda = \frac{c}{c_{cr}} = \frac{c}{2m\omega} = \frac{1}{4\pi}\Psi = \frac{1}{2\pi}\delta \tag{4-13}$$

能量损失数见式（4-14）：

$$\Psi = \frac{\Delta W}{W} \tag{4-14}$$

式中　ΔW——一个周期内损耗的能量；

　　　W——作用的总能量。

由此可见，可以通过确定出各个周期内作用的总能量 W 及损耗的能量 ΔW 来求得土的阻尼比 λ 随动应变的关系。对黏弹性体而言，由于一个周期内弹性力的能量损耗等于零，故能量的损耗应等于阻尼力所做的功，即为式（4-15）：

$$\Delta W = \int_0^{\varepsilon_d} c\dot{\varepsilon}\,d\varepsilon = \int_0^T c\dot{\varepsilon}\,\frac{d\varepsilon}{dt} = \int_a^T c\dot{\varepsilon}^2\,dt \tag{4-15}$$

再由式（4-16）：

$$\varepsilon = \varepsilon_m \sin(\omega t - \delta) \tag{4-16}$$

得式（4-17）：

$$\begin{aligned}
\Delta W &= \int_0^T c\omega^2\varepsilon_d^2\cos^2(\omega t - \delta)\,dt = c\omega\varepsilon_d^2\int_0^T \cos^2(\omega t - \delta)\,d(\omega t) \\
&= c\omega\varepsilon_d^2\int_0^T \left[\frac{1+\cos 2(\omega t - \delta)}{2}\right]d(\omega t) \\
&= \frac{1}{2}c\omega\varepsilon_d^2\left[\omega t\right]_0^{\frac{2\pi}{\omega}} + \frac{1}{2}c\omega\varepsilon_d^2 \times \frac{1}{2}\left[\sin 2(\omega t - \delta)\right]_0^{\frac{2\pi}{\omega}} \\
&= \frac{1}{2}c\omega\varepsilon_d^2\omega\frac{2\pi}{\omega} - \frac{1}{4}c\omega\varepsilon_d^2\left[\sin 2\omega t\cos 2\delta - \cos 2\omega t\sin 2\delta\right]_0^{\frac{2\pi}{\omega}} \\
&= \pi c\omega\varepsilon_d^2
\end{aligned} \tag{4-17}$$

即得式（4-18）：

$$\Delta W = \pi c\omega\varepsilon_d^2 \tag{4-18}$$

可以证明，式（4-18）表示的黏弹性体在一个周期内的能量损耗 ΔW，可以近似等于由滞回曲线所围定的面积 A_0，即式（4-19）：

$$\Delta W = A = \pi c \omega \varepsilon_d^2 \qquad (4\text{-}19)$$

又因一个周期内动荷载所储存的总能量为式（4-20）：

$$W = \frac{1}{2} \sigma_d \varepsilon_d \qquad (4\text{-}20)$$

即等于由原点到最大振幅点（ε_d，σ_d）连线下的三角形面积 A_T，如图 4-11 所示，故式（4-19）可以表示为（4-21）：

$$\lambda = \frac{1}{4\pi} \frac{A_0}{A_r} = \frac{1}{4\pi} \times \frac{\text{滞回圈的面积}}{\text{三角形 } OAA' \text{ 的面积}} \qquad (4\text{-}21)$$

式（4-21），即为动三轴试验中确定阻尼比的基本关系式。可利用它求出任一周期（对应于不同的应变幅 ε_d）的阻尼比 λ，然后可做出阻尼比 λ 与动应变 ε_d 间的曲线（λ-ε_d），之后对它进行拟合，即可得阻尼比函数 $\lambda = \lambda(\gamma_d)$ 的表达式。

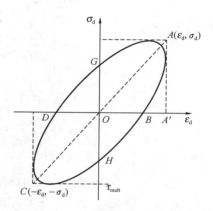

图 4-11　滞回圈与阻尼比

在求阻尼比时的难点是求滞回圈面积，一般是将滞回圈拟合为椭圆，求得滞回圈面积。实践证明，这种方法具有繁琐复杂、资料分散及资料难整理的困难。所以要寻找一种简单、准确、合理的方法确定土的阻尼比，来提高动力反应分析的精度，从而更好地满足实际工程需要。魏茂杰和林木村在滞回圈为椭圆的基础理论上，提出了一种简单的方法。首先为了减小误差，将 σ_d-ε_d 滞回曲线转换成 σ_d/σ_m-$\varepsilon_d/\varepsilon_m$ 滞回曲线 $\sigma_d = \varepsilon_m \sin \omega$，$\varepsilon_d = (\sigma_m/c\omega) \sin(\omega t - \delta) = \varepsilon_m \sin(\omega t - \delta)$，这种变化不仅规范了坐标轴的单位长度，同时使不同动应力下的滞回圈变成同心椭圆族。改进公式见式（4-22）：

$$\lambda = \frac{1}{2} \frac{\sigma_{d0}}{\sigma_m} \qquad (4\text{-}22)$$

式中　σ_{d0}——动应变为 0 时刻对应的动应力；

　　　σ_m——振动周期内的最大动应力。

动应变为 0 时刻对应的动应力 σ_{d0} 和振动周期内的最大动应力 σ_m 都可以从动应力和动应变的记录过程线上量出，从而可由式（4-22）计算得到 λ 值，这样就不用再绘制滞回圈，大幅简化了阻尼比的计算过程。但滞回曲线为椭圆理论仍是计算的前提，没有完整正确地体现试验数据且此公式的应变适用范围为 $10^{-4} \sim 10^{-2}$。为了使试验数据得到充分利用，进而使求得的 λ 更符合实际情况，陈伟等人提出了一种更好的求阻尼比的方法。陈伟直接使用试验数据得到动应力-动应变曲线，然后将多边形作为滞回曲线，计算其面积，从而确定阻尼比（图 4-12），但为使结果较为准确，此方法需要的数据点较多。

根据空间解析几何计算图中多边形的面积，见式（4-23）：

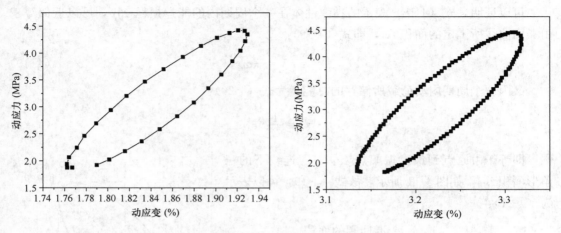

图 4-12　动荷载下应力-应变滞回曲线

$$S = -\frac{1}{2}\left(\begin{vmatrix} \varepsilon_{1d} & \sigma_{1d} \\ \varepsilon_{2d} & \sigma_{2d} \end{vmatrix} + \begin{vmatrix} \varepsilon_{2d} & \sigma_{2d} \\ \varepsilon_{3d} & \sigma_{3d} \end{vmatrix} + \cdots + \begin{vmatrix} \varepsilon_{(n-1)d} & \sigma_{(n-1)d} \\ \varepsilon_{nd} & \sigma_{nd} \end{vmatrix} + \begin{vmatrix} \varepsilon_{nd} & \sigma_{nd} \\ \varepsilon_{1d} & \sigma_{1d} \end{vmatrix}\right) \tag{4-23}$$

式中：ε_{nd}、σ_{nd} 分别为 n 点的动应变和动应力。

通过式（4-23）所求的多边形面积即为滞回圈面积。为了尽可能减小用多边形代替滞回圈产生的误差，每次应力循环过程中要尽可能多地采集试验数据。此方法比前面两种计算方法更简便且可以直接利用试验数据，此外滞回曲线不需要调整，可完整正确地体现试验数据，所以此方法更准确且简单易行。

4.4　土动单剪试验

4.4.1　基本原理

研究饱和砂土的液化问题可应用单剪仪进行动单剪试验。这种类型的试验中土样在竖向应力 σ_v 作用下固结，此时的侧向应力等于 $K_0\sigma_v$，（K_0 为静止时的土压力系数）。单剪仪中土样的初始应力状态如图 4-13（a）所示，它所对应的摩尔圆如图 4-13（b）所示。随后，在土样上作用峰值为 τ_h 的水平往复剪应力，如图 4-13（c）所示，在水平往复剪应力作用过程中，可以测得孔隙水压力和应变值。

当往复剪切试验进行到某一时刻时，土样应力状态的摩尔圆如图 4-13（d）所示，需注意，作用在土样上的最大剪应力不是 τ_h 而是

$$\tau_{\max} = \sqrt{\tau_h^2 + \left[\frac{1}{2}\sigma_v(1-K_0)\right]^2} \tag{4-24}$$

4.4.2　仪器构造

动单剪仪采用的试样容器为刚框式单剪容器，试样为方形，两侧由刚性板约束。上盖

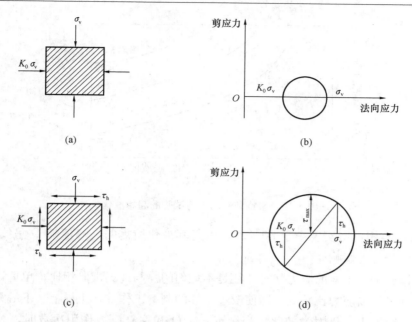

图 4-13　动单剪试验中土样的初始应力状态和最大剪应力

与下底板的对角线由铰链连接，这样在固结时可向下移动，但不可张开，剪切时的剪切应变与回板一致，如图 4-14（a）所示。试样由橡皮膜包裹，保证完全不排水，可以量孔隙水压力。第一代的动单剪仪就是在上述单剪仪的基础上研制出来的，它由四块刚性金属板铰接而成，当其作相对旋转时，刚性框板的原有矩形空间截面（内装试样，亦即试样的纵向竖截面）就可以变为左右倾斜的菱形截面，如图 4-14（b）所示。这样就在试样内产生了等角度的剪应变，由此而对应的剪应力基本上是均匀的。

4.4.3　试验成果

图 4-15 为用单剪仪进行蒙特利砂液化试验的一些结果，实线表示 $\sigma_v = 113.7 \text{lb/in}^2$，即 784.8kN/m^3；虚线表示 $\sigma_v = 71.1 \text{lb/in}^2$，即 490.5kN/m^2。这些结果都是针对起始液化的条件而言的。从图 4-15 中可以得到以下几点结论。

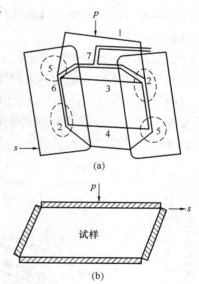

图 4-14　钢框式单剪容器结构
1—土样帽；2—可动芯棒；3—顶部铁板；
4—底部铁板；5—固定芯棒；6—橡皮膜；
7—孔隙水压计

给定 σ_v 和相对密度 D_r 后，τ_h 减小，引起液化所需的往复加载次数就增加；给定 D_r 和往复加载次数后，σ_v 减小，产生液化所需的 τ_h 峰值也减小；给定 σ_v 和往复加载次数后，产生液化的 τ_h 将随相对密度的增大而增大。

给定 σ_v 值和往复应力作用次数后，产生液化的 τ_h 峰值与初始相对密度的关系如

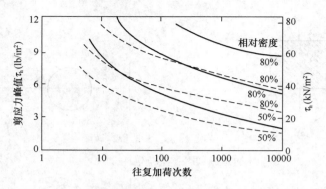

图 4-15　蒙特利砂动单剪试验的起始液化

图 4-16所示，当相对密实度小于 80% 时，引起其液化所需的 τ_h 峰值随 D_r 呈线性增加。

（1）试验条件的影响

在单剪试验中，土样的应力状态往往是不均匀的。与现场试验相比，单剪试验所得的产生液化的水平往复应力比较低，即使改进土样的制备工作并在土样上、下端采取粗糙面连接措施也不能避免。正因为如此，当给定 σ_v，D_r 和往复应力作用次数时，现场所得的 τ_h 峰值比动单剪试验所得的值高 15%～50%，这个事实已被 Seed 和 Peacock（1968）做的均匀中砂（$D_r \approx 50\%$）试验的结果所证实，在他们的试验中，现场测得的值大约比室内值高 20%。

（2）超固结比对产生液化的 τ_h 峰值的影响

动单剪试验的 τ_h 值在很大程度上取决于静止时的初始侧向土压力系数值 K_0，而 K_0 值又取决于超固结比（OCR），由动单剪试验确定的产生起始液化的值 τ_h/σ_v 与超固结比的关系如图 4-17 所示。给定相对密度和往复加载次数后，引起起始液化的值 τ_h/σ_v 随 K_0 的减小而减小。这里需要指出的是，所有研究液化的动三轴试验的初始 K_0 值均为 1。

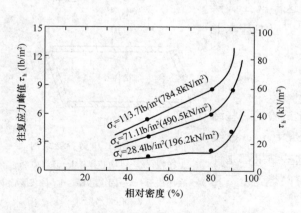

图 4-16　相对密实度对蒙特利砂起始液化的影响

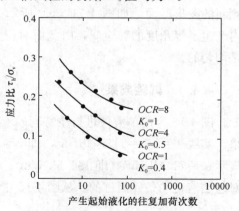

图 4-17　超固结比对单剪试验产生
起始液化的应力的影响

尽管单剪仪能够很好地模拟地震时现场的应力状态，但由于它不能直接测量又不能控制循环加载过程中的侧向压力，因此不能用以研究初始 K_0 固结对液化势的影响。另外，由于地震时土层中应力状态可能会发生变化，因此对侧向压力的控制和研究变得十分重要。

4.5　土的空心扭剪试验

4.5.1　试验原理

空心扭剪试验是一种比较复杂的室内土工动态试验。用于测试土体在各种动力作用下所直接或间接表现出来的某种反应和效应。动力指地震、风振、浪振、机器振动以及爆炸、高速流体通道和陆地重型高速运载工具等所产生的动应力和动应变。目前，对于土的动力学研究大多还是集中在地震和交通荷载方面，1Hz 以上的振动频率成分基本上无法产生有效的动态位移，真正有破坏威力的频率成分大多在 1Hz 以内。除了空心扭剪试验，其他土工动态试验包括动三轴试验、动单剪试验、动扭剪试验、共振柱试验、振动台试验等。

空心扭剪试验的试样为空心圆柱形，如图 4-18 所示，该试验装置将旋转位移和扭矩施加到中空的圆筒试样上，通过控制施加到土样上的 3 个主应力的大小

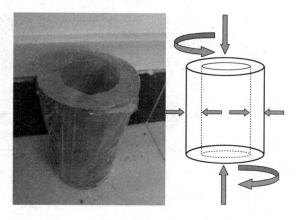

图 4-18　空心圆柱试样以及受力方向

和方向，可以给土样施加复杂的应力路径，可选动态和静态的系统以及局部的小应变测量。用于研究各向异性、主应力方向旋转、中主应力等因素对试样受力变形的影响。

以 GDS 空心圆柱系统（the Hollow Cylinder Apparatus，简称 HCA）为例，该系统可以在很小的轴向应变（低至 0.00004%）下进行测试，可在试样上施加独特的应力路径，在平面应变、简单的剪切或者很小的轴向和旋转方向的剪切应变等多种测试条件下对试样进行研究。

此系统可进行多种试验，包括本构模型的验证、地震活动中土体动力响应研究等，特别适用于交通荷载作用下路基土体的应力路径研究等。

4.5.2　单元体受力分析

空心圆柱体设备对试样施加轴向应力 σ_z 和径向压力 σ_r。由于试样是厚圆柱体，因此会产生环向应力 σ_θ。在 HCA 中，径向应力是主应力（没有关联的剪切应力），垂直应力也是主应力。通过施加扭力，会产生剪切应力，从而在垂直平面上旋转主应力方向，如图 4-19所示。实际工程中，这种情况主要发生在移动的车轮荷载（moving wheel loads）下，例如在道路或者轨道上，主应力方向会随着列车车轮动荷载旋转，另外在地震条件下，主应力方向也会随之旋转（图 4-20）。

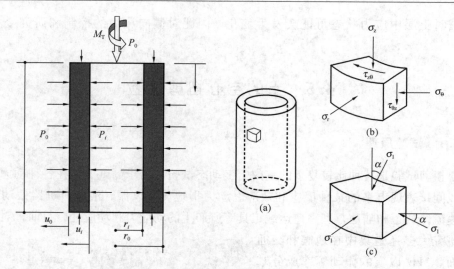

图 4-19　空心圆柱测试土单元体受力分析 1

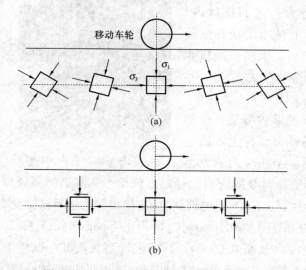

图 4-20　空心圆柱测试土单元体受力分析 2

4.5.3　仪器设备与试验方法

1. 仪器设备标准配置

空心圆柱体试验系统（图 4-21）包含以下几个子系统：

（1）轴向、扭转驱动装置和压力室（图 4-22、图 4-23）

（2）围压、反压、内压控制器（图 4-24）

（3）信号调节装置（图 4-25）

（4）动态控制系统（图 4-26）

该系统采用动态围压平衡系统，压力室提供平衡压力腔，可以平衡加载杆进出压力室引起的液体体积变化，保持围压不变。控制系统通过 USB 接口进行通信，共 16 通道，可

图 4-21   GDS 空心圆柱系统（HCA）

图 4-22   空心圆柱扭剪系统主机

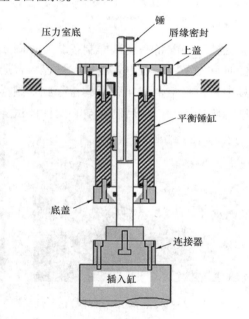

图 4-23   压力室示意图

图 4-24   数字压力体积控制器

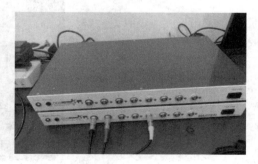

图 4-25   动态数据采集控制盒（16 通道）

独立控制或者通过电脑软件控制系统，测试程序会自动控制排水和不排水条件。该系统使用数字压力控制器，底座通过液压（水）装置轴向驱动，3 个压力控制器作用：一个用于下部腔室或轴向压力，一个用于围压，另一个用于反压。另施加轴力和扭矩耦合的传力杆将荷载传到基座转盘上，再传给试样。数字压力/体积控制器的操作类似于打气筒装置，移动活塞以对气缸中的流体（水）加压。水的压力由压力传感器测量。控制器可以独立人工操作也可通过计算机软件操作，在独立模式下，可以通过数字压力控制器的显示屏和键盘作为用户界面，通过控制器来设置目标压力或者压力变化率，并测量出体积变化。另外，可以设置体变量或体变率来测量压力。

此试验试样为空心圆柱试样（内径 60mm/外径 100mm/高度 200mm），特别适用于进行交通荷载模拟，也可以通过改装底座，来进行实心样的静态和动态测试。

软件操作与非饱和土三轴试验采用同一套系统，同样可进行多段任务设置，可完成一批（一系列）试验，详细步骤见 3.4.6 节吸力控制的三轴试验所述。

2. 试验方法

（1）试样制作

空心圆柱系统配备一套试样制备装置（图 4-27），包含击实工具以及切割工具。

制样时首先采用击实方式制样，过程与普通三轴试样制备相同，然后将击实后的试样装入模具中，再将整个试样和模具一起放入制样工具中；装配完成后，利用切割模具对击实试样进行旋转切割，最后制成空心圆柱体试样（图 4-28、图 4-29）。

图 4-26　控制系统配套计算机　　　　　图 4-27　空心圆柱试样制备装置

图 4-28　击实样装入制样工具中

图 4-29   旋转切割

（2）试样安装

将切割好的空心样安装到底座上并进行套模（图 4-30），然后将试样安装至压力室中，并连接好管路，随后安装压力室罩（图 4-31），关闭阀门之后进行注水操作。

图 4-30   试样安装到底座

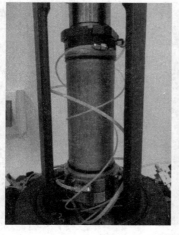 

图 4-31   试样安装进压力室

（3）试样饱和

试样饱和参考标准三轴试验：

1）抽真空饱和法：将成型的试样用饱和器固定，放入密闭的真空饱和缸内部，用真空泵将饱和缸抽真空 2h 左右，然后向饱和缸内部注入无气水浸泡 24h 左右。

2）CO_2 饱和：利用 CO_2 在水中溶解度比空气高的原理提高试样饱和度，但不能单独使用，需结合水头饱和和反压饱和等方法。

3）水头饱和：试样底部施加一定水头，通常为 1m（10kPa），试样顶部与大气连通，通过水流将试样内部气泡带出来。

4）反压饱和：压力越大气体在水中溶解度越高，反压饱和就是通过施加围压和反压，让土体孔隙中气体溶解到水中，通常围压比反压大 10～20kPa。

分多级对试样进行饱和，围压以 30kPa 递增，初始围压 30kPa，反压为 0，轴向力设定不要太大，例如设置为 0.05kN，具体目标值设置如图 4-32 所示。

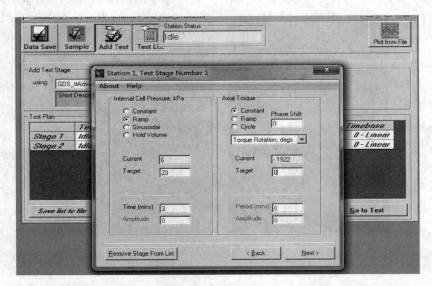

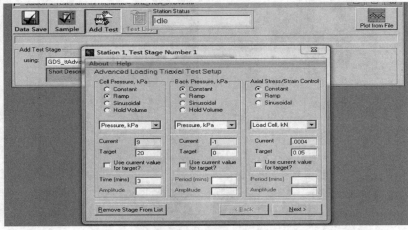

图 4-32　反压饱和软件设置示例

第二阶段饱和过程如图 4-33 所示。

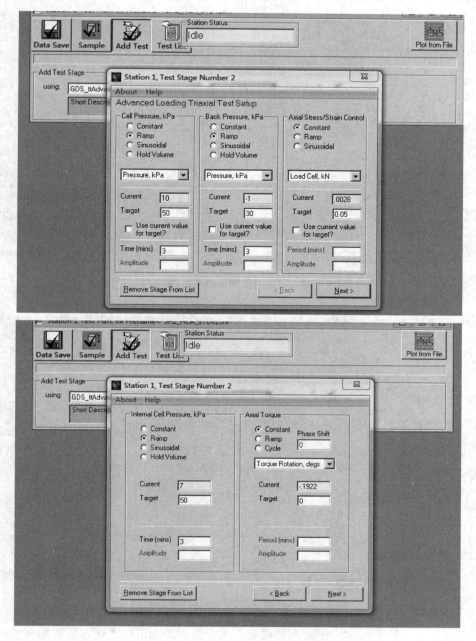

图 4-33　第二阶段饱和过程示例

后续饱和过程同上所述，这里不予赘述。

最后，五级饱和过程内外围压曲线如图 4-34 所示，五次反压饱和试样外围压与反压曲线，如图 4-35 所示。

在饱和过程中，切勿在反压饱和后把反压降为 0，因反压饱和后试样内没有气体，饱和时施加了围压相当于对试样施加了固结压力。

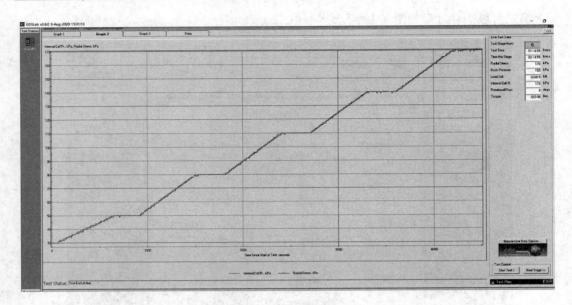

图 4-34 内外围压曲线示例

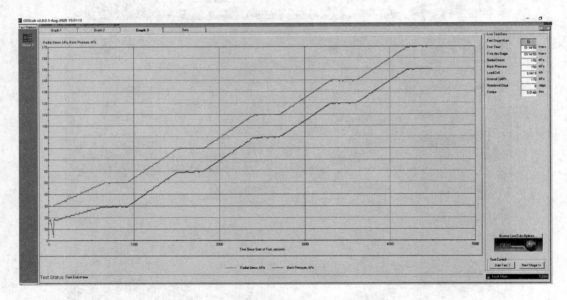

图 4-35 反压饱和外围压与反压曲线示例

对于黏性土、粉土，试样比较容易成型，采用饱和器固定放入饱和装置抽真空饱和即可，装样之后再进行反压饱和。对于较难成型的砂土，建议在仪器上直接装样，先采用CO_2饱和，然后进行水头饱和，最后进行反压饱和。

（4）B-Check

与普通三轴试验 B-Check 原理相同，用来判断试样是否饱和完成，采用有效应力原理，计算 B 值。

$$B = \Delta u_w / \Delta \sigma_3 \tag{4-25}$$

围压增大 30kPa（不排水），当 B 大于或等于 0.95 时，可以认为试样完全饱和。

举例说明：设置内外围压从 170kPa 增加到 200kPa，反压体变保持不变，如图 4-36 所示，B 值逐渐变化稳定在 0.99 左右，判定试样几乎完全饱和（图 4-37）。

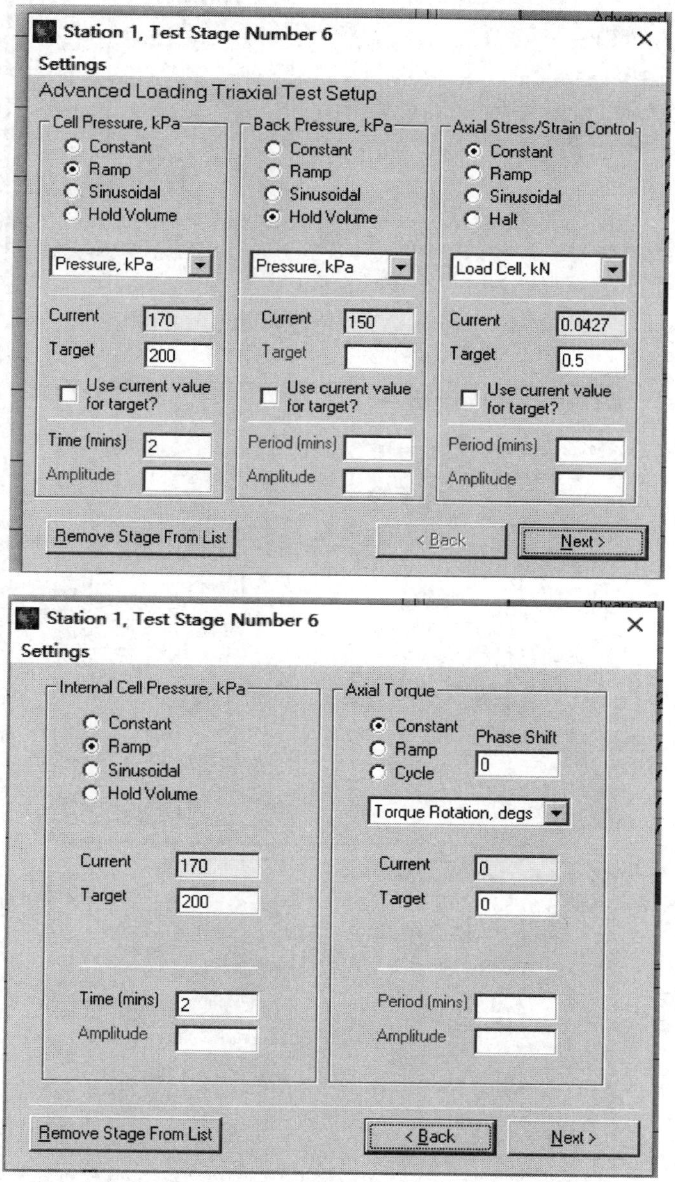

图 4-36 B-Check 软件设置示例

（5）固结（等向固结、非等向固结）

1）等向固结

实际操作中，在 advance loading 中设置，同饱和操作界面。方法为维持反压不变，提高内外围压，施加固结压力，如图 4-38 所示，固结过程中反压体变曲线如图 4-39 所示，固结

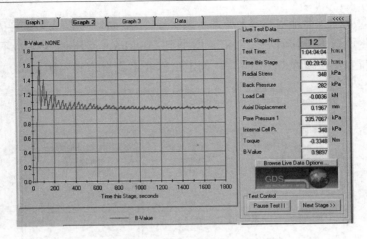

图 4-37　B 值趋势实例

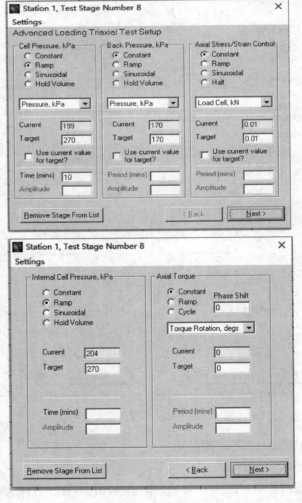

图 4-38　固结过程软件设置示例

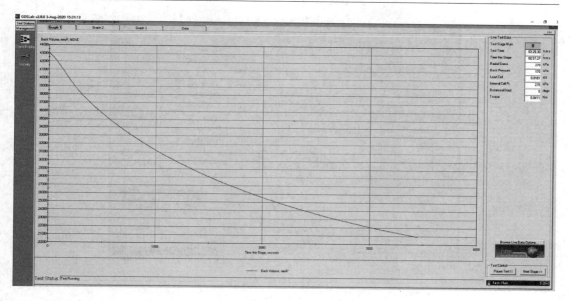

图 4-39　反压体变曲线示例

完成标准为体变恒定。

2）非等向固结

施加围压的同时施加一定偏应力，一般会采用分级加载的方式。

（6）动态加载

固结过程完成后进行动态加载试验，试验分为单向（轴向）振动和双向（轴向和扭转）振动，还可以扩展到动态围压。

动态加载即试样在轴压和内外围压固结作用下，施加一个周期性的动态作用力或扭矩或两者耦合，直至试样破坏。周期性动态力可施加正弦波（图 4-40）、方波、三角波和自定义波形（图 4-41）。

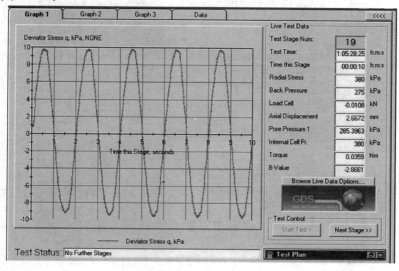

图 4-40　正弦波

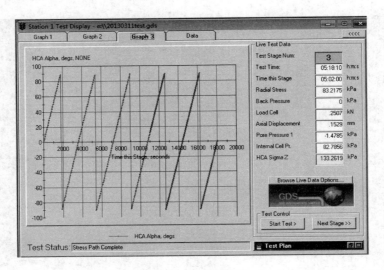

图 4-41　自定义波形

动态加载过程示例：

　　首先打开软件，新建文件，设置数据存储格式及采样时间间隔（图 4-42）、设置文件名以及试样尺寸（图 4-43），设置内外围压，并设置轴向力，扭矩（图 4-44）。

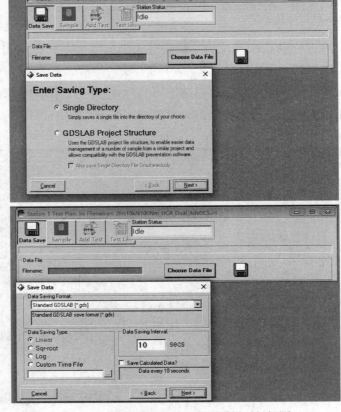

图 4-42　设置数据存储格式和采样时间间隔

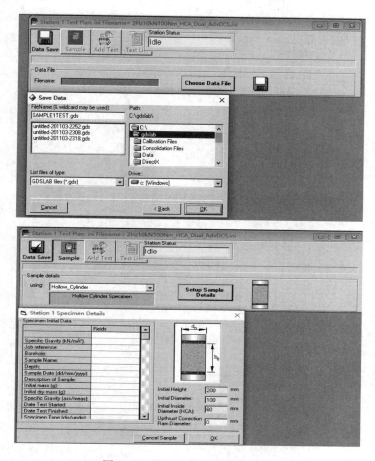

图 4-43　设置文件名及试样尺寸

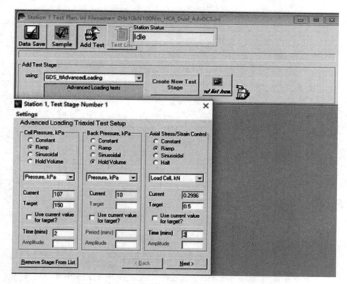

图 4-44　设置内外围压等参数（一）

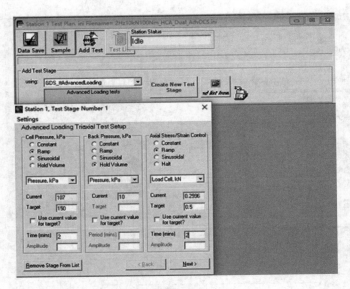

图 4-44　设置内外围压等参数（二）

施加 0.1Hz 轴向荷载 0.2±0.02kN、扭矩 0±1Nm 进行测试。设置步骤如图 4-45 所示，测试结果如图 4-46 所示。

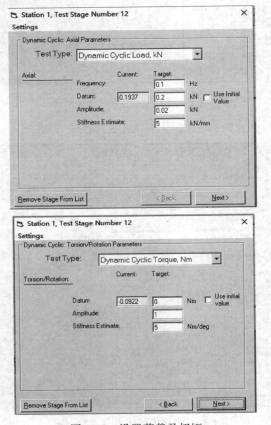

图 4-45　设置荷载及扭矩

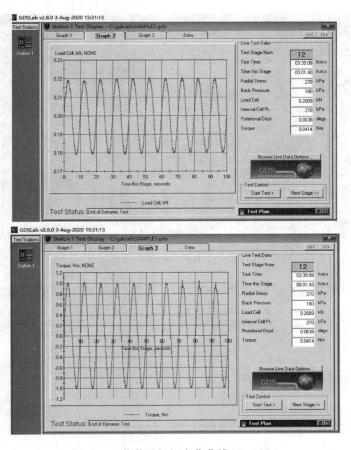

图 4-46　荷载及扭矩变化曲线（0.1Hz）

若进行 HCA 应力路径测试，步骤举例如下：

设置体积应力 p 为 182～200kPa，偏应力 q 为 96～150kPa，B 值设为 0.5，α 设置成 2 度，设置 10min 到达目标值，变化曲线如图 4-47 所示。

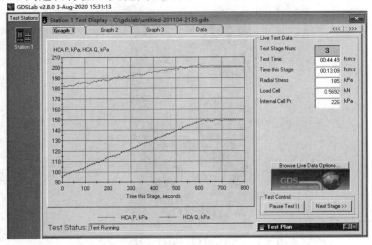

图 4-47　应力路径测试曲线（一）

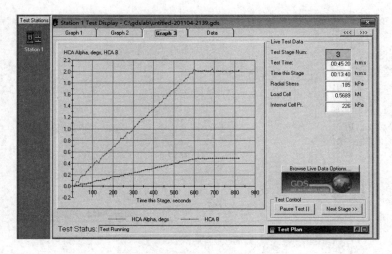

图 4-47　应力路径测试曲线（二）

详细的试验结果数据可以从计算机中导出（图 4-48），图 4-49 为试验结束后的试样。

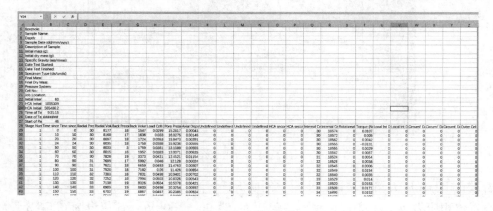

图 4-48　试验结果

图 4-49　空心扭剪试验结束后的试样

4.6　共　振　柱　试　验

本试验的目的是测定试样在周期荷载作用下小应变时的动剪切模量和阻尼比或动弹性模量和阻尼比。采用稳态强迫振动法和自由振动法，激振方式为旋转振动和纵向振动。

本试验土样应为饱和砂土、粉土或黏土。宜制备多个性质相同的试样，在不同围压和不同固结比下进行试验，围压和固结比宜根据工程实际确定，可采用 1～4 个围压力，1～3 个固结比。

4.6.1　仪器设备及原理

1. 本试验所用的主要仪器设备规定

（1）共振柱试验系统：按试验约束条件，可分为一端固定一端自由、一端固定一端用弹簧和阻尼器支承两类；按激振方式，可分为稳态强迫振动法和自由振动法两类；按振动方式，可分为扭转振动和纵向振动两类；如图 4-50、图 4-51 所示。

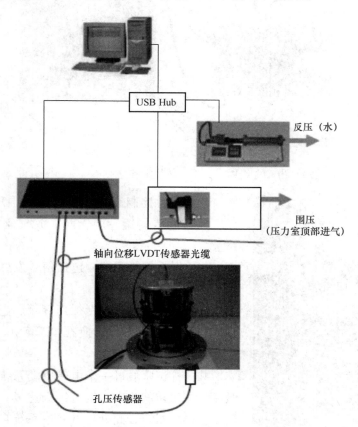

图 4-50　共振柱系统

（2）压力室：内部置放激振器、加速度计及试样，压力室底座和试样上压盖板应具有辐射状的凸条，如图 4-52 所示。

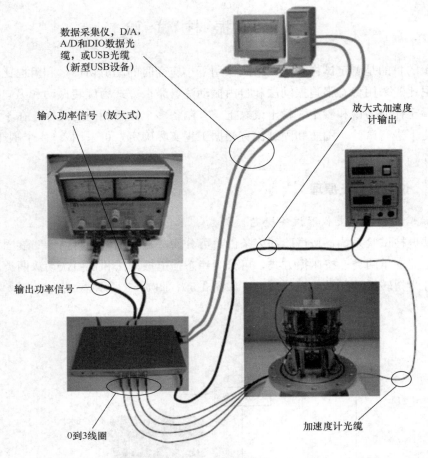

数据采集仪，D/A，A/D和DIO数据光缆，或USB光缆（新型USB设备）

输入功率信号（放大式）

放大式加速度计输出

输出功率信号

0到3线圈

加速度计光缆

图 4-51　共振柱系统

图 4-52　共振柱压力系统

（3）静力控制系统：用于施加围压、轴向压力、反压，包括储气罐、调压阀、放气阀、压力表和管路等。

（4）激振控制系统：包括信号发生器、功率放大器、D/A 转换器和计算机。

（5）量测系统：包括加速度计、电荷放大器、频率计、示波器或 A/D 转换器和计算机。

2. 试验原理

共振柱试验通过一个电磁驱动系统产生一个正弦激振。在扭转试验中，四对线圈连成一列产生一个作用于土样的扭矩。此外，试验中系统自动控制四个线圈中的两个磁铁工作，产生水平向力作用于试样形成弯曲激振，如图 4-53 所示。

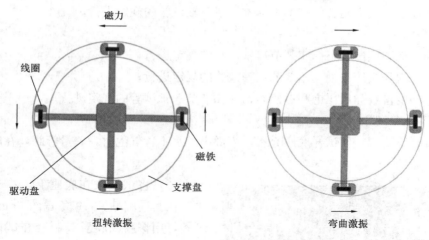

图 4-53　共振柱原理

在试样准备期间，将驱动盘连接到试样，并调整支撑柱的高度以允许磁铁能安置在线圈的中央。给线圈施加一个正弦电压以产生作用于试样的扭矩。由于磁场的作用，驱动盘会产生摆动运动。通过调整施加电压的频率和幅值，可以找到试样的共振频率。振幅可以通过安置在驱动盘上的加速度计扫描所施加的频率来检测（图 4-54）。

图 4-54　仪器实物图

4.6.2　操作步骤

1. 试样制备规定

（1）本试验采用的试样直径为 50mm，试样高度为直径的 2~2.5 倍；

（2）原状土样的试样制备应按本书 3.4.3 节三轴试验的规定进行；

（3）扰动土样的试样制备应按本书 3.4.3 节三轴试验的规定进行；

（4）砂性土的试样制备应按本书3.4.3节三轴试验的规定进行。

2. 试样饱和规定

（1）抽气饱和应按本书3.4.3节三轴试验的规定进行；

（2）水头饱和应按本书3.4.3节三轴试验的规定进行；

（3）饱和度检查和反压饱和参照本书3.4.3节三轴试验的规定进行。

3. 试样安装和固结步骤

（1）打开量管阀，使试样底座充水，当溢出的水不含气泡时，关量管阀，在底座透水板上放置湿滤纸。

图4-55　顶帽的安放

（2）将试样放在底座上，并压入凸条中，在其周围贴7～9条宽约6mm的湿滤纸条，用撑膜筒将乳胶膜套在试样外，下端与底座扎紧，取下撑膜筒。用对开圆模夹紧试样，将乳胶膜上端翻出膜外。试样放好后，将顶帽放置在试样顶部。当用土样时，其高度尽量接近系统的规格。共振柱的驱动系统也可以调整高度来避免试样超出设备的范围。如果使用标定棒（图4-55），可以找到驱动系统正确对准顶帽的位置。

（3）安放好试样，将顶帽放置在试样顶部。为确保共振柱试验效果，可以根据试样尺寸通过4个水准螺母来调整驱动系统的高度，使每个磁铁和线圈之间能够自由运动，如图4-56所示。

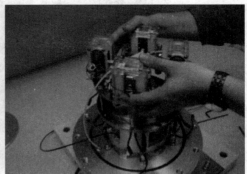

图4-56　安装驱动系统

然后将驱动盘连接到试样顶帽，此过程中必须保证驱动盘和试样顶帽之间的紧密连接，通过图4-57中的4个螺栓连接。

安装加速度计和排水管（图4-58），加速度计与排水管都应连接在驱动盘底部的任意一边。

顶盖螺栓

图 4-57　驱动盘连接试样帽

顶盖排水管

加速度计连接器

图 4-58　安装加速度计和排水管

（4）对于扭转振动，将加速度计和激振驱动系统水平固定在驱动板上，再将驱动板置于试样上端，将旋转轴与试样帽上端连接，翻起乳胶膜并扎紧在上压盖上（试样帽），按线圈座编号，将对应的线圈套进磁钢外极，磁极中心至线圈上、下端的距离应相等。两对线圈的高度应一致，线圈两侧的磁隙应相同，并对称于线圈支架，按线圈上的标志接线（图 4-59）。

对于轴向振动，将加速度计垂直固定在上压盖上，再将上压盖与激振器相连。

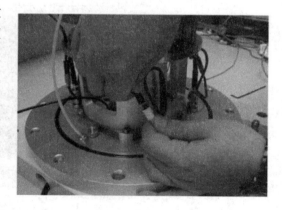

图 4-59　连接线圈

当上压盖上下活动自如时，垂直地置于试样上端，翻起乳胶膜并扎紧在上压盖上。

（5）用引线将加力线圈与功率放大器相连，并将加速度计与电荷放大器相连。

每个线圈均要连接且线圈接头都有颜色标记，以鉴别从系统底座伸出的光缆并对应连

图 4-60　装样检查

接（即 0 号线圈连接驱动箱的 0 号通道，1 号线圈连接驱动箱的 1 号通道等）。

（6）拆除对开圆模，装上压力室外罩。

所有部件安装好以后，应当再检查一遍线圈中的磁铁位置（图 4-60），并做必要的调整以确保所有的线路均得到安全的保护。

（7）转动调压阀，逐级施加至预定的周围压力，一端固定，另一端弹簧支承的可进行不等向固结。打开排水阀，直至固结稳定。稳定标准应符合本书三轴试验章节的相关规定，之后关闭排水阀。

4. 稳态强迫振动法步骤

（1）开启信号发生器、示波器、电荷放大器和频率计电源，预热，打开计算机数据采集系统。

（2）将信号发生器和振幅控制旋钮调至零位，开启功率放大器电源预热 5min，将功能开关置于共振挡。

（3）将信号发生器输出调至预设值，连续改变激振频率，由低频逐渐增大，直至系统发生共振，读出最大电压值，此时频率计读数即为共振频率。测量并记录共振频率和相应的电压值，由电压值确定动应变或动剪应变。图 4-61 中曲线表示这个频率（X 轴）所对应的振幅（Y 轴）峰值，该共振频率是 92Hz。

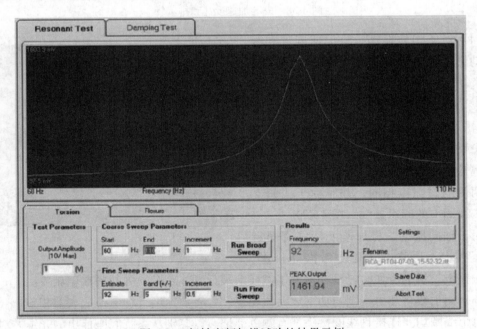

图 4-61　扭转宽频扫描试验的结果示例

（4）进行阻尼比测定时，当激振频率达到系统共振频率后，继续增大频率，这时振幅逐渐减小，测量并记录每一激振频率和相应的振幅电压值。如此往复，测量并记录 7～10 组数据，关仪器电源。以振幅为纵坐标，以频率为横坐标，绘制振幅与频率关系曲线确定阻尼比。

（5）试验宜逐级施加动应变幅或动应力幅进行测试，后一级的振幅可控制为前一级的 1 倍左右。在同一试样上选用允许施加的动应变幅或动应力幅的级数时，应避免孔隙水压力明显升高。

（6）关闭仪器电源，释放压力，取下压力室罩，拆除试样，必要时测定试样的干密度和含水率。

5. 自由振动法步骤

（1）开启电荷放大器电源，预热，开计算机系统电源。

（2）将试验程序输入计算机（图 4-62），开启功率放大器电源预热 5min，在计算机控制下进行试验。计算机指令 D/A 转换器控制驱动系统，对试样施加瞬时扭矩后立即卸除，使试样自由振动。在振动过程中，加速度计的信号经过电荷放大器和 A/D 转换器输入计算机处理，得到振幅（Amplitude）衰减曲线（图 4-63）。

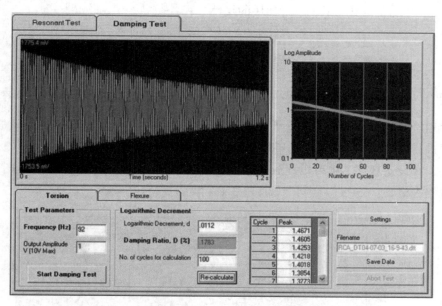

图 4-62　自由振动法示例（铝制标定棒的典型阻尼试验结果）

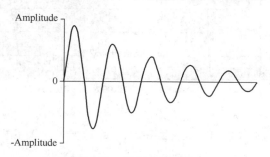

图 4-63　振幅衰减曲线

（3）试验宜逐级施加动应变幅或动应力幅进行测试，后一级的振幅可控制为前一级的1倍左右。在每一级激振力振动下试验后，逐次增大激振力，继续进行试验得到在试样应变幅值增大后测试的模量和阻尼比。一般应变幅值增大到 1×10^{-4} 为止。

（4）关闭仪器电源，释放压力，取下压力室外罩，拆除试样，需要时测定试样的干密度和含水率。

6. 扭矩校准

在共振柱扭转试验中，试样（或金属标定棒）和驱动系统可以假定为一个单向自由度的扭转钟摆，驱动系统及其附着块看作钟摆质量，试样看作扭转弹簧。上述系统的运动方程可以表示为：

$$\omega_n = \sqrt{\frac{k}{I}} \tag{4-26}$$

式中　ω_n——试样振动时的自振循环频率；

　　　k——试样刚度；

　　　I——试样顶部全部质量的转动惯量。

根据 ω_n 可以推导出一个表达附加块的线性方程：

$$I_{am} = \frac{k}{\omega^2} + I_0 \tag{4-27}$$

式中　I_{am}——附加块的转动惯量。

绘制 I_{am} 与 $\frac{1}{\omega^2}$ 的关系图，得到一条直线，其在 I_{am} 轴上的截距即为 I_0 值，斜率为 k 值。

通常用 2 或 3 个标定棒来进行 I_0 值检测和系统共振频率范围的测试。图 4-64 是用 4个标定棒进行试验的标定图，I_0 的平均值是普遍适用的。

此外，在设备软件盘中可以找到一个文件名为 "RCA_Torsion_Calibration_v1.xls"的电子数据表格。

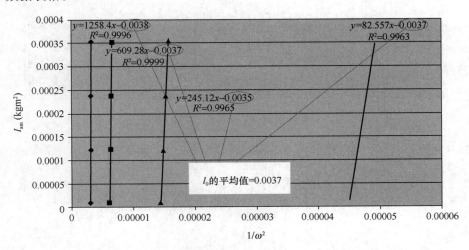

图 4-64　用于共振柱系统校准的 I_{am} 与 $1/\omega^2$ 关系图

7. 弯曲校准

对于复杂几何形状驱动系统的弯曲校准，首先确定面积惯性矩 I_y 的试验值。用一个单独的金属标定试样和单独的附加标定块，按下述方法测定 I_y 值。

$$\omega_f^2 = \frac{3EI_b}{L^3\left[\frac{133}{140}m_T + \sum_{i=1}^{N}m_i \cdot h(h_{0,i},h_{1,i})\right]} \tag{4-28}$$

式中　E——杨氏模量；

　　　I_b——面积惯性矩；

　　　m_T——试样质量；

$h_{0,i}$，$h_{1,i}$——分别是从土样顶部测得的质量 i 部分分别对应的底部和顶部的高度。

利用上述方程，可以根据试样和仪器的几何特性以及弯曲激振时的共振频率，估算弯曲激振时的杨氏模量 E。

校准程序如下：

（1）单独测量标定试样的共振频率 ω_1；

（2）测量标定试样和附着块的共振频率 ω_2。

有以下两个方程可以用来求解 m_x：

$$\omega_1^2 = \frac{3EI_b}{L^3\left[\frac{133}{140}m_T + m_a + m_b + m_x\right]} \tag{4-29}$$

$$\omega_2^2 = \frac{3EI_b}{L^3\left[\frac{133}{140}m_T + m_a + m_b + m_x + m_{am}\right]} \tag{4-30}$$

式中　m_a——顶部圆盘的质量（标定试样的顶部）；

　　　m_b——顶帽的质量；

　　　m_x——驱动器的质量（目前未知）；

　　　m_{am}——附加块的质量（增加的标定块）。

使用设备软件盘中提供的命名为"RCA_Flexure_Calibration_vXX.xls"的电子表格，可以求解这些等式以获得 m_x 值。电子表格需要输入下面 4 个主要设备元件（图 4-65）的精确质量和高度：

1）标定试样的顶盘；

2）顶帽；

3）驱动盘；

4）标定附加块（通常为铜制）。

I_y 值和杨氏模量 E 的后续减量都可以在上述电子表格中找到。

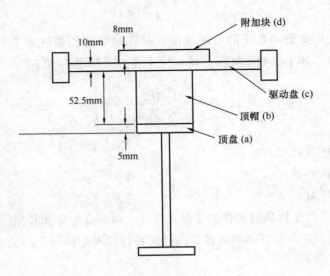

图 4-65　设备元件

4.6.3　计算、制图和记录

1. 试样的动应变计算公式

（1）动剪应变：

$$\gamma = \frac{A_d d_c}{3 d_1 h_c} \times 100 = \frac{U d_c}{3 d_1 h_c \beta \omega^2} \times 100 = \frac{U d_c}{12 d_1 h_c \beta \pi^2 f_{nt}^2} \times 100 \qquad (4\text{-}31)$$

式中　γ——动剪应变，%；

　　　A_d——安装加速度计处的动位移，cm；

　　　d_c——试样固结后的直径，cm；

　　　d_1——加速度计到试样轴线的距离，cm；

　　　h_c——试样固结后的高度，cm；

　　　U——加速度计经放大后的电压值，mV；

　　　β——标定系数，mV/（981cm·s²）；

　　　ω——共振圆频率，rad/s；

　　　f_{nt}——试验实测扭转共振频率，Hz。

（2）计算动轴向应变

$$\varepsilon_d = \left(\frac{\Delta h_d}{h_c} \right) \times 100 = \frac{U}{\beta \omega^2 h_c} \times 100 \qquad (4\text{-}32)$$

式中　Δh_d——动轴向变形，cm。

2. 计算扭转共振时的动剪切模量

$$G_d = \left(\frac{2\pi f_{nt} h_c}{\beta_s} \right)^2 \rho_0 \times 10^{-4} \qquad (4\text{-}33)$$

式中 G_d——动剪切模量，kPa；

f_{nt}——试验实测扭转共振频率，Hz；

β_s——扭转无量纲频率因数；

ρ_0——试样密度，g/cm^3。

3. 根据试样的约束条件计算扭转无量纲频率因数

（1）无弹簧支承

$$\beta_s \tan\beta_s = \frac{I_0}{I_t} = \frac{m_0 d^2}{8I_t} \tag{4-34}$$

式中 I_0——试样的转动惯量，g·cm^2；

I_t——试样顶端附加物的转动惯量，g·cm^2；

m_0——试样质量，g；

d——试样直径，cm。

（2）有弹簧支承

$$\beta_s \tan\beta_s = \frac{I_0}{I_t} \frac{1}{1 - \left(\frac{f_{0t}}{f_{nt}}\right)^2} \tag{4-35}$$

式中 f_{0t}——无试样时转动振动各部分的扭振共振频率，Hz；

f_{nt}——试验时实测的扭转共振频率，Hz。

4. 计算轴向共振时的动弹性模量

$$E_d = \left(\frac{2\pi f_{nl} h_c}{\beta_L}\right)^2 \rho_0 \times 10^{-4} \tag{4-36}$$

式中 E_d——动弹性模量，kPa；

f_{nl}——试验时实测的纵向振动共振频率，Hz；

β_L——纵向振动无量纲频率因数。

5. 根据试样的约束条件计算纵向振动无量纲频率因数

（1）无弹簧支承

$$\beta_L \tan\beta_L = \frac{m_0}{m_{ft}} \tag{4-37}$$

式中 m_0——试样的质量，g；

m_{ft}——试样顶端附加物的质量，g。

（2）无弹簧支承

$$\beta_L \tan\beta_L = \frac{m_0}{m_T} \frac{1}{1 - \left(\frac{f_{0l}}{f_{nl}}\right)^2} \tag{4-38}$$

式中 f_{0l}——无试样时系统各部分的纵向振动共振频率，Hz；

f_{nl}——试验时实测的纵向振动共振频率，Hz。

6. 计算土的阻尼比

(1) 无弹簧支承

1) 自由振动法

$$\lambda = \frac{1}{2\pi} \frac{1}{N} \ln \frac{A_1}{A_{N+1}} \tag{4-39}$$

式中　λ——阻尼比；

　　N——计算所取的振动次数；

　　A_1——停止激振后第 1 周振动的振幅，mm；

　　A_{N+1}——停止激振后第 $N+1$ 周振动的振幅，mm。

2) 稳态强迫振动法

$$\lambda = \frac{1}{2} \left(\frac{f_2 - f_1}{f_n} \right) \tag{4-40}$$

式中　f_1、f_2——振幅与频率关系曲线上最大振幅值的 70.7% 处所对应的频率，Hz；

　　f_n——最大振幅值所对应的频率，Hz。

(2) 有弹簧支承

1) 自由扭转振动法

$$\lambda = \frac{\delta_t(1 + s_t) - \delta_{0t} s_t}{2\pi} \tag{4-41}$$

$$s_t = \frac{I_0}{I_t} \left(\frac{f_{0t} \beta_s}{f_{nt}} \right)^2 \tag{4-42}$$

式中　δ_t、δ_{0t}——有试样和无试样时系统扭转振动时的对数衰减率；

　　s_t——扭转振动时的能量比。

2) 自由纵向振动法：

$$\lambda = \frac{\delta_l(1 + s_l) - \delta_{0l} s_l}{2\pi} \tag{4-43}$$

$$s_l = \frac{m_t}{m_0} \left(\frac{f_{0l} \beta_L}{f_{nl}} \right)^2 \tag{4-44}$$

式中　δ_l、δ_{0l}——有试样和无试样时系统纵向扭转振动时的对数衰减率；

　　s_l——纵向扭转振动时的能量比。

7. 其他

以动剪应变（或轴向应变）为横坐标，动剪模量或动弹模量为纵坐标，在半对数纸上绘制不同围压下动剪应变或动弹模量与动剪模量或轴向应变关系曲线。取微小动剪应变（$\lambda < 1 \times 10^5$）下的动剪切模量为最大动剪切模量 $G_{d,max}$。

以动剪应变或轴向应变为横坐标，动剪切模量比或动弹模量比为纵坐标，在半对数纸上绘制围压下动剪应变或轴向应变与动剪切模量比或动弹模量比关系的归一化曲线。

以动剪应变或轴向应变为横坐标，阻尼比为纵坐标，在半对数纸上绘制关系曲线。

共振柱试验数据记录格式应符合表 4-1～表 4-4。

共振柱试验记录表（带弹簧和阻尼器支承端扭转共振柱）　　　　表 4-1

任务单号		试验者	
试样编号		计算者	
试验日期		校核者	
仪器名称及编号			

试样情况		计算参数	
试样干质量 (g)		试样干密度 (g/cm^3)	
固结前高度 (cm)		试样质量 m_t (g)	
固结前直径 (cm)		试样转动惯量 I_t $(g \cdot cm^2)$	
固结后高度 (cm)		顶端附加物质量 m_0 (g)	
固结后直径 (cm)		顶端附加物转动惯量 I_0 $(g \cdot cm^2)$	
固结后体积 (cm^3)		加速度计到试样轴线距离 d_1 (cm)	
试样含水率 (%)		加速度标定系数 β $(981cm \cdot s^2/mV)$	

扭转共振测试结果

测定次数	最大电压值 U (mV)	扭转共振频率 f_{nt} (Hz)	扭转共振圆频率 ω (rad/s)	动剪应变 $\times 10^4$ (%)	无试样时系统扭转共振频率 f_{0t} (Hz)	扭转无量纲频率因数 β_s	动剪切模量 G_d (kPa)	有试样时系统扭转振动时的对数衰减率 δ_t	无试样时系统扭转振动时的对数衰减率 δ_{0t}	扭转振动时的能量比 S_t	阻尼比 λ

共振柱试验记录表（带弹簧和阻尼器支承端纵向振动共振柱）　　　　　表 4-2

任务单号		试验者	
试样编号		计算者	
试验日期		校核者	
仪器名称及编号			

试样情况		计算参数	
试样干质量 (g)		试样干密度 (g/cm³)	
固结前高度 (cm)		试样质量 m_t (g)	
固结前直径 (cm)		试样转动惯量 I_t (g·cm²)	
固结后高度 (cm)		顶端附加物质量 m_0 (g)	
固结后直径 (cm)		顶端附加物转动惯量 I_0 (g·cm²)	
固结后体积 (cm³)		加速度计到试样轴线距离 d_1 (cm)	
试样含水率 (%)		加速度标定系数 β (981cm·s²/mV)	

扭转共振测试结果

测定次数	最大电压值 (mV)	轴向动应变 ×10⁴ (%)	纵向共振频率 f_{nl} (Hz)	无试样时系统纵向共振频率 f_{0l} (Hz)	扭转无量纲频率因数 β_s	动剪切模量 G_d (kPa)	有试样时系统扭转振动时的对数衰减率 δ_t	无试样时系统扭转振动时的对数衰减率 δ_{0t}	扭转振动时的能量比 S_t	阻尼比 λ

共振柱试验记录表（自由端扭转共振柱）　　表 4-3

任务单号		试验者	
试样编号		计算者	
试验日期		校核者	
仪器名称及编号			

试样情况

试样干质量 (g)	
固结前高度 (cm)	
固结前直径 (cm)	
固结后高度 (cm)	
固结后直径 (cm)	
固结后体积 (cm³)	
试样含水率 (%)	

计算参数

试样干密度 (g/cm^3)	
试样质量 m_t (g)	
试样转动惯量 I_t $(g \cdot cm^2)$	
顶端附加物质量 m_0 (g)	
顶端附加物转动惯量 I_0 $(g \cdot cm^2)$	
加速度计到试样轴线距离 d_1 (cm)	
加速度标定系数 β $(981cm \cdot s^2/mV)$	

扭转自由振动测试结果

测定次数	电荷输出电压 U (mV)	自振周期 (s)					自振振幅 (mm)					扭转自由振动频率 f_{mt} (Hz)	动剪应变 γ (%)	无试样时系统扭转自由振动频率 f_{0t} (Hz)	扭转无量纲频率因数 β_s	动剪切模量 G_d (kPa)	阻尼比 λ
		T_1	T_2	T_3	T_4	平均	A_1	A_2	A_3	A_4	平均						

共振柱试验记录表（自由端纵向振动共振柱）

表 4-4

任务单号		试验者	
试样编号		计算者	
试验日期		校核者	
仪器名称及编号			

试样情况		计算参数	
试样干质量 (g)		试样干密度 (g/cm³)	
固结前高度 (cm)		试样质量 m_t (g)	
固结前直径 (cm)		试样转动惯量 I_t (g·cm²)	
固结后高度 (cm)		顶端附加物转动质量 m_0 (g)	
固结后直径 (cm)		顶端附加物转动惯量 I_0 (g·cm²)	
固结后体积 (cm³)		加速度计到试样轴线距离 d_1 (cm)	
试样含水率 (%)		加速度标定系数 β（981cm·s²/mV）	

扭转自由振动测试结果

测定次数	电荷输出电压 U (mV)	自振周期 (s)					自振振幅 (mm)					纵向自由振动频率 f_{nl} (Hz)	轴向动应变 ε_d (%)	无试样时系统纵向自由振动频率 f_{01} (Hz)	纵向振动 无量纲频率因数 β	动弹性模量 E_d (kPa)	阻尼比 λ
		T_1	T_2	T_3	T_4	平均	A_1	A_2	A_3	A_4	平均						

思　考　题

1. 试简述动三轴试验中单向激振和双向激振加载时，单元体试样应力状态的变化情况。
2. 动单剪试验有哪些优缺点？
3. 与常规三轴试验和真三轴试验相比，空心扭剪试验有哪些方面的优势？
4. 试简述共振柱试验的基本原理和不同激振方式之间的主要区别。

第 5 章　岩土工程物理模拟试验

本章学习目标：

1. 掌握相似及相似理论的基本概念，了解量纲分析方法及其基本应用。
2. 掌握根据基本方程推导相似条件的基本方法。
3. 了解离心试验的设备和土样制备方法，掌握离心试验的粒径效应、几何尺寸效应及边界效应，掌握离心试验的误差来源及精度分析方法。

5.1　相　似　理　论　简　介

5.1.1　相似的概念

相似是日常生活中常用的一个概念。我们常说某两个人长的很像，可能是眼睛长的像，也可能是脸型或神态相像，没有一个明确的定义。但在科学研究中说相似是有明确含义的。如我们说两个多边形相似，实际上是说它们的边数或角数相同，同时对应边保持相同的比例，或者是说它们对应的角相等。反过来，如果两个多边形满足了这些条件，它们就是相似的。在一个物理过程或物理现象中，如何来确定相似的条件和模拟一个物理现象呢？这就是物理相似的作用和目的。在一个力学过程中，常常涉及以下物理量的相似问题，力的相似，方向相同，大小成比例，作用点相同，分布相似；质量相似，质量大小成比例，分布相似；时间相似，对应的时间间隔成比例，频率成比例；变形相似，对应的变形成比例，或应变相同；速度和加速度相似，对应质点的速度和加速度成比例，或者它们的分布成比例。

由此可以看出，所谓物理量的相似，是指原型物理量与模型物理量在方向、大小、分布上存在某种确定的关系，而且有一个确定比例的关系，可以表示为：

如常用的应力、时间、长度的相似常数就可以表示为：

$$\frac{原型物理量}{模型物理量} = 相似常数 \tag{5-1}$$

应力相似常数

$$C_\sigma = \frac{\sigma_p}{\sigma_m} \tag{5-2}$$

时间相似常数

$$C_t = \frac{t_p}{t_m} \tag{5-3}$$

几何相似常数

$$C_l = \frac{l_p}{l_m} \tag{5-4}$$

在物理过程或物理现象的相似问题中，物理量蕴含于物理过程之中，物理现象的相似是通过这个现象的各个特征物理量的相似来表现的。一个物理现象的各个物理量之间是相互联系相互影响的；相似的物理现象之间的各个特征物理量之间也存在一定的关系，这个关系就是两个物理现象相似的条件，也是进行模拟试验必须遵守的原则。

对一般的力学现象而言，应当满足以下的相似条件：

（1）物质相似，指物质本身的力学特性相似，如质量、密度、强度、模量等物理量的相似；

（2）几何相似；

（3）动力学相似；

（4）运动学相似。

以上四个方面的内容不过是一般相似的概念，对于相似的现象与过程有什么性质，如何应用现象的相似，如何才能使现象相似，相似的三个定理可以回答解释上述问题。

5.1.2　相似定理

1. 相似的正定理

彼此相似的现象，相似准数的数值相同或其相似指标等于 1。

下面以牛顿第二定律为例，来解释相似准数与相似指标的含义。

对于原型：

$$F_p = m_p \frac{\mathrm{d}v_p}{\mathrm{d}t_p} \tag{5-5}$$

对于模型：

$$F_m = m_m \frac{\mathrm{d}v_m}{\mathrm{d}t_m} \tag{5-6}$$

令

$$\left.\begin{aligned}
F_p &= C_F F_m \\
m_p &= C_F m_m \\
v_p &= C_V v_m \\
t_p &= C_t t_m
\end{aligned}\right\} \tag{5-7}$$

代入式（5-5），得：

$$\frac{C_F C_t}{C_m C_V} F_m = m_m \frac{\mathrm{d}v_m}{\mathrm{d}t_m} \tag{5-8}$$

只有当

$$\frac{C_F C_t}{C_m C_V} = 1 \tag{5-9}$$

模型与原型相似。我们把 $\dfrac{C_F C_t}{C_m C_V}$ 称为相似指标，同样由式（5-9）得到：

$$\frac{F_p t_p}{m_p v_p} = \frac{F_m t_m}{m_m v_m} \tag{5-10}$$

而 $\dfrac{F_p t_p}{m_p v_p}$、$\dfrac{F_m t_m}{m_m v_m}$ 是无量纲量，称为相似准数，相似现象的相似准数应当相同。

2. π 定理

一个物理现象或物理过程往往涉及多个物理量，相似准数也往往超过一个，这时就需要运用 π 定理来研究。π 定理的表述：描述一个物理现象的函数有 n 个物理量，其中有 k 个物理量（$x_1 \cdots x_k$）是相互独立的，那么这个函数可以改变为由（$n-k$）个无量纲准数（π）的函数式，可以得到（$n-k$）个相似准数，即，描述物理现象的方程：

$$f(x_1, x_2, x_3, \cdots x_k, y_{k+1}, \cdots, y_n) = 0 \tag{5-11}$$

可以改写成：

$$\varphi(\pi_1, \pi_2, \cdots\cdots, \pi_{n-k}) = 0 \tag{5-12}$$

其中：

$$\pi_1 = \frac{y_{k+1}}{x_1^{a1} x_1^{a2} \cdots x_k^{ak}} \tag{5-13}$$

$$\pi_2 = \frac{y_{k+2}}{x_2^{\beta1} x_2^{\beta2} \cdots x_k^{\beta k}} \tag{5-14}$$

$$\pi_{n-k} = \frac{y_n}{x_1^{\varepsilon1} x_2^{\varepsilon2} \cdots x_k^{\varepsilon k}} \tag{5-15}$$

即 $n-k$ 个无量纲 π 数，可由这 k 个独立物理量的幂乘积得到。对于相似的现象，在对应点和对应时刻的相似准数都保持同值，则它们的 π 关系式也应相同，即：

原型：　　　　　　　$\varphi(\pi_{p1}, \pi_{p2}, \cdots\cdots, \pi_{p(n-k)}) = 0$ \tag{5-16}

模型：　　　　　　　$\varphi(\pi_{m1}, \pi_{m2}, \cdots\cdots, \pi_{m(n-k)}) = 0$ \tag{5-17}

其中：
$$\begin{aligned} \pi_{p1} &= \pi_{m1} \\ \pi_{p2} &= \pi_{m2} \\ \pi_{p(n-k)} &= \pi_{m(n-k)} \end{aligned} \tag{5-18}$$

π 定理表明，在彼此相似的现象中，只要将物理量之间的关系式转换成无量纲的形式，其关系方程式的各项，就是相似准数。

3. 逆相似原理

对于同一类物理现象，当单值条件（系统的几何性质，介质的物理性质，起始、边界条件）彼此相似，且由单值条件的物理量所组成的相似准数在数值上相等，则现象相似。

相似的正定理给出了相似现象的必要条件，描述了相似现象的特征与基本性质，相似的逆定理则规定了物理现象之间相似的必要与充分条件。在模型试验中，根据相似的正定理和逆定理设计模型，就可以得到正确的结果。

5.1.3　量纲分析法

1. 量纲

物理量是指描述自然现象，具有物理意义，可以测量的量。物理量单位的种类，也就是物理量类型，被称为"量纲"。其用来说明测量物理量的单位性质，测量距离可以使用光年。有 km、m、mm、nm 等各种各样的单位，但是这些都属于长度的性质，一般把长度定义为一个量纲，用 [L] 表示。而对于表示时间的年，月，日，时，分，秒等单位与长度的单位有明显的区别，用 [T] 表示。有些物理量可以通过相关的基本物理量间接推导、换算，例如，速度 $v = s/t$，其量纲用 $[LT^{-1}]$ 来表示，这样，我们称 [L]、[T] 为基本量纲，速度量纲 $[LT^{-1}]$ 为导出量纲。通过分析得出，具有 5 个基本量纲的一般物理系统可以建立相对完善的量纲体系。在一般的力学系统中，只需 3 个基本量纲就可以满足要求，因为传统的原因，所以有 [M]、[L]、[T] 的质量系统和 [F]、[L]、[T] 的力系统。

另外，还有无量纲的量，无量纲量是指量纲为零的量，一般是两个或两个以上量纲的组合，或相同量纲量的比值，如应变、泊松比等。此外，无量纲量可以是变量或常数。

2. 物理方程量纲齐次性与均衡性

在表示物理现象和规律的物理方程中，每一项的量纲应相同，同名的物理量应用相同的单位，这就是物理方程的量纲均衡性。物理方程的量纲均衡性是根据物理方程中所包含的量的物理意义来衡量的，而方程的齐次是一个数学概念。只有当方程具有齐次性时，它才是物理量均衡的方程。例如，自由落体的方程式：

$$s = \frac{1}{2}gt^2 \ \text{与} \ v = gt \tag{5-19}$$

都是量纲均衡齐次的，但是

$$v + s = gt + \frac{1}{2}gt^2 \tag{5-20}$$

虽然数值上仍然相等，但已没有意义。

3. 量纲分析方法的应用

下面来分析一个受均布荷载 p 的简支梁某截面的最大应力。梁的应力应当与均布荷载 p 及梁长度 l 有关，即有：

$$f(\sigma, p, l) = 0 \tag{5-21}$$

根据 π 定理，式（5-21）可以用以下的幂乘积来表示：

$$\sigma = Kp^a l^b \tag{5-22}$$

式中的 K 是无量纲参数。方程的量纲可以写成：

$$[FL^{-2}] = [FL^{-1}]^a[L]^b$$

$$[F][L^{-2}] = [F^a][L^{-a+b}] \tag{5-23}$$

根据量纲的均衡齐次性要求，方程式两边的量纲指数应相等

对于 [F]：　　　　　　　　　　$1=a$

对于 [L]：　　　　　　　　　$-2=-a+b$

得到　　　　　　　　　　　$a=1\quad b=-1$

即

$$\sigma = K\left(\frac{p}{l}\right) \tag{5-24}$$

上式表明，梁的应力 σ 是 p/l 的线形函数，根据 π 定量可以写成：

$$\varphi\left(\frac{p}{l\sigma}\right) = 0, \ \pi = \frac{p}{l\sigma} \tag{5-25}$$

量纲分析方法是建立相似准数的一个重要方法与手段，对于特别复杂的问题和无法通过分析方法确定的问题，它可能是唯一的方法。但量纲分析方法不能考虑单值条件，难以区分相同量纲但物理意义不同的物理量，无法控制无量纲的物理量。量纲分析的正确应用与对问题的理解和经验密切相关。例如，前面的例子，对于不熟悉梁弯曲理论的人来说，可能不会知道弹性模量 E 对梁的应力并无影响。但是，如果把弹性模量 E 加入问题的影响因素中，即：

$$f(\sigma,p,l,E) = 0 \tag{5-26}$$

$$\sigma = Kp^al^bE^c \tag{5-27}$$

方程两边的量纲可以写成：

$$[FL^{-2}] = [FL^{-1}]^a[L]^b[FL^{-2}]^c$$

$$[FL^{-2}] = [F^{a+c}]^a[L^{-a+b-2c}] \tag{5-28}$$

根据量纲的均衡齐次性要求，方程式两边的同名量纲指数应相等。

对于 [F]：　　　　　　　　　　$1=a+c$

对于 [L]：　　　　　　　　　$-2 =-a+b-2c$ \hspace{2em}(5-29)

由此得到：

$$\sigma = K\left[\frac{p}{l}\right]\left[\frac{El}{l}\right] \tag{5-30}$$

$$\varphi\left(\frac{p}{\sigma l}, \frac{El}{p}\right) = 0 \tag{5-31}$$

$$\pi_1 = \frac{p}{l\sigma} \quad \pi_1 = \frac{p}{l\sigma} \tag{5-32}$$

很显然，由于加进了不必要的弹性模量 E，使相似条件中增加了一个原本不必要的相似准数，使问题复杂化，只有通过大量的试验，才能得出应力与弹性模量 E 无关，否则

有可能使研究工作受到较大的干扰。

因此，在使用量纲分析方法时，首先要对现象进行定性研究，尽量形成现象机理的思路，正确选择影响现象的物理量，有时还需要变换一些判据形式。只有正确地选择和识别物理量，才能使量纲分析得到揭示物理现象内在关系的结果。

5.1.4　根据基本方程推导相似条件的方法

（1）根据比奥（Biot）基本方程的导出方法

从连续介质理论中的欧拉（Euler）运动方程出发，加上太沙基（Terzaghi）的有效应力原理，得到了考虑有效应力的纳维叶（Navier）方程，结合渗流连续性方程，得到了 Biot 动力固结方程，其形式为：

$$-G\frac{\partial^2 u_i}{\partial x_k \partial x_k} - (\lambda + G)\frac{\partial^2 u_k}{\partial x_i \partial x_k} + X_i + \frac{\partial p}{\partial x_i} = \rho\frac{\partial^2 u_i}{\partial t^2} \tag{5-33}$$

$$\frac{\partial}{\partial t}\left(\frac{\partial u_k}{\partial x_k}\right) + \frac{k}{\gamma_w}\frac{\partial^2 p}{\partial x_k \partial x_k} = 0 \tag{5-34}$$

式中　　　G——土的剪切模量；

　　　　　λ——拉梅常数，$\lambda = K - \dfrac{2}{3}C$；

　　　　　u_i——i 方向的位移；

　　　　　p——孔隙水压力；

　　　　　t——时间；

　　　　　k——渗透系数；

$i = 1$、2、3——分别代表 x、y、z 三个方向。

Biot 动力固结方程是土力学理论体系中的一个基本方程，其他土力学理论方程都可以由它简化或派生得到。式（5-33）描述了动力平衡关系，略去右端项就简化为静力的固结方程，如果再省略水的压力项（$p = 0$ 时），就会被还原成弹性理论的平衡方程。式（5-34）是连续方程。

为了简化起见，我们先来定义各物理量的相似常数。用 C_Ω 表示物理量 Ω 的相似常数，如：

应力相似常数：　　　　　$C_\sigma = \dfrac{\sigma_p}{\sigma_m} = \dfrac{\tau_p}{\tau_m} = \dfrac{p_p}{p_m}$

位移相似常数：　　　　　$C_u = \dfrac{u_p}{u_m} = \dfrac{v_p}{v_m} = \dfrac{w_p}{w_m}$

体积力相似常数：　　　　$C_X = \dfrac{x_p}{x_m}$

剪切模量相似常数：　　　$C_G = \dfrac{G_p}{G_m}$

时间相似常数：　　　　　$C_t = \dfrac{t_p}{t_m}$

密度相似常数：$\qquad\qquad\qquad C_{\rho} = \dfrac{\rho_{\mathrm{p}}}{\rho_{\mathrm{m}}}$

长度相似常数：$\qquad\qquad\qquad C_l = \dfrac{l_{\mathrm{p}}}{l_{\mathrm{m}}}$ $\qquad\qquad\qquad\qquad$ (5-35)

渗透系数相似常数：$\qquad\quad C_{\mathrm{k}} = \dfrac{k_{\mathrm{p}}}{k_{\mathrm{m}}}$

把式（5-35）的相应关系式代入式（5-33），可以得到：

$$-\frac{C_G C_{\mathrm{u}}}{C_l^2} G \frac{\partial^2 u_i}{\partial x_k \partial x_k} - (C_\lambda \lambda + C_G G) \frac{C_{\mathrm{u}}}{C_l^2} \frac{\partial^2 u_k}{\partial x_i \partial x_k} + C_{\mathrm{X}} X_i + \frac{C_{\mathrm{P}}}{C_l} \frac{\partial p}{\partial x_i}$$

$$= \frac{C_\rho C_{\mathrm{u}}}{C_{\mathrm{t}}^2} \rho \frac{\partial^2 u_i}{\partial t^2} \qquad\qquad\qquad\qquad\qquad (5\text{-}36)$$

当式（5-36）中关于相似常数 C_Ω 的每项系数都相等时，就可以认为模型与原型相似。各项同除 C_{X} 后就可以得出模型与原型相似的相似指标：

$$\frac{C_G C_{\mathrm{u}}}{C_l^2 C_{\mathrm{X}}} = 1 \qquad\qquad\qquad\qquad\qquad (5\text{-}37)$$

$$\frac{C_\lambda C_{\mathrm{u}}}{C_l^2 C_{\mathrm{X}}} = 1 \qquad\qquad\qquad\qquad\qquad (5\text{-}38)$$

$$\frac{C_{\mathrm{P}}}{C_l C_{\mathrm{X}}} = 1 \qquad\qquad\qquad\qquad\qquad (5\text{-}39)$$

$$\frac{C_\rho C_{\mathrm{u}}}{C_{\mathrm{t}}^2 C_{\mathrm{X}}} = 1 \qquad\qquad\qquad\qquad\qquad (5\text{-}40)$$

根据相似原理，相似现象的相似指标等于 1。式（5-36）中，X_i 表示体积力，$X = \rho g$，因此 $C_{\mathrm{X}} = C_\rho C_{\mathrm{g}}$ 代入后，有：

$$\frac{C_G C_{\mathrm{u}}}{C_l^2 C_\rho C_{\mathrm{g}}} = 1 \qquad\qquad\qquad\qquad\qquad (5\text{-}41)$$

$$\frac{C_\lambda C_{\mathrm{u}}}{C_l^2 C_\rho C_{\mathrm{g}}} = 1 \qquad\qquad\qquad\qquad\qquad (5\text{-}42)$$

$$\frac{C_{\mathrm{p}}}{C_l C_\rho C_{\mathrm{g}}} = 1 \qquad\qquad\qquad\qquad\qquad (5\text{-}43)$$

$$\frac{C_{\mathrm{u}}}{C_l^2 C_{\mathrm{g}}} = 1 \qquad\qquad\qquad\qquad\qquad (5\text{-}44)$$

利用相似指标，可以根据试验的目的和条件，推导出不同试验的相似条件。在离心模型试验中，模型一般采用原型土材料，这样模型土的物理力学参数可以与原型土的物理力学参数一致，即：

$$C_G = C_\lambda = C_\rho = 1 \qquad\qquad\qquad\qquad\qquad (5\text{-}45)$$

因为土具有应力水平相关性，因此土力学理论要求模型应力与原型应力相同，即：

$$C_p = 1 \tag{5-46}$$

其中 $C_0 = 1$（$C_p = 1$）是土自身的特性所提出的试验目的和试验要求，也是离心模型最主要的特征。由式（5-43）、式（5-45）、式（5-46）可以得到离心模型的相似条件：

$$C_l C_g = 1 \tag{5-47}$$

在离心模型试验中，为了满足式（5-47）的相似条件的要求所采用的选择是：

$$C_l = n \tag{5-48}$$

$$C_g = 1/n \tag{5-49}$$

式（5-48）、式（5-49）显示出离心模型的基本特征。模型的几何尺寸缩小为原来的 $1/n$，与此同时将离心惯性力场的离心加速度提高到地球重力加速度（$g = 9.81\mathrm{m/s^2}$）的 n 倍。由式（5-41）、式（5-44）、式（5-48）、式（5-49）可以得到离心模型的其他相似条件：

$$C_u = C_l = n \tag{5-50}$$

$$C_t = n \tag{5-51}$$

采用同样的方法来处理比奥理论的连续方程，可以得到：

$$-\frac{C_u}{C_t C_l}\frac{\partial}{\partial t}\left(\frac{\partial u_k}{\partial x_k}\right) + \frac{C_k C_p}{C_{\gamma w} C_l^2}\frac{k}{\gamma_w}\frac{\partial^2 p}{\partial x_k \partial x_k} = 0 \tag{5-52}$$

$$\frac{C_u}{C_t C_l} = \frac{C_k C_p}{C_{\gamma w} C_l^2} \tag{5-53}$$

由于 $\gamma_w = \rho_w g$，因此 $C_{\gamma w} = C_{\rho w} C_g$，代入式（5-50），得到另外的相似指标：

$$\frac{C_k C_p C_t}{C_u C_l C_{\rho w} C_g} = 1 \tag{5-54}$$

综合考虑离心模型的试验条件和特征，可以得到相应的模型的相似条件。

（2）由本构物理方程求相似判据

离心模型的相似判据还可以通过本构物理方程推导。

应力应变关系：

$$\varepsilon_x = \frac{1}{E}\left[\sigma_x - \nu(\sigma_y + \sigma_z)\right] \tag{5-55}$$

代入相似常数可以得到：

$$C_\varepsilon \varepsilon_x = \frac{1}{C_E E}\left[C_\sigma \sigma_x - C_\sigma C_\nu \nu(\sigma_y + \sigma_z)\right] \tag{5-56}$$

相似判据为：

$$\frac{C_\sigma}{C_\varepsilon C_E} = \frac{C_\sigma C_\nu}{C_\varepsilon C_E} \tag{5-57}$$

得到 $C_\nu = 1$，本构物理方程对模型的要求是泊松比相同。

（3）由几何方程推导

$$\varepsilon_x = \frac{\partial u}{\partial x}$$

$$\varepsilon_y = \frac{\partial \nu}{\partial y}$$

$$\varepsilon_z = \frac{\partial w}{\partial z}$$

$$\gamma_{xy} = \left(\frac{\partial u}{\partial y} + \frac{\partial \nu}{\partial x} \right) \tag{5-58}$$

$$\gamma_{yz} = \left(\frac{\partial \nu}{\partial z} + \frac{\partial w}{\partial y} \right)$$

$$\gamma_{zx} = \left(\frac{\partial w}{\partial x} + \frac{\partial u}{\partial z} \right)$$

将相似常数代入第一式，可得到：

$$C_\varepsilon \varepsilon_x = \frac{C_u}{C_l} \left(\frac{\partial u}{\partial x} \right) \tag{5-59}$$

即：

$$\frac{C_u}{C_\varepsilon C_l} = 1 \tag{5-60}$$

式（5-60）表明，应变为无量纲量，$C_\varepsilon = 1$，由此可得变形相似常数等于几何相似常数，$C_u = C_l$。

（4）由边界条件的求取

由力边界条件

$$Q_x = \sigma_x l + \tau_{xy} m + \tau_{xz} n$$

$$Q_y = \tau_{yx} l + \sigma_y m + \tau_{yz} n \tag{5-61}$$

$$Q_z = \tau_{zx} l + \tau_{xz} m + \sigma_z n$$

将相似常数代入第一式，可得到：

$$\frac{C_Q}{C_\sigma} Q_x = \sigma_x l + \tau_{xy} m + \tau_{xz} n \tag{5-62}$$

得到相似指标：

$$\frac{C_Q}{C_\sigma} = 1 \tag{5-63}$$

以上介绍了离心模型相似条件的推导方法，离心模型主要的常用相似关系在表 5-1 中列出。

离心模型律表（假定模型与原型材料相同）　　　　　　　　表 5-1

物理量	符号	量纲	原型 (lg)		离心模型 (ng)
长度	l	L	1		$1/n$
位移	u	L	1		$1/n$
应变	ε		1		1
面积	A	L^2	1		$1/n^2$
体积	V	L^3	1		$1/n^3$
质量	m	M	1		$1/n^3$
密度	ρ	ML^{-3}	1		1
重度	γ	$ML^{-2}T^{-2}$	1		n
力	F	MLT^{-2}	1		$1/n^2$
时间	t	T			
惯性动态过程	t_i	T	1		$1/n$
扩散过程	t_s	T	1		$1/n^2$
蠕变黏滞流现象	t_v	T	1		1
速度	v	LT^{-1}	1		1
角速度	w	T^{-1}	1		n
加速度	a	LT^{-2}	1		n
做功	E (W)	ML^2T^{-2}	1		$1/n^3$
荷载频率	ω	T^{-1}	1		n

5.2　土体的离心模型试验

5.2.1　离心模型试验设备

（1）土工离心机

离心机系统通常由拖动系统、调速系统、离心机与模型吊篮组成。离心机的作用是提供离心式惯性力场。离心机又分为转臂式与转筒式两种。转筒式离心机（也有称作鼓式离心机）在结构上比较简单，但通常有效半径小，模型直观性较差，一般只能进行平面试验或者结构较为简单的模型。转臂式离心机由吊篮、转臂、平衡重和推力轴承组成，结构复杂，但制作模型方便，测试方便，适用范围广，是当前比较主流的机型。

离心机技术性能的评价一般采用以下技术参数：

1）有效半径：从转动中心到模型中心的距离，有效半径越大，模型试验的精度越高。迄今为止，国际上土工离心机的有效半径最大已达到 9m（美国加州大学戴维斯分校）。

2）模型重量：衡量离心机负载能力的重要指标是模型重量。中国最大的离心机是南京水利科学研究院的 2000kg 400gt 离心机，美国陆军工程师团离心模型试验中心新建的超级离心机已达到 8800kg。

3）最大离心加速度：代表离心机模拟范围的大小。离心加速度越大，离心模型的模拟范围越大，但试验难度也随之增加。

4）模型吊篮的几何尺寸：衡量土工离心机试验能力的重要指标就是模型吊篮的几何尺寸，近年来，国际上最新建成的土工离心机都设计了尺寸巨大的模型吊篮，如在 2000 年，日本大林组株式会社建成的超大型离心机模型吊篮空间达到 $12m^3$（$2.2m \times 2.2m \times 2.5m$）。超大型离心机是进行大型复杂的岩土工程研究的必要条件。

5）离心机容量：离心机容量（g·ton）＝离心加速度（g）×模型重量（ton）。常用 gt 或 g·ton 表示，离心机容量的大小可以反映出离心机试验能力。迄今为止，世界上最大的土工离心机是美国陆军工程师团离心模型试验中心新建的超级离心机，容量达到 1256gt。

土工离心机运行的稳定和安全是对土工离心机技术要求的一个非常重要的方面，在实际运行过程中曾发生振动导致土工离心机损坏或试验室房屋开裂，迫使土工离心机重建或低加速度运行这样的事例。为了保证土工离心机的稳定运行，新型的土工离心机设置了自动平衡装置，以调节在试验中由于模型重心变化引起的土工离心机的不稳定。南京水利科学研究院的 400gt 大型土工离心机在离心机转臂与转轴的连接形式上，采用了直升机旋翼的跷跷板专利技术，对于减小土工离心机振动发挥了很好的作用。

（2）离心机振动台

离心机振动台是进行地震动态离心模型试验的关键设备，也是目前离心模拟技术中发展最快的研究方向之一。目前全世界已建成的离心机振动台超过 25 台套，新建设的大型离心机一般也同时建设配套了大型的离心机振动台。我国南京水利科学研究院和清华大学也先后研制配套了离心机振动台，填补我国在这一研究领域的空白。

根据相似准则，离心机振动台的技术要求是：①模型振动频率是原型振动频率的 n 倍，要求的振动频率高；②振动加速度大，模型振动加速度要达到原型振动加速度的 n 倍。离心模型振动试验的关键技术是振动台的激振技术，迄今为止，各个国家先后开发了很多不一样的激振方法和技术，主要的技术方案列在表 5-2 中。

各种振动台技术方案比较 表 5-2

振动台类型	工作原理	优点	缺点
压电式	压电材料在电场的作用下产生振动	重量轻，振动可准确控制，控制可数字化，可产生高频振动	需要很高的电压，无功电力损耗很大
颠簸道路	把模型箱底轮轨的上下运动转换成水平运动	稳定性好，出力大	不能控制频率，振动时间也不能控制
电磁式	通过电磁作用产生振动力	运动可控制，可数字化，出力大	重量大，尺寸大，电流大
爆炸式	电控爆炸产生激振力	重量轻，运动可数字化	难以控制振幅，需特制点火装置

续表

振动台类型	工作原理	优点	缺点
机械式	通过弹簧及其他机械力产生振动	结构简单，重量轻，价格便宜	出力小，振动频率低，只能产生正弦波振动
电液式	通过电液伺服阀控制作动筒，产生振动	出力大，运动可数字化	结构复杂，价格昂贵，技术难度大

在各种技术方案中，经过多年的实践，电液激振系统已成为国际上最为流行，并得到了普遍认同的方式。近年来，新研制的振动台几乎都采用此方式，优点是出力大，可产生任意波形，缺点是结构复杂，其技术关键是大流量高频响的电液伺服阀。国外的大型离心机振动台多采用专门研制的高性能专利电液伺服系统，或采用多个伺服阀并联。目前的大多数离心机振动台都是一维的，为了更好地模拟真实的地震震动，美国加州大学戴维斯分校、香港科技大学建成了大型水平面二维双向振动台（图 5-1），日本东京工业大学研制开发了水平垂直二维双向振动台（图 5-2），迄今为止，规模最大的离心机振动台是日本大林组株式会社的超大型离心机振动台，它的振动质量 3000kg，振动台面 2200mm×1070mm，振动加速度 50g，把离心振动模拟技术推上一个新的水平。

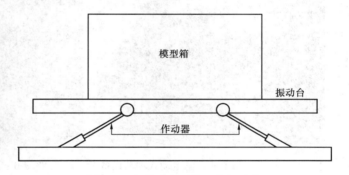

图 5-1　大型水平面二维双向振动台　　　　图 5-2　水平垂直二维双向振动台

离心机振动台一般由振动台面、作动器、伺服阀、压力源等部分组成。控制系统由计算机、控制板和电液伺服阀、加速度传感器、位移传感器组成信号控制回路。采用位移、速度和加速度三参数闭环控制方式。图 5-3 是南京水利科学研究院研制的离心机振动台。

（3）加荷设备

加荷设备主要是为了模拟结构物所受到的垂直与水平方向的作用力。根据相似条件，集中力的相似条件为 $F_p = n^2 F_m$。可分为液压式装置和电动式两种。图 5-4 是南京水利科学研究院的 200kN 加荷设备，可以模拟超大型桥梁的 20 万 t 级桩基荷载。图 5-5 是日本东京工业大学的电动式加荷设备。图 5-6 是西澳大利亚大学的双向加荷设备。

（4）开挖模拟装置

为了模拟开挖过程中土与结构的力学表现，日本东京工业大学研制开发了能在离心机旋转过程中完成基础开挖的设备装置，如图 5-7 所示。这种装置可以比较好地实现对基础开挖过程的模拟。

图 5-3　南京水利科学研究院研制的离心机振动台　　图 5-4　南京水利科学研究院
200kN 加荷设备

图 5-5　日本东京工业大学电动式加荷设备　　　图 5-6　西澳大利亚大学双向加荷设备

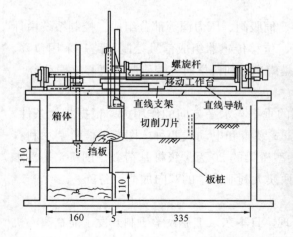

图 5-7　开挖过程模拟装置

模拟地下隧洞开挖对上部结构与地表的影响，可采用试验前挖洞，乳胶带充水、充压，在达到设计加速度后，把水放掉的办法来模拟隧洞及洞顶与周边土体的受力与变形情况。

为了模拟隧洞的开挖掘进过程，日本已研制出了隧洞掘进模拟装置，这种装置可以模拟较为真实的掘进过程，图5-8是日本大阪大学试验中采用的不同刚度的隧洞埋管模型。

图 5-8　日本大阪大学的隧洞埋管模型

（5）砂雨装置

砂雨装置有两种类型与用途。一是用来模拟堤坝等结构物对地基的作用，目前的技术水平还不能在离心机高加速度的旋转中模拟堤坝本身的填筑过程，而主要用来模拟堤坝填筑荷载对下部地基的影响，是一种加荷装置。图5-9是荷兰代尔夫特理工大学（Delft University of technology）的砂雨加荷装置，它可以在离心机高加速度的旋转过程中模拟分层填筑的加荷过程。另一种是作为砂土地基模型的制作工具，可以排除人为的因素，做出均匀一致的模型。图5-10是美国哥伦比亚大学的砂雨制模装置。

图 5-9　砂雨加荷装置（荷兰代尔夫特理工大学，

　　　　Delft University of technology）

图 5-10　砂雨制模装置

（美国哥伦比亚大学）

（6）模型土强度检测装置

模型土强度检测装置是离心模型试验中常用的设备，这是因为多数模型的土样需要重新制备，快速得到土的强度指标是试验中需要解决的问题。目前常用的方法有微型圆锥触探和微型十字板。

图5-11是美国RPI研究所的圆锥触探设备，可以在离心机的高加速度旋转中进行多点的触探检测。图5-12是荷兰代尔夫特理工大学（Delf University of technology）的十字板检测仪，它也可以在离心机的高加速度旋转中自动检测土的强度。图5-13是手动的微

型圆锥触探和微型十字板。

　　离心模型试验技术还处于急速发展阶段，随着时间推移它涉及的研究范围将会越来越广泛，在不同类型的模型试验研究中，新的测试技术不断涌现，研究手段也越来越先进。可以预见，随着光电、微电子、计算机技术的不断发展进步，离心模型试验的模拟技术必将会有一个更大的发展。

图 5-11　圆锥触探设备（美国 RPI 研究所）　图 5-12　十字板检测仪（荷兰代尔夫特理工大学）

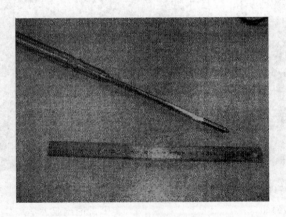 

图 5-13　手动微型圆锥触探和微型十字板

5.2.2　离心模型试验土样制备

　　由于采取原状土样将遇到各种各样的困难，到目前为止，几乎所有的离心模型试验都使用人工制备土制作模型。到现在为止，只有少数几个工程的模型试验中，使用了原状土样。对于离心模型试验来说，模型土的配制是一个重要的问题。模型的准备应该考虑两个主要的问题。一种是如何使准备好的模型土壤达到设计要求的物理力学指标。二是如何保持不同模型之间土样的物理力学指标的一致性。从目前的技术水平来看，对干砂、饱和砂和饱和黏土模型的制备已经有了相对成熟的技术。

（1）饱和黏土的模型制备方法

国外的试验室在进行机理研究时，多数都采用具有较高渗透性的高岭土作为模型土料，一致性与重复性都比较好。在国内，有具体工程研究背景的项目较多，因此在进行工程项目的研究时，常常都取用原型的土料，来进行模型制作与试验。

饱和黏土模型土样的制备步骤为：干燥、破碎、筛分、浸泡、搅拌，使泥浆的含水量达到液限的 2 倍左右，将泥浆放入模型箱中，使泥浆固结，固结完成后可根据模型的需要来制作模型。

泥浆固结常用的方法有两种。为了模拟地层固结的历史过程，有一种方法是直接在离心机上固结。固结时，可以在土层土下设置排水层，也可以根据固结压力的要求，先铺覆盖针刺无纺布再加适当重量的砂，以提高模型土的固结压力，加速模型的固结过程。为了模拟较长的地基固结历史过程，离心机常常需要连续运行 24h 以上。这对于性能较好的小型离心机而言，问题不是很大。而对于大型的离心机来说，就是一个比较高的技术要求。此外，用大型离心机固结土样，消耗的能源亦很大。为

图 5-14　黏性土固结自动伺服液压系统

此，国内外许多试验室都专门研制了黏性土模型的固结箱，通常是用一个自动伺服的液压装置来控制，以达到在恒定压力固结的目的。通过这种方法所固结出来的土样，土样均匀，便于控制，如图 5-14 所示。但也有人为了更为准确地模拟地基土的真实固结过程，利用渗透力的原理，在模型箱的顶部与底部施加一个渗透梯度，通过渗透体积力，来模拟实际土层在不同压力条件下的固结历史过程，如图 5-15 所示。

图 5-15　黏性土固结系统

通过大量的试验，J. Gamier 初步建立了黏土的不排水强度 c_u 与超固结比 OCR 以及上覆垂直土压力 σ'_V 的经验关系。这些关系，对于指导试验有一定参考价值。

$$c_u = K_1 \sigma'_V (OCR)^m \tag{5-64}$$

式中　K_1，m——经验系数。

K_1 取 $0.19 \sim 0.40$，$m = 0.57 \sim 0.59$。这些强度指标是用专门设计的微型十字板和微型触探仪，在离心机运转过程中测定的。

对同一种土，J. Gamier 还分别用微型十字板和微型触探仪，测定了土的强度。给出了不排水强度 c_u 与锥尖阻力 q_c 的关系（图 5-16）：

$$q_c = K_2 c_u \tag{5-65}$$

式中　K_2——经验系数，一般 $K_2 = 14 \sim 18.5$。

此外，K. Tanni 和 W. H. Craig 建议通过固结后土样含水量来估算固结土强度的方法：

$$\lg c_u = 3.804 - 0.101 w \tag{5-66}$$

式中　w——固结后土样含水率，%。

由于重塑土破坏了土体原有的结构性，使重塑土难以模拟土体结构性的影响。日本港湾研究所的北诘昌树等，曾尝试在高温条件下固结土样的方法，成功地模拟了土体应力应变的结构特性，并通过离心模型试验研究了土的结构性对结构物的影响。此外，沈珠江，蒋明镜尝试在三轴试验的试样中添加碎冰屑和水泥，也较好地模拟了土的结构特性。这些工作都是有益的，但更为可靠的模拟方法与技术尚待发展。

（2）砂性土模型的制备方法

砂雨法，即让模型砂在一定高度自由下落的模型制作方法。与击实方法相比，模型均匀，制作高密度模型时，不会产生颗粒破碎。目前已开发出了多种砂雨器，如悬挂式、移动式、格板滤网式等。国外多家试验室开发出了各种全自动的砂雨器。全自动砂雨器得到的结果令人满意。此外，试验中常用的手动式砂雨器，如图 5-17 所示。

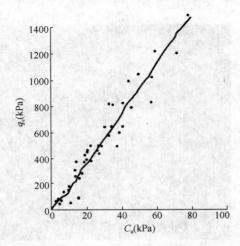

图 5-16　CPT 锥尖阻力 q_c 与不排水强度 c_u 的相关关系

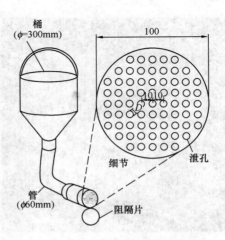

图 5-17　手动式砂雨器结构示意图（单位：mm）

用自动砂雨器制备的砂基模型密度，整体来看在水平面上的密度分布比较均匀，干密度的大小相差在±0.5％以内。从局部情况来看，中间部分密度小，边缘部分密度大，最大密度分布在模型箱长方向的两个端部，如图 5-18 所示。模型沿深度应力分布如图 5-19 所示。

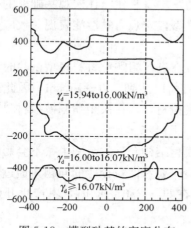

图 5-18　模型砂基的密度分布

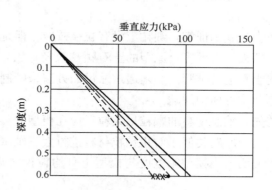

图 5-19　砂雨法砂基的应力分布

关于模型砂基的力学特性分布，法国 LCPC 通过大量的试验，得到了砂雨法制作的地基承载力分布，如图 5-20、图 5-21 所示。图中的 $Q_c = (q_u - \sigma'_v)/\sigma'_v$ 是无量纲化的地基承载力，q_u 为锥尖阻力。

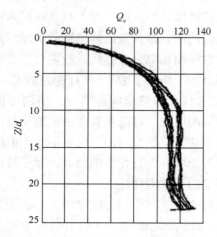

图 5-20　无量纲锥尖阻力与相对深度关系

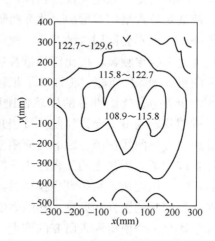

图 5-21　无量纲锥尖阻力在平面上的分布

5.2.3　粒径效应与几何尺寸效应问题

在离心模型试验中，通常采用原型土来制作模型。但使用原型土材料造成的问题是，模型土材料的粒径 d 与原型土材料的粒径 D 不满足相似的比例条件，模型土材料粒径 d 与模型结构物尺寸 B 不满足相似的比例关系。由此产生的试验偏差称为粒径效应和几何尺寸效应。离心模型试验中始终存在粒径效应，与时间比尺矛盾一同被认作是离心模型技术的两大缺陷。如果严格按照相似尺度缩减模型的土壤材料，则原型为无黏性砂土，经过缩减之后在模型中就会变成有黏性的黏土。黏土和砂土的力学性能明显不同，因此偏离了离心模型试验的基础，即模型材料的力学性能与原型不相同。这个尺度缩减方法是不合适的。也有人认为所谓粒径效应是不存在的，因为土力学本身是建立在宏观基础上的土体研究方法，不能按照细观甚至微观的要求来建立宏观模型，宏观力学性能表现一致应是首要要求。

很多试验都证实，细粒土没有粒径效应。但是，在进行粗颗粒材料模型试验时，如土石坝、面板堆石坝等，原型的土石颗粒粒径过大，目前已达到 $100\sim150cm$，因此不能用原型的土料进行试验。必须通过缩尺的方法来配制模拟材料。在采用缩制模拟材料时，主要考虑两个方面的问题。

首先，缩制土料的颗粒最大粒径应在模型箱和模型结构允许的范围内，不会影响试验结果。这个问题类似于对粗颗粒材料进行大三轴试验时要考虑粒径比的问题。通过试验结果可以说明，当模型箱宽度与模型土平均粒径之比在 $60\sim250$ 之间时，不产生几何尺寸效应。

Ovesen 通过干砂圆形基础承载力试验，明确基础直径与砂平均粒径的比值为 $30\sim180$ 不产生尺寸效应。对于这个问题，徐光明、章为民通过试验进一步证实，上述的比值不应小于 23。

迄今为止，国内外处理超大颗粒的方法大致有 3 种：剔除法、等量替代法和相似级配法。所谓剔除法就是去除超大粒径颗粒，并将其他的部分作为一个整体来计算各个粒径组的含量，使细颗粒含量相对增加，改变粗颗粒土的性质，所以除对超大粒径颗粒含量极少的粗粒土外，一般不会使用这种方法。所谓等量替代法，是指根据模型箱最小尺寸允许的最大的粒径之下的粗颗粒，按比例等量替换超大粒径颗粒部分，替代后的粗粒土级配比保持了原来的粗、细颗粒含量，但改变了粗颗粒部分的不均匀系数 C_u 和曲率系数 C_c，相关试验证实，用等量替代法准备的样品相比剔除法来说比较符合实际情况。所谓相似级配法，就是按照确定的最大允许粒度，按照几何相似的原则，将原粗粒土的粒度按等比例减小，即其颗粒分析曲线按照一定的几何模拟尺度平移。虽然 C_u 和 C_c 保持不变，但细颗粒含量增加，改变了原粗粒土的工程性质，特别是对土壤的渗透性影响很大。如三笠正人在模拟土石坝时采用此法，结果发现模型料具有明显的凝聚力特性。

其次，缩制后的土样和原型土样的力学性质的变异及其影响。迄今为止，关于粗模型的缩制方法还是一个值得深入研究的课题。根据 Saboya 的研究，土的力学特性和参数随粒径、级配和不均匀系数而变化。图 5-22 中给出了邓肯模型参数随粒径的变化情况。由此可见，缩制后的模型材料在力学特性上与原型存在一定的差异。在分析试验结果时，应该考虑这种差异带来的影响。在试验中，应根据试验的主要目标，选择关键力学指标作为主要控制条件，以达到关键力学表现正确目的。

5.2.4 边界效应

离心模型试验中，是在模型箱中制作模型，完成试验，如图 5-23 所示。边界效应来

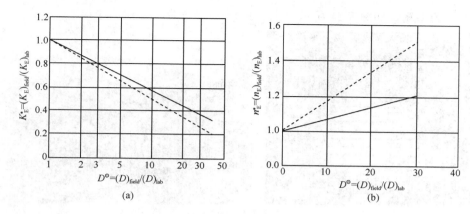

图 5-22　邓肯模型参数随粒径的变化

（a）K_E^* 与相对粒径的关系；（b）n_E^* 与相对粒径的关系

自模型箱侧壁对模型的约束效应。为了消除边界效应，不同的结构有不同的要求。对于圆形基础，边界效应消除的界限为基础到模型箱侧壁的距离与基础尺寸之比应大于 3。

图 5-23　离心模型试验的模型

对于土体的滑动破坏，制模时也应在滑弧前预留足够的空间，保证滑动体不受边界影响。

消除箱壁摩擦的约束是每个试验应注意的问题。箱壁应尽量光滑，常采用涂硅脂、粘贴四氟乙烯薄膜等方法，减少箱壁摩擦力。

在进行大型土工结构试验时，往往由于模型箱尺寸的限制，很难进行全断面模拟，需要截取关键部位进行研究。这样就使模型失去了原型的整体连续性，从而引起边界截断误差。对于这样的问题，结合数值模拟和物理模拟，来进一步研究截断误差的方法是一种可行的方法。

在地震等动力试验中，地震波会在模型箱的边界产生，对试验产生不利影响。有两种常见的解决方法：一种是采用普通的刚性模型箱，在模型箱振动方向的两端贴上厚度为 20～30mm 的吸波材料。吸波材料可以购买现成的，也可以用乳胶制作。例如，南大 703，可以避免在模型箱的振动波边界处的反射。另一个方法是开发特殊的叠层式模型箱（Laminar Model Box）。它在水平方向上的剪阻力非常小，能有效地消除振动波在模型箱边界的反射。在国外的试验室和研究机构中，为了消除振动波在边界处的反射，就使用了这种叠层式模型箱，如图 5-24 所示。

 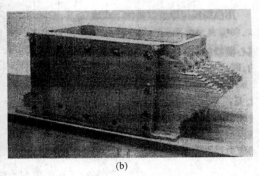

(a)　　　　　　　　　　　　　　　　　(b)

图 5-24　能消除反射的叠层式模型箱（Laminar Model Box）

（a）UC Davis；（b）RPI

5.2.5　离心模型试验的误差与精度问题

离心惯性加速度场由离心机的旋转产生，离心机旋转产生的离心惯性加速场是沿旋转中轴形成的一个个圆形的柱面，在有的等半径的圆柱面上，其离心惯性加速场的惯性势相等，离心加速度也相同，加速度的大小和半径成正比：$a = \omega^2 R$。综上所述，模型的高度不同，受到的惯性离心力也不同。那么我们应该如何计算离心模型的误差呢？如 5.1 节的分析，在土工模型中应力和原型一样是模型试验的核心，离心模型的误差应由应力的误差来分析。图 5-25 是 ng 条件下模型理想状态下的垂直应力

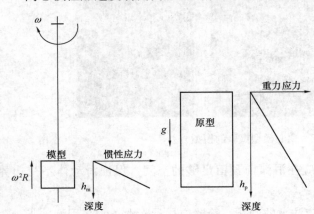

图 5-25　ng 条件下模型理想状态下的
垂直应力和原型的垂直应力分布

和原型的垂直应力分布。

在模型中
$$\sigma_{vm} = \rho n g h_m \tag{5-67}$$

在原型中
$$\sigma_{vp} = \rho g h_p \tag{5-68}$$

根据应力相等的原则，可以推出 $\sigma_{vm} = \sigma_{vp}$，$h_p = n h_m$。实际上，模型中的加速度分布与半径有关，并不均匀，因此模型的应力分布也与原型不同，如图 5-26 所示。

用模型模拟原型就要使式（5-69）成立：
$$\sigma_{vp} = \rho g h_p = \rho g n h_m = \sigma_{vm} \tag{5-69}$$

离心模型的 ng 是通过离心机的旋转得到的，即：
$$ng = \omega^2 R_e \tag{5-70}$$

R_e 是模型试验的计算有效半径。令 R_t 为转动中心到模型顶的半径，R_b 为转动中心到模型底的半径，从模型顶起，深度为 z 处的应力：

$$\sigma_{vm} = \int_0^z \rho\omega^2(R_t + z)dz = \rho\omega^2 z\left(R_t + \frac{z}{2}\right)$$

$$(5\text{-}71)$$

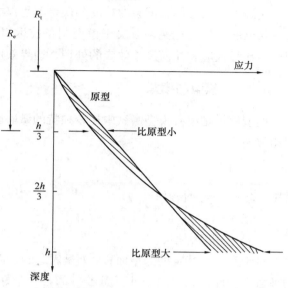

图 5-26　模型的实际应力分布

如在 $z = z_0$ 处，模型应力等于原型应力，从式（5-69）、式（5-70）和式（5-71）可以确定模型的有效半径为：

$$R_e = R_t + 0.5z_0 \qquad (5\text{-}72)$$

从图 5-26 中可以看到，在模型上部的应力会比原型的应力小，但模型底部的应力会大。在偏小的部分，当高度为 $0.5z_0$ 时，模型应力与原型应力的误差最大，为：

$$\gamma_u = \frac{0.5z_0\rho gn - 0.5z_0\rho\omega^2\left(R_t + \frac{0.5z_0}{2}\right)}{0.5z_0\rho gn} \qquad (5\text{-}73)$$

化简后

$$\gamma_u = \frac{z_0}{4R_e} \qquad (5\text{-}74)$$

应力偏大部分的最大误差发生在模型底部，即 $z = h_m$，相同的处理方法可以推导出应力偏大部分

$$\gamma_0 = \frac{h_m - z_0}{2R_e} \qquad (5\text{-}75)$$

让应力偏大部分与应力偏小部分的误差相等，模型的整体偏差最小，可以得到：

$$z_0 = \frac{2}{3}h_m \qquad (5\text{-}76)$$

亦即是

$$R_e = R_t + \frac{h_m}{3} \qquad (5\text{-}77)$$

式（5-77）表明，当把转动中心到模型的 2/3 高度作为有效半径时，此时离心模型的应力误差最小，其值为

$$\gamma_u = \gamma_0 = \frac{h_m}{6R_e} \qquad (5\text{-}78)$$

对大多数离心机，h_m/R_e 小于 0.2，由此模型应力与原型应力之间的最大误差小于 3%。因此证明，利用离心模型研究岩土工程问题，试验设备的精度有足够的保证。

实际上，离心模型试验的精度和误差不是仅由离心加速度场决定，而主要取决于试验人员对试验目标的把握，取决于模型制备技术以及试验的模拟技术，如对施工过程的模拟、对粒径效应和几何尺寸效应的处理、边界效应的处理等方面。

5.2.6　模型的模拟

模型模拟是离心模型测试中比较独特的试验验证方法，也是离心模型的特点之一。根据相似理论：

$$l_p = n l_m \tag{5-79}$$

式中　l_p——原型长度；

　　　l_m——模型长度；

　　　n——模型比尺。

对于某一个特定的原型而言，l_p 是固定的，而模型比尺却可以有无数种选择。原型的物理力学特性在确定的条件下是唯一的，一个好的科学的试验方法在不同模型比尺条件下，从模型试验所得到的原型结果应当是一致的。这个方法，就叫做模型的模拟。用模型的模拟可以找出粒径效应、几何效应与边界效应等试验偏差，验证试验结果的可靠性与正确性，是一个很有效的研究方法与手段。

如图 5-27 所示，土堤的试验可以在 $10g$ 加速度条件下进行，也可以在 $100g$ 的加速度条件下进行，由于它所模拟的为同一原型实体，它们之间也存在着相似的关系，它们所得到的原型力学参量应当相同。

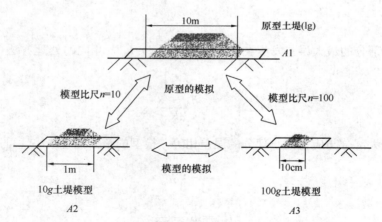

图 5-27　土堤在不同模型比尺条件下的模拟

模型的模拟是离心模型试验中的一个特有的方法，常用图 5-28 的方式来表达。图中的 $A1$、$A2$、$A3$ 分别代表图 5-27 中的原型与模型。在 Ovesen 的文章中，罗列了各种不同类型模型模拟的结果，这些结果充分展示了离心模型相似理论的完美一致性，这种在不同比尺条件下能够相互验证的试验方法，也是常规模型试验方法无法比拟的。

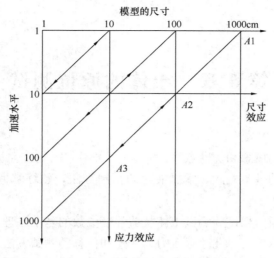

图 5-28　模型的模拟

思　考　题

1. 什么是相似的正定理和相似的逆定理？两者之间有什么关系？
2. 在动力离心模型试验中，如何有效消除边界效应对试验结果的影响？
3. 离心模型试验的精度与哪些因素有关？

第6章 土体的原位测试

本章学习目标：

1. 掌握原位测试的概念和优缺点。

2. 掌握土体液化的基本概念，掌握液化的初判方法，熟练掌握标准贯入试验判断土体液化的方法。

3. 掌握采用十字板剪切试验测试土体抗剪强度参数的基本原理和数据处理方法。

4. 了解现场土体总应力、孔隙水压力、变形和位移的测试方法。

5. 掌握波速法现场原位测试的基本原理和测试方法。

6. 了解地质雷达测试的基本原理和常用设备，了解地震波检测技术的基本原理和常见的检测技术。

6.1 概　　述

原位测试是指直接在现场原状土层中进行的试验。由于试验土体的体积大，扰动小，在土体天然应力状态及含水率下测得的物理力学指标具有较好的代表性，避免了室内试验在取样、运输和制样等过程中对于土体结构性的破坏。原位试验适用于：

（1）当原位测试比较简单时，室内试验条件与工程实际差异较大。

（2）当基础受力状态比较复杂时，计算不准确没有成熟经验，或者整个基础原位模型试验比较简单。

（3）重要工程必须进行必要的原位试验。

土体原位测试是十分重要的试验手段，常与钻探取样和室内试验配合进行。一般原位测试成果，岩土工程问题可根据地区经验性估算岩土工程特性参数来评价，并应与室内试验和工程反算参数进行比较，以验证其可靠性。

6.2 标准贯入试验

6.2.1 测试原理

标准贯入试验（SPT）为动力触探的一种，其击锤质量为 63.5kg，落距为 760mm，以贯入 300mm 的锤击数 N 作为贯入指标，是勘探和原位试验中常见的一种触探法。一般情况下，土的承载力越高，标准贯入器打入土中的阻力越大，标准贯入试验锤击数 N 值就越大。标准贯入试验适用于砂土、粉土和一般黏性土。

标准贯入试验锤击数 N 值可用于评价砂、粉土、黏土的物理状态、土体强度、变形参数、地基承载力、单桩承载力、砂土和粉土液化及成桩可能性。其常见应用一般有以下几个方面：

（1）查明场地的地层剖面和各地层在垂直和水平方向的均匀程度和软弱夹层；

（2）确定地基土的承载力、变形模量、物理力学指标及地基基础设计参数；

（3）预估单桩承载力和选择桩尖持力层；

（4）地基加固处理效果的检测和施工检测；

（5）砂土的密实度、黏性土稠度及地震液化的判定。

6.2.2　主要仪器

标准贯入器由刃口型的贯入器靴、对开圆筒式贯入器身和贯入器头 3 部分组成，如图 6-1 所示。

标准贯入试验设备规格应符合表 6-1 规定。

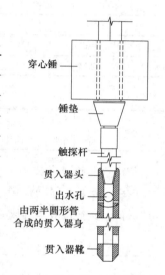

标准贯入试验设备规格			表 6-1
落锤		锤的质量（kg）	63.5
		落距（cm）	76
贯入器	对开管	长度（mm）	＞500
		外径（mm）	51
		内径（mm）	35
	管靴	长度（mm）	50～76
		刃口角度（°）	18～20
		刃口单刃厚度（mm）	1.6
钻杆		直径（mm）	42
		相对弯曲	＜1/1000

图 6-1　标准贯入试验装置

穿心锤
锤垫
触探杆
贯入器头
出水孔
由两半圆形管合成的贯入器身
贯入器靴

6.2.3　技术要点

标准贯入试验技术应符合以下规定：

（1）标准贯入试验采用回转钻进，并保持孔内水位略高于地下水位。当孔壁不稳定时，可用泥浆护壁，钻至试验标高以上 15cm 处，清除孔底残土后再进行试验；

（2）采用自动脱钩的自由落锤法进行锤击，并减少导向杆与锤间的摩阻力，避免锤击时的偏心和侧向晃动，保持贯入器、探杆、导向杆连接后的垂直度，锤击速率应小于 30 击/min；

（3）贯入器打入土中 15cm 后，开始记录每打入 10cm 的锤击数，累计打入 30cm 的锤击数为标准贯入试验的锤击数 N。当锤击数已达 50 击，而贯入深度未达 30cm 时，可记录 50 击的实际贯入深度按式（6-1）换算成相当于 30cm 的标准贯入试验的锤击数 N，并终止试验。

$$N = 30 \times \frac{50}{\Delta S} \tag{6-1}$$

式中　ΔS——50 击时的贯入度，cm。

6.2.4　工程应用

1. 评定地基承载力

需要特别注意的是，表 6-2、表 6-3 取自《建筑地基基础设计规范》GBJ 7—1989（现已作废）规定。虽然承载力表使用方便，但是用试验数据统计分析得到，各地地质条件各异，实用性各有差异。随着设计水平的发展和质量要求提高，变形控制已是地基设计的重要原则。因此，《建筑地基基础设计规范》GB 50007—2011 已取消承载力表（表 6-2、表 6-3）的条文和附录，设计时应根据试验和地区经验确定地基承载力。

N 值与砂土承载力标准值 f_k（kPa）的关系　　　　　表 6-2

N	10	15	30	50
中、粗砂	180	250	340	500
粉、细砂	140	180	250	340

N 值与黏性土承载力标准值 f_k（kPa）的关系　　　　　表 6-3

N	3	5	7	9	11	13	15	17	19	21	23
f_k	105	145	190	235	280	325	370	430	515	600	680

2. 砂土的密实程度

在《岩土工程勘察规范（2009 年版）》GB 50021—2001 中，标贯试验贯入指标 N 值可以确定砂土的密实程度，划分表见表 6-4。

按标准贯入击数确定砂土密实度　　　　　表 6-4

N 值	密实度	N 值	密实度
$N \leqslant 10$	松散	$15 < N \leqslant 30$	中密
$10 < N \leqslant 15$	稍密	$N > 30$	密实

3. 其他应用

在《建筑抗震设计规范（附条文说明）（2016 年版）》GB 50011—2010 中，标准贯入试验贯入指标可以作为判定地基土是否可以液化的主要方法。在《建筑桩基技术规范》JGJ 94—2008 通过 N 值确定桩侧摩阻力和桩端阻力。

6.3　十字板剪切试验

6.3.1　测试原理

十字板剪切试验（VST）（vane shear test）是用插入土中的标准十字板探头，以一定速率扭转，量测土破坏时的抵抗力矩，测定土的不排水抗剪强度。

十字板剪切试验是一种简易的现场试验，可以有效测定饱和软黏土的不排水抗剪强度和灵敏度。十字板剪切试验在钻孔中进行，试验时通过钻杆将十字板头插入测试土层预定深度中；然后通过在地面上的加载装置对板头施加扭矩，使板头等速扭转，在土体内形成一个直径为 D，高度为 H 的圆柱形剪切面（图 6-2）。当剪切面上的扭矩达到最大扭矩时，土体沿该圆柱面破坏，说明圆柱面上的剪应力达到土的抗剪强度。

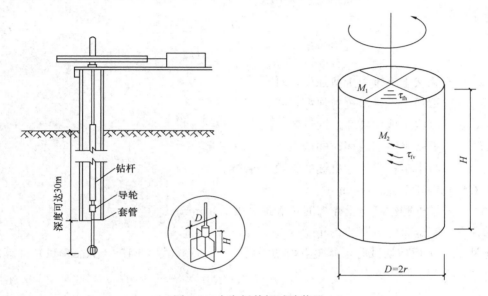

图 6-2　十字板剪切试验装置

图 6-2 表示了土的抗扭强度和最大扭矩的关系，抗扭力矩 M_{max} 由两部分组成

$$M_{max} = M_1 + M_2 \tag{6-2}$$

式中　M_1——柱体上下底面的抗剪强度对圆心所产生的抗扭力矩，见式（6-3）；

　　　M_2——圆柱侧面上的剪应力对圆心所产生的抗扭力矩，见式（6-4）。

$$M_1 = 2\int_0^{D/2} \tau_{fh} \cdot 2\pi r \cdot r\mathrm{d}r = \frac{\pi D^3}{6}\tau_{fh} \tag{6-3}$$

$$M_2 = \pi DH \cdot \frac{D}{2}\tau_{fv} \tag{6-4}$$

式中　τ_{fh}、τ_{fv}——水平面和竖直面上土体的抗剪强度。

假定土体各向同性，则 $\tau_{fh} = \tau_{fv} = \tau_f$。将式（6-3）、式（6-4）代入式（6-2）整理得：

$$M_{max} = M_1 + M_2 = \frac{\pi D^2}{2} \cdot \frac{D}{3} \cdot \tau_f + \frac{1}{2}\pi D^2 H \cdot \tau_f \tag{6-5}$$

$$\tau_f = \frac{M_{max}}{\frac{\pi D^2}{2}\left(\frac{D}{3} + H\right)} \tag{6-6}$$

式（6-6）推导时，假设圆柱上、下两个断面各处的抗力与圆柱体侧面相等并同时达到最大值。忽略不计两端面沿半径的各点抗力的变化。

机械式十字板仪进行试验时，力矩应等于试验测得的总力矩减去轴杆与土体间的摩擦力矩和仪器摩擦力矩，根据《土工试验方法标准》GB/T 50123—2019 各试验点十字板剪切强度 c_u、c'_u 应按式（6-7）、式（6-8）计算

$$c_u = 10K'_2C(R_y - R_g) \tag{6-7}$$

$$c'_u = 10K'_2C(R_e - R_g) \tag{6-8}$$

$$K'_2 = \frac{2L_{lb}}{\pi D^2 H\left(1 + \dfrac{D}{3H}\right)} \tag{6-9}$$

式中　　c_u——原状土不排水抗剪强度，kPa；

　　　　c'_u——重塑土不排水抗剪强度，kPa；

　　　　R_y——原状土剪切破坏时的读数，$\mu\varepsilon$；

　　　　R_e——重塑土剪切破坏时的读数，$\mu\varepsilon$；

　　　　K'_2——与十字板头尺寸有关的常数，cm^{-2}；

　　　　C——钢环系数，N/mm；

　　　　R_g——轴杆和钻杆与土摩擦时量表最大度数，mm；

　　　　L_{lb}——率定时的力臂长，cm。

电测试十字板剪切试验各试验点剪切强度 c_u、c'_u 应按式（6-10）、式（6-11）计算。

$$c_u = 10K'_1\xi R_y \tag{6-10}$$

$$c'_u = 10K'_1\xi R_e \tag{6-11}$$

$$K'_1 = \frac{2}{\pi D^2 H\left(1 + \dfrac{D}{3H}\right)} \tag{6-12}$$

式中　　K'_1——与十字板头尺寸有关的常数，cm^{-3}；

　　　　ξ——传感器率定系数，N·（cm/$\mu\varepsilon$）。

6.3.2　主要仪器

十字板剪切仪主要有十字板头和加载装置及测力装置组成，按照力的传递方式分为电测式和机械式两种。

（1）十字板头

十字板头形状有矩形、菱形、半圆形等，但国内一般采用矩形，高径比通用标准 $H/D = 1/2$，国内外推荐使用十字板头尺寸见表 6-5。应根据不同类型的土体，选用不同尺寸的十字板头，一般软黏土中选用 $D = 75mm$ 的板头，稍硬土中则选用 $D = 50mm$ 的板头更为合适。如果要测定不排水抗剪强度的各向异性变化时，可以考虑采用不同的菱形板头。

国内外十字板头常用尺寸　　　　　　　　　　　　表 6-5

十字板头尺寸	H（mm）	D（mm）	板厚（mm）
国外	125 ± 25	62.5 ± 12.5	2
国内	100	50	2～3
	150	75	2～3

（2）轴杆

十字板剪切仪常使用的轴杆直径为 20mm，对于普通十字板仪，轴杆与十字板板头常见的连接方式为离合式，也有套筒式。离合式轴杆是利用离合装置，使轴杆与十字板头能够离合，可以方便分别做十字板总剪力试验和轴杆摩擦校正试验；套筒式轴杆是在轴杆外套上一个带有弹子盘、可自由旋转的钢管。须避免轴杆与土接触，避免轴杆与土之间的摩擦力。

机械式十字板剪切仪由于轴杆插入土层中旋转时，土层和轴杆之间的摩擦力将影响试验结果，必须进行轴杆校正。电测式十字板剪切仪直接测定施加于板头的扭矩，故不需对轴杆摩擦进行修正。

（3）测力装置

机械式十字板仪一般用开口钢环测力装置，通过钢环的拉伸变形来反映施加扭力的大小，使用方便，但转动时的晃动影响测量的精准度。

电测试十字板仪则采用电阻应变式测力装置，带有读数记录仪。电阻应变式测力装置的测量传感器一般安装在十字板头上端的轴杆部位上，直接测量十字板头扭矩，可以做到不受轴杆摩擦、钻杆弯曲和坍孔等因素的影响，提高了测量精度。

6.3.3　技术要点

十字板剪切试验可用于测定饱和软黏土的不排水抗剪强度和灵敏度。

十字板剪切试验点的布置，均质土的竖向间隔为 1m，对于不是均质土或含有薄粉细砂的软黏性土，首先应进行静力触探，根据土层的变化选择软黏土进行试验。

十字板剪切试验主要技术要求应符合下列规定：

（1）十字板板头形状宜为矩形，径高比 1：2，板厚宜为 2～3mm；

（2）十字板头插入钻孔底的深度不应小于钻孔或套管直径的 3～5 倍；

（3）十字板插入试验深度后，至少应静置 2～3min，方可开始试验；

（4）扭转剪切速率宜采用（1°～2°）/10s，并应在测得峰值强度后继续测记 1min；

（5）在峰值强度或稳定值测试完后，顺扭转方向连续转动 6 圈后，测定重塑土的不排水抗剪强度；

（6）对开口钢环十字板剪切仪，应修正轴杆与土间的摩阻力的影响。

6.3.4　工程应用

十字板剪切试验因为直接在原位进行试验，不必取土样，现场扰动小，是比较能反映土体原位强度的试验方法。常见的工程应用主要包括 3 个方面。

1. 确定饱和黏土的灵敏度

灵敏度反映土的强度由于结构受到破坏而降低的程度，十字板剪切试验可反映土层破坏后残余强度的大小。在获取原状土十字板剪切试验曲线后，将十字板旋转 5 圈后重复试验，获得扰动土的不排水抗剪强度。土的灵敏度可按式（6-13）计算。

$$S_t = c_u/c'_u \tag{6-13}$$

2. 测定土质边坡和地基内滑动面位置

土体滑动带的抗剪强度明显低于其他部位，用十字板剪切仪能方便测出强度降低位置，为确定滑动带和地基稳定性安全系数提供依据。

3. 测定地基强度变化规律

地基土在快速堆载时，孔隙水压力升高，地基强度降低。随着孔隙水压力消散，土体固结强度升高。利用十字板剪切试验，检测土体强度变化，为控制施工加荷速率提供依据。其次，十字板剪切试验还可检验预压加固等地基处理的加固效果。

6.3.5　影响因素

十字板剪切试验简单便捷，能快速反应出原状土的抗剪强度。但是否能测得真实合理的试验结果主要受以下几个因素影响。

1. 土体各向异性和不均匀性

十字板剪切试验强度计算时，假设土体圆柱上、下两个断面各处的抗力与圆柱体侧面相等并同时达到最大值；忽略不计两端面沿半径的各点抗力的变化。而实际工程中，土体是各向异性的，不同摩擦面达到峰值的扭转角度和强度值也不相同。采用不同尺寸十字板头在临近位置进行多次测定，以区别 τ_{fh} 和 τ_{fv}。

对于不均匀土层，尤其剪切过程中不保证不排水的含薄层粉细砂或粉土的软黏土，十字板剪切试验结果误差较大。测定结果往往偏大，试验结果分散性大。

2. 加载速率

试验结果表明，剪切速率对试验结果影响明显。国内外十字板剪切试验一般规定剪切速率为 $1°/10s$，在该速率下，仍存在排水的可能性，导致不排水抗剪强度"偏大"，故不同渗透特性的地基土应采用不同剪切速率更为合理。此外，由于黏土颗粒存有黏滞阻力，剪切速率越高，测得强度越大，这种现象在高塑性黏性土中尤为明显。

3. 渐进破坏效应

十字板旋转时，上下端面和侧面土体的应力和位移分布不均匀，且使用不同尺寸板头时这种现象亦不同。因此，剪切圆柱土体各个面和各点的抗剪强度不同且无法同时达到峰值。一般，先在翼板外缘出现局部破坏；随着扭矩增大，破坏面继续扩展；最后在整个圆柱体形成完整的圆柱形剪切带。此外，实际破坏面并非理想圆柱体，多为带状，常导致计算剪切强度值偏大。

4. 土体扰动影响

十字板插入土层中引起扰动，轴杆越粗，板厚越厚，扰动越大。黏土具有触变性，在土体暂时受扰动后，间歇时间越长，土强度恢复越多。因此，试验开始前间歇时间对试验结果有明显影响。

6.4　现场应力、变形和位移测试

任何一个岩土工程都要满足稳定和变形两个最基本要求。稳定是岩土工程最基本的要求，失稳即破坏。稳定是变形的前提，但变形也是控制工程质量、保证正常使用的重要因素。

在岩土工程、地下工程、水利工程及地质工程中，岩土体的应力、应变监测和长期变形监测对于了解土体应力状态、应力应变发展，评价土体强度和变形，确定土体滑动面等，以及工程的设计、安全、监测有重要意义。

6.4.1　土中应力测试

工程土体在固结、开挖、人为扰动过程中，土中应力时刻发生着变化。土中的应力测试一般指测定土在受力时土压力和孔隙水压力，以及检测土压力和孔隙水压力的增长与消散。测得资料可用以计算土的固结度，用来校验理论计算和优化设计。

土压力一般指土中总应力，包括有效应力和孔隙水压力，工程中土压力有时也指土与结构物的接触压力。土压力常用土压力盒（土压力计）测定，但土压力盒埋设时扰动了原始应力状态。孔隙水压力采用孔隙水压力计测定。

土压力与孔隙水压力的测试，可以进行有效应力分析；土中应力测试及土体变形测试，可综合分析应力、应变；接触压力测试和结构物变形与内力测试，可综合分析土和结构的共同作用等。

1. 土中总应力测试

（1）土压力计的种类与选择

根据土压力的测试原理与结构，土压力计可分为以下几类：

液压式：外界土压力作用于土压力圆盒表面的柔性膜，促使土压力盒内液压增大，通过液压确定土压力。

气压式：通过土压力圆盒内部气压与外面土压力平衡的原理，确定土压力。

电气式：有电阻应变式、电感式等。在盒受压膜上贴一个电阻应变片，土压力可以通过附着在弹性传感装置上的电阻应变片的电量变化来确定。

钢弦式：土的压力作用于膜片，盒受土的压力使膜片发生变形张力变化，由钢弦振动频率与张力的关系，通过测定钢弦振动频率可以确定土的压力。

液压式与气压式土压力计现在应用较少，常见的是电阻应变式土压力计与钢弦式土压力计。

电阻应变式土压力计：测头部分包括外力作用感应部件（膜盒）与电转换部件（电阻应变计）；测量部分是指示器（比例电桥）。

钢弦式土压力计也由承受土压力膜盒和压力传感器组成。压力传感器为一根张拉的钢弦，一端固定在薄膜的中心上，另一端固定在支架上。土压力作用在膜盒上膜盒变形，薄膜中心产生扰度 S，钢弦长度变化，自振频率 f 随之发生变化。

（2）埋设要求

埋设时尽量减少对土体的扰动，注意膜盒与结构物固定情况（接触式土压力计）、膜盒与土的接触情况（土的粒径、全面接触或局部接触），并做好详细记录。

需要注意的是，回填土应与周围土体一致。土压力盒设有模具时，则标定时也应连同模具一块标定。

根据不同的对象，应采用不同的方法埋设接触式土压力计。在结构侧面安装土压力计时，当混凝土浇筑到预定标高时，土压力计应固定在预定位置。土压力计承压面应与结构面平齐，常采用预留孔后安装的方式。

根据情况处理好压力膜的保护，埋设时要注意电缆线的保护，必要时增加套管保护。

土压力计埋设位置、深度、编号需在电缆做好标识，侧头电缆按一定线路汇总于观测站中。

2. 孔隙水压力测试

（1）测试原理及种类

孔隙水压力计有封闭式和开口式两种类型。

封闭式有电测式（包括钢弦式、电阻式、差动电阻式）和流体压力式（包括液压式、气压平衡式）。

电测式孔隙水压力计的工作原理、结构型式与电测式土压力计相同。

气压平衡式孔隙水压力计原理与气压平衡土压力计相同，孔隙水压力作用于薄膜上，薄膜变形与接触钮接触，电路连通，电位计指示。测量时，从进气口通入压缩空气将薄膜压回。膜内压力与孔压平衡时电位计指示灯熄灭，压力表指示的压力即为孔隙水压力。新的双管气压平衡式孔隙水压力计用一管进气一管出气。当气压小于孔压时，膜保持出气管关闭，当气压与孔压平衡时，膜的微小位移使气从出气管逸出，排入充满水的容器，容器内出现气泡，此时进气管的压力为孔压。另一种双管式是当气压小于孔压时，出气管与进气管相通，两者气压相等。当气压等于孔压时，膜驱动阀门，阻塞两管之间的气流，出气管压力读数即为孔压，进气管压力再增大，出气管的气压也不再变化。

液压式孔隙水压力计通常为封闭双管式。其结构主要由测头、传压导管及测量系统组成。双管内已排除空气的循环水流经测头，带走测头内的气泡。孔隙水压力通过透水石、导管传至测量系统的零位指示器，使水平面发生变化。量测时，用活塞调压筒调节压力使水平面回升至起始位置，则压力表上所示的压力值即为孔压值。利用联结器，可以在一个量测系统中安装多个测头。

要根据土层渗透性、精度要求、量测期限等因素来进行孔隙水压力计的选用。液体压力计和开口式孔隙水压力计适用于渗透系数大于 1×10^{-5} cm/s 的土层。当量测容许误差大于 2kPa 时，可选用液压式孔隙水压力计；当量测误差大于或等于 10kPa 时，方可选用气压式孔压力计。精度要求高时，采用电测式压力计。流体压力式孔压计使用期限不宜超过 1 个月。液压式不宜在负温环境下使用，如果测试深度大于 10m 或需在一个观测点中多个测头同时量测，可选用电测式。

（2）技术要求

1）埋设要求

根据土层性质，孔隙水压力计的布设方式可采用钻孔埋设法、压入埋设法和填埋法。

土层较硬、一孔多个测头时，宜采用钻孔埋设法。

软土中单个孔隙水压力计可采用压入法。如果土层较软，孔隙水压力计的深度较浅，则可以将孔隙水压力计从表层直接慢慢压入土壤中。埋深较大，不易直接压入时，可预钻孔至埋置深度以上 0.5～1m 处，再将孔隙水压力计放入，压至预定深度，钻孔段用隔水填料埋实。

在填方工程中，可采用填埋法将孔隙水压力计埋在预定位置，要注意埋设后填筑施工过程中对探头、电缆及导管的保护。

2）钻孔要求

钻孔应垂直，孔径宜为 110～130mm；

在填土层、浅层或松散不稳定土层，应下套管护孔；

孔内应无沉淤和稠浆；

钻孔应有进尺、地层分层厚度、土层性质描述的原始记录。

3）钻孔中孔压计埋设要点

液压式、开口式探头埋设前均需预浸 24h，安放探头时应排除探头内及管路中空气，探头部件的拼装在水容器中进行；

孔隙水压力计周围须回填中粗砂、砂砾或粒径小于 10mm 的碎石块。透水填料层高度以 0.6～1m 为宜；

上下两个孔隙水压力计之间有高度不小于 1m 的隔水填料，一般采用粒径 2cm 左右的风干黏土泥球，缓慢均匀投放以确保隔水作用；

孔口填实隔水材料，防止地表水渗入；

孔口有保护装置，引入测试站的电缆，导管应埋入土中至少 60cm，必要时须加套管保护。就地测量的孔隙水压力计电缆线头应有防水、防湿保护装置。

4）量测要点

孔隙水压力初始值量测时，由于孔隙水压力计埋设时周围土壤受到扰动，孔隙水压力会发生变化，在埋设结束后应定期定量测量，并观察初始值的稳定性。稳定值应满足连续 3d 读数差值小于仪器的测量误差。初始值应为稳定后读数的平均值或中位数；量测频次要由施工加荷、孔压变化规律来进行调整。通常是定期定时进行观测，当处于施工加荷期、孔压增长快的时候，需增加观测频率；当停荷或者孔压变化小时，可降低观测频率；出现异常数据时，需及时复测，分析原因，排除仪器故障并做好记录等。

3. 岩体原位应力测试

岩石应力测试适用于无水、完整或相对完整的岩体。采用孔壁应变法、孔径变形法和孔底应变法计算岩体的空间应力和平面应力。在测量岩体原始应力时，测点深度应超过应力扰动影响区域。在地下洞室进行试验时，测点的深度应大于洞室直径的两倍。

孔壁应变法测试采用孔壁应变计，套钻解除应力后钻孔孔壁的岩石应变可以通过这种方法进行量测；孔径变形法测试采用孔径变形计，套钻解除应力后的钻孔孔径的变化可以通过这种方法进行量测；孔底应变法测试采用孔底应变计，套钻解除应力后的钻孔孔底岩面应变可以通过这种方法进行量测。根据弹性理论公式来计算岩体内某一点的应力。当需要测求空间应力时，应采用三个钻孔交会法测试。

6.4.2　现场变形、位移测试

岩土工程变形主要包括竖向变形（沉降）和水平变形（水平位移）两类。对建筑工程、道路工程以沉降为主，基坑维护工程以水平位移为主，而对于边坡、隧道和基础工程等土体的竖向和水平位移都需要得到重视。

1. 岩土工程主要变形问题

（1）基坑工程

基坑工程存在的变形问题主要为基坑自身变形和其周边环境的变形。基坑变形特点主要为：

1）土体变形：基坑开挖时，由于坑内土体开挖卸荷造成围护结构在内外压力差作用下产生水平位移从而引起围护结构外侧土体的变形，造成基坑周围建筑物产生沉降；同时，坑底会引起土体隆起。

2）围护结构变形：基坑开挖时，围护结构发生变形产生水平位移和刚体平移；同时，由于土体的自重应力的释放或周围施工的影响，围护结构会产生竖向位移。

3）基坑底部隆起：随着基坑开挖，不透水层自重不够抵抗承压水头压力或围护结构插入深度不够导致坑底隆起，可能会导致基坑失稳。一般通过检测立柱变形反映隆起情况。

4）地表沉降：围护结构水平变形和坑底隆起会造成基坑周边地表沉降。

（2）边坡工程

边坡岩土体性质复杂，分布不均匀，受施工过程、外部环境等因素的影响，其岩土体的变形监测是评估边坡稳定性、预测变形发展趋势的重要手段。边坡工程监测周期长，变形监测主要为：

1）地面变形监测：监测内容为地面位移和沉降等。监测方法可以有简易监测法、仪器监测法、设站监测法、GPS 监测法、远程监测法等。

2）地下变形监测：监测内容为坡体深部位移。地下变形往往提前于地表变形发生并控制着地表变形，了解边坡深部变形可以更全面掌握坡体变形的动态过程。监测方法有钻孔测斜仪、多点位移计、多点沉降仪、TDR 监测等。

3）结构变形监测：支挡加固结构及其建筑结构变形等。结构物的相对刚度较大，对坡体的变形反应最敏感与直接。主要监测包括贴片法、位移计、收敛计和测缝针等。

（3）路基工程

路基工程经历复杂多样的工程环境和复杂多样的岩土体，岩土材料本身固有的不确定性和变异性等均使路基工程十分复杂。路基受到路基土体和上部构筑物等长期静荷载的同时，还受到车辆、列车等动荷载。路基在动静荷载作用下，产生累计变形、地基及路堤工后沉降变形。

路基工程沉降变形观测主要基于路基表面沉降观测和地基沉降观测。沉降变形观测断面应根据工程结构、地形地质条件、地基处理方法、路堤高度、桩荷载预压等具体情况设置。公路路基工程沉降变形观测以地表沉降观测、地表水平位移监测、地基深层沉降监测、地下深层位移监测为主；铁路路基变形监测主要包括路基面的沉降观测、地基沉降观测、路基坡脚位移观测和过渡段沉降观测。

2. 测试技术及原理

原位监测是保障工程安全、经济、合理进行的重要工作，监测工程施工和运行期间的动态变化。垂直位移和水平位移监测是最主要的两个位移监测内容，工程中应变监测主要应用于岩土工程中挡墙、抗滑桩、隧道围岩及衬砌中。

随着新的测试技术不断涌现，可用全站仪进行水平位移观测，用梁式倾斜仪来进行深层侧向位移监测、磁环式沉降仪进行分层沉降观测。而大型工程的自动监测系统不断出现，位移监测技术发展迅速，除了传统手段外，三维激光测量技术、近景摄影测量技术、光纤技术、卫星测量技术使用不断增多。

（1）土体位移计

土体位移计可用于大坝、边坡、基坑及地下工厂等工程中变形位移监测，根据工作原理可分为：振弦式、差动电阻式、电容式、电位器式、差动变压器式、电感式和光纤光栅式等，主要由固定端、敏感部件、活动端和连接电（光）缆等部件组成。以振弦式位移计为例，振弦式位移计由拖板、位移传感器、固定座、连接座、锚头、万向节、测杆、测杆聚中环、测杆接头、PPR 护管、护管接头、观测电缆等组成。当被测土体发生位移时，将带动托板和位移计测杆同步位移，测量杆将位移传递给振动弦，转化为应力的变化，从而改变振动弦的振动频率，电磁线圈测量振动弦的振动频率，频率信号通过电缆传输到读数装置，就可以测量被测土体的位移。

土体位移计可埋入岩石、混凝土、土坝钻孔中或路堤土体中，位移计用于测量钻孔和土体变形，多个位移计串联可以组成多点位移计组。大部分工程采用钻孔埋设，对于填土工程可采用分层预埋方式安装。

（2）分层沉降仪

分层沉降仪是一种地基原位测试仪器，适用于地基、基坑、路基等地下分层沉降量测。测试数据可计算沉降趋势、分析稳定性、监控施工过程等，可与钻孔测斜仪配合使用。

分层沉降仪根据电磁感应传感器的原理，将磁感应沉降环预先打孔埋设进入地下待测点。当传感器通过磁感应沉降环时，电磁信号会传到记录设备，每次测量值与前次测量值相减即为该点沉降量。根据电磁频率的变化，观测埋在土体不同深度的磁环的准确位置，根据该位置深度的变化，计算地层不同标高的沉降变化。

（3）测斜仪

测斜仪是监测土体深层水平位移的一种原位测量仪器，通过测量测斜管轴线与铅垂线间的夹角变化，可以计算出垂直方向上土层、桩体或围护结构的水平位移。

测斜仪一般由探头、绕线盘、测读仪表、电缆及测斜管组成。应用时，先在土体（桩体）中埋设测斜管，土体（桩体）发生变形后，整个测斜管也发生变形，测斜探头顺槽逐点试验，计算出水平位移增量。测斜仪结构及工作原理如图 6-3 所示。

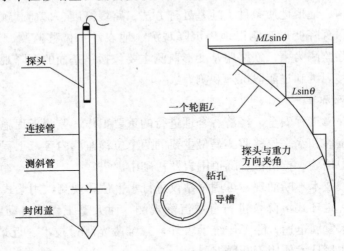

图 6-3　测斜仪结构及工作原理

按测点的分段长度，分别求出不同高程处水平位移增量，见式（6-14）。

$$\Delta d_i = \sum L \cdot \sin\theta_i \tag{6-14}$$

从测斜管底部测点开始逐渐累加，可以得出不同高程处的水平位移，见式（6-15）：

$$b_i = \sum_{i=1}^{n} \Delta d_i \tag{6-15}$$

式中　　Δd_i——测量段内的水平位移增量；

　　　　L——分段的长度，通常取 0.5m；

　　　　θ_i——轴线与铅锤线的夹角；

　　　　b_i——自固定点的管底端以上 i 点处的位移；

　　　　n——测孔分段数目，$n = H/0.5$，H 为孔深。

（4）TDR 监测

TDR（Time domain reflectometry），即时域反射技术，是雷达探测技术的一种应用。多点位移计是一种传统的位移监测手段，这种方法测试工作量大，自动化程度不高，安装频率较低，远程操作困难。钻孔测斜仪每次只能测一个孔位，无法获得瞬时数据。TDR 监测可以进行在线监测和实现动态分析，在特殊环境下可准确地反应工程的实时动态。

首先，在待监测岩体或土体中钻孔，将同轴电缆放入孔中，将顶部与 TDR 测试仪连接，并将电缆与孔之间的间隙用砂浆填充，用来保证同轴电缆与岩体或土体同步变形。岩体或土体的位移和变形引起埋地同轴电缆的剪切和拉伸变形，从而导致其局部特性阻抗的变化。电磁波会在这些阻抗变化区域反射和投射，并反映到 TDR 波形中。通过对波形的分析，以及试验室标定试验建立的剪切与拉伸的定量关系和 TDR 波形，就可以掌握岩体或土体的变形与位移的状况。

目前，TDR 技术主要适用于大规模岩土工程，可避免岩土体大规模变形，通过变形了解强度，预测变形和强度薄弱带等。

（5）应变计

通过应变计进行工程局部的应力应变监测可以了解岩土体最大拉应力，拉应力和剪应力的分布、大小和方向，估测安全程度。实际中土体拉应力的测量还没有有效的方法，主要通过应变观测再通过计算求得，而岩土结构的应变观测也主要通过观测与土体接触的结构上的应变获得。

（6）变形控制网监测

通过使用经纬仪、水准仪、测距仪、全站仪等光学仪器，建立控制网，通过大地测量方法测量网内点位相对于固定大地参考点的绝对位移和变形来监测岩土工程的水平和垂直位移。

（7）GNNS 变形监测

GNNS（Global Navigation Satellite System）主要由美国 GPS、俄罗斯 GLONASS、欧共体与欧洲空间局合作开发的 Galileo、中国的北斗系统组成，各系统间高度兼容。其中，GPS 和北斗导航系统广泛用于大坝、边坡、路基等基础设施变形位移监测。

（8）GPS 变形监测

全球定位系统（Global Positioning System，GPS）是一种基于人造地球卫星的高精度无线电导航定位系统，它能在世界上任何地方和近地空间提供准确的地理位置、车行速度和准确的时间信息。GPS 变形监测技术广泛用于滑坡、地面沉降、大规模工程建设、地质灾害中，需要不断定期维护才能实现对变形的监测。GPS 监测适用于规模大、精度高的监测工程。

GPS 主要有三大组成部分：空间部分、地面监控部分和用户设备部分。GPS 卫星可以连续播放测距信号和导航电文，向用户进行导航定位，并接收地面监测系统发出的各种信息和命令，维持系统的正常运行。地面监测系统的主要功能是跟踪 GPS 卫星，测量其距离，确定卫星的轨道和卫星时钟的修正，做出预报，然后按照规定的格式编制导航电文，通过注入站发送给卫星。地面监测系统还可以通过注入站向卫星发出各种指令，调整卫星轨道和时钟读数，修复故障或使用备用件。

GPS 变形监测，具有观测站无需保持通视、全天候自动化、可消除或削弱系统误差影响和精度高、效率高等特点，但点位选择自由度较低、函数过于复杂，误差源多以及垂直位移精度不足等缺点。目前主要有建立 GPS 变形监控在线实时分析系统，建立 3S（GPS、GIS、RS）集成变形监测系统，建立 GPS 与其他变形监测技术集成组合的综合变形监测系统等发展方向。

（9）北斗导航变形监测

北斗卫星导航系统（BeiDou Navigation Satellite System，简称 BDS）是我国自主研制、自主运行的全球卫星导航通信系统，与美国 GPS、俄罗斯 GLONASS、欧盟 Galileo 并称为全球四大卫星导航系统 。

北斗卫星导航系统由空间端、地面端和用户端 3 部分组成。空间端由 3 颗地球静止轨道卫星和 30 颗非地球静止轨道卫星组成。地面端包括主控站、注入站和监测站等多个地面站。用户端包括北斗用户终端和与其他卫星导航系统兼容的终端。

北斗导航变形监测技术已在路基沉降、边坡变形、基坑位移监测中得到广泛应用。同时，由于 GPS 通信与精度的局限性，可充分利用北斗导航的通信技术，运用 GPS/北斗双模式卫星定位系统进行监测，可提高监测的适应性。

6.5　土 体 液 化 判 定

近年来，由于地震引发的地基液化具有液化范围广、变形大的特点，导致了大量房屋损坏和人员伤亡。如 2011 年东日本大地震液化范围达到了 500km 有余，造成大量公路、电塔等基础设施损坏，由于液化导致地基承载力丧失和地下泥沙涌出地面加大了救援难度。2018 年印度尼西亚苏拉威西地震中砂土液化侧向扩展最大位移量达 2.4km，基础设施损坏严重，大量土地被夷为平地。因此，在工程勘察过程中土体液化的判定将直接影响后续建筑工程的安全性。

土体液化主要的影响因素包括土的地质年代、颗粒含量、地下水位、埋深和地震强度等。

6.5.1　初步判定

对饱和砂土和饱和粉土（不含黄土）地基，其液化判别及地基处理规定如下：抗震设防烈度为 6 度时，不应在不考虑液化影响的情况下，笼统地进行液化判别和处理。对液化沉降敏感的乙类建筑物，可按 7 度要求进行判别和处理；抗震设防烈度为 7～9 度时，乙类建筑可根据区域抗震设防烈度要求进行识别和处理；甲级建筑应进行特殊液化勘察。

根据规范法，场所的地震液化判别，首先进行初步的判别，判断有液化的可能性的情况下，再进行进一步的判别。液化的判别采用多种方法，综合判定液化可能性和液化水平。

液化初步判别根据《建筑抗震设计规范（附条文说明）（2016 年版）》GB 50011—2010，饱和的砂土或粉土（不含黄土），当符合下列条件之一时，可初步判别为不液化或可不考虑液化影响。

（1）地质年代为第四纪晚更新世（Q3）及其以前时，7 度、8 度时可判为不液化。

（2）粉土的黏粒（粒径小于 0.005mm 的颗粒）含量百分率，7 度、8 度和 9 度分别不小于 10、13 和 16 时，可以判断为不液化土，粉土非液化黏粒含量界限值见表 6-6。

粉土非液化黏粒含量界限值　　　　　　　　　　　　　　　　　表 6-6

场地烈度	黏粒含量 ρ_c（%）
7	10
8	13
9	16

注：用于液化判别的黏粒含量采用六偏磷酸钠作分散剂测定，采用其他方法时应按有关规定换算。

（3）浅埋的天然地基的建筑，当其上覆非液化土层厚度和地下水位深度满足下列条件之一时，可以不用考虑液化影响：

$$d_u > d_0 + d_b - 2 \tag{6-16}$$

$$d_w > d_0 + d_b - 3 \tag{6-17}$$

$$d_u + d_w > 1.5 d_0 + 2 d_b - 4.5 \tag{6-18}$$

式中　　d_w——地下水位深度，m，宜按设计基准期内年平均最高水位采用，也可按近期内年最高水位采用；

d_u——上覆盖非液化土层厚度，m，计算时宜将淤泥和淤泥质土层扣除；

d_b——基础埋置深度，m，不超过 2m 时应采用 2m；

d_0——液化土特征深度，m，可按表 6-7 采用。

液化土特征深度 d_0（m）　　　　　　　　　　　　表 6-7

饱和土类别	烈度		
砂土	7	8	9
粉土	6	7	8

液化初步判别除按现行国家有关抗震规范进行外，由于液化是由多种内因和外因综合作用的结果，尚宜考虑其他因素综合判定液化的可能性。例如，场地的地形、地貌、地层、地下水等与液化有关的场地条件；当地点及附近存在历史地震液化遗迹时，宜分析反复发生液化的可能性；如果是倾斜地或液化层向水面或临空面倾斜，要评估土体因液化而滑动的可能性等。

6.5.2　标准贯入试验判定

饱和砂土、粉土的初步判断需进一步进行液化判断时，应采用标准贯入试验判断地面以下 20m 范围内泥土的液化情况。天然地基和基础不进行抗震承载力验算的各种建筑物，只需判别地下 15m 的土的液化程度。

进一步液化判别最常用标准贯入试验综合分析、计算判别砂土液化。

当饱和土标准贯入锤击数（未经杆长修正）小于或等于液化土的标准贯入锤击数临界值时，应判定为液化土。见式（6-19）。有成熟经验时，可采用其他判别方法。

$$N_{63.5} < N_{cr} \tag{6-19}$$

6.6　土　体　振　动　测　试

6.6.1　折射法试验

在地下传播的弹性波到达两层性质和密度不同的界面时，就会发生折射和反射。图 6-4 为两个水平土层，设弹性波在这两个土层中的传播速度分别为 v_1 和 v_2，在界面的入

射角和反射角为 θ_1，折射角为 θ_2，入射角和折射角之间存在如下关系：

$$\frac{\sin\theta_1}{\sin\theta_2} = \frac{v_1}{v_2} \tag{6-20}$$

当折射角 $\theta_2 = 90°$ 时，折射线与界面平行，这时的入射角 θ_c 称为临界入射角，即：

$$\sin\theta_c = \frac{v_1}{v_2} \tag{6-21}$$

若 $v_2 > v_1$，沿界面传播的弹性波又以临界入射角的角度向上折射，到达地面。在地面上沿一直线在与振源不同距离的地点设置检测的拾振器，观测弹性波从振源到达各测点的时间，绘制测点距离与波传播时间的关系曲线，如图 6-5 所示。从振源发射的弹性波有从上层直接传播的，有从下层折射返回到地面的。距振源近的测点首先接收到的是直接传播的波，距离远的测点首先接收到的是折射来的波。图 6-5 两直线的交点代表的距离称为临界距离 x_0，在该距离处直达波与折射波同时到达，可计算出土层厚度 z 为：

$$z = \frac{x_0}{2}\sqrt{(v_2 - v_1)/(v_2 + v_1)} \tag{6-22}$$

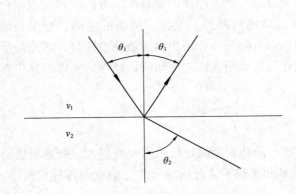

图 6-4 弹性波的折射与反射

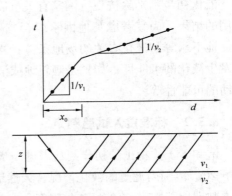

图 6-5 波传播时间与测点距离的关系

折射法试验的装置包括炸药爆炸的振源、拾振器、电缆、放大器和记录器。在振源爆炸后同时用多个拾振器观测和记录弹性传播的历时曲线。

折射法也可用于两土层的界面倾斜的情况和两层以上的土层情况。但是在下层波速小于上层波速以及含夹层的情况下不能使用。此外，因为测振点的距离要超过欲测深度的 5 倍，需要的振源爆炸能量较大，波及的范围大，使用上受到限制。

6.6.2 反射法试验

反射法是在地面上设振源，在距振源不同的距离处设拾振器，测反射波到达的时间来推算波速。如图 6-6 所示，从振源 A 点发射的弹性波经两层土的界面上 B 点反射至地面上 C 点，若在 C 点接受的时间为 t，则可表示如下：

$$t = \frac{1}{v}\sqrt{x^2 + 4z^2} \tag{6-23}$$

由式（6-23）可知，t^2 与 x^2 为直线关系。根据在不同测点所测的时间 t 可绘制成如图 6-7 所示的直线，由直线的斜率即可确定出波速 v_1。

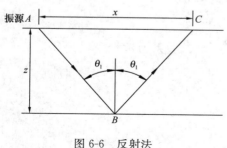

图 6-6 反射法

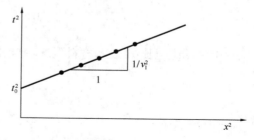

图 6-7 反射法波传播时间与测点距离的关系

反射法能用于土层厚度大于 100m 的勘查。但所用仪器较贵，多用于石油勘探，浅层反射法也用于岩土勘查。波的反射能发生于任何土层的界面，且上下两层土的密度与波速的乘积相差越大，反射能力越强。

6.6.3 跨孔法

1. 试验原理

跨孔法和单孔法都属于钻孔波速法测试手段。跨孔法是用两个及以上的钻孔，在一个钻孔中用落锤夯击孔底作为振源，在另外的钻孔中放拾振器，拾振器与振源的深度相同，如图 6-8 所示。经过土体传播的剪切波，由示波器记录下来，由此测出剪切波自激发至接收的时间间隔 Δt，根据平等钻孔的间距 Δx，即可算出剪切波在土中的传播速度 v_s。

$$v_s = \frac{\Delta x}{\Delta t} \tag{6-24}$$

跨孔法也可以用于小应变时波的衰减的量测。谐波在土中以球面状传播的话，由于能量逸散和摩擦损失使得波的振幅变小。在距振源不同距离处振幅的变化可以用下面的公式来表示：

$$A_r = A_0 \frac{1}{r} e^{-\alpha r} \tag{6-25}$$

式中 A_r——距离振源 r 处的振幅；

A_0——谐振振源处的振幅；

α——衰减系数。

假设在土层中有两个测点，与振源距离分别为 r_1 和 r_2，则这两点的振幅比为：

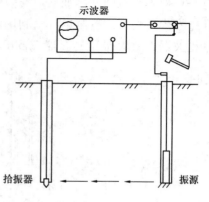

图 6-8 跨孔法布置

$$\frac{A_2}{A_1} = \frac{r_1}{r_2} e^{-\alpha(r_2-r_1)} \qquad (6\text{-}26)$$

式中　A_1、A_2——距离振源 r_1、r_2 处的振幅。

由式（6-26）得衰减系数的表达式为：

$$\alpha = \frac{\ln(A_1 r_1/A_2 r_2)}{r_2 - r_1} \qquad (6\text{-}27)$$

工程上常用阻尼比 D 表示材料阻尼，与衰减系数的关系为：

$$D = \frac{\alpha v}{2\pi f} \qquad (6\text{-}28)$$

式中　v——波速；

　　　f——频率。

由式（6-27）和式（6-28）可得到：

$$D = \frac{\ln(A_1 r_1/A_2 r_2)}{2\pi f t} \qquad (6\text{-}29)$$

式中　t——波在两个距离为 $(r_2 - r_1)$ 的测点间传播的时间。

式（6-29）是根据谐波振源得到的。若用于土中一点的冲击振源，需要进行频谱分析，对距离振源 r_1 和 r_2 两点记录的时域信号用傅里叶变化得到幅频曲线，对每一频率时 r_1 处的幅值除以 r_2 处的幅值得到振幅比，然后采用式（6-29）计算不同频率时的阻尼比。

2. 试验设备

跨孔法试验设备包括激发装置和接收装置两部分。

钻孔波速试验主要是测出场地地层的剪切波波速，要求振源产生的剪切波与压缩波能量比要尽可能地提高，故一般采用能反复激振，并能反向冲击的机械振源装置。该装置是一种可以在钻孔壁固定的锤，如图 6-9 所示。装置中间为一圆柱体油缸，由油管与地面加压装置连接，加压后，活塞推动两侧翼板外伸，与孔壁紧密接触，使装置固定在孔壁上，有一环形锤穿过圆柱体油缸，当用钢丝绳拉动或放松环形锤时，就上击或下击圆柱体，使孔壁发生剪切波。有时也可以利用钻具作为激发装置，如图 6-10 所示。信号接收装置包括检波器、放大器和记录器三部分。

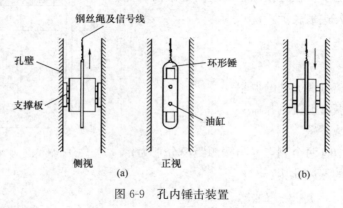

图 6-9　孔内锤击装置

3. 技术要求

（1）震源孔与技术孔应力求平行，以便计算不同深度处的钻孔间距。为准确算出各测点的直达波传播距离，当孔深大于 15m 时，须用测斜仪对各试验孔进行倾斜度的测量。

（2）钻孔的平面布置可用二孔也可用多边形，即一孔激发，多孔接收。建议每组试验采用 3 个钻孔，并布置在一条直线上，如图 6-11 所示。取间隔速度值，则排除了振源装置等一系列因素问题。

（3）钻孔间距应根据测试精度、锤击

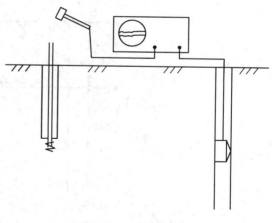

图 6-10　用钻具激振

能力、土层均匀性等因素确定，一般以 4～5m 为宜。当土层较厚而均匀，锤击能量大，间距可适当增大，这样钻孔不平行的影响较小，精度较高。

（4）将钻孔钻好后，在孔内安置塑料套管（内径 76～85mm，壁厚 6～7mm）。在钻孔壁与套管的间隙内灌浆，采用循环高压泥浆泵，通过放在孔底的灌浆管，从孔底向上灌浆，直到灌满孔壁与套管的间隙，待灌浆 3～6d 后方可进行测试。

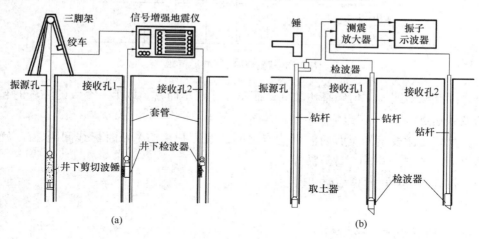

图 6-11　钻孔布置

(a) 下套管；(b) 不下套管

（5）钻孔中测点的布置应考虑地层的情况。如事先了解地层分布，可等间隔布置，一般以 1.5～2.5m 为宜。为降低波折射的干扰程度，第一个测点深度宜设置在孔口以下 0.4 倍孔距处。在软硬土层交界面处，应布置在硬地层中，以免测到折射波而不是直达波，如图 6-12 所示。

4. 数据分析

（1）根据实测波形记录，如图 6-13 所示，识别和确定剪切波的起始位置。由于剪切波波速小于压缩波，故压缩波先达到，之后才是剪切波。由于剪切波的能量为压缩波的

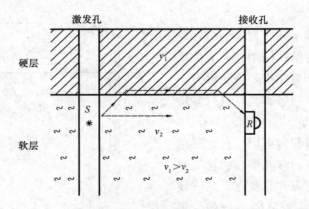

图 6-12　地层交界处测点布置

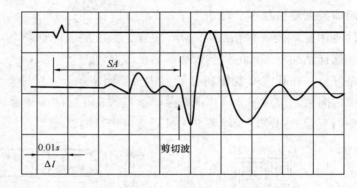

图 6-13　跨孔法实测波形记录

3～4倍，因此峰值明显，但频率比较低，而压缩波峰小而密。取第一个大的波峰的起始点为剪切波到达点。

（2）量取由激发信号至剪切波到达点之间的线段长度 SA 和时标线间距 Δl，就可以算出历时 Δt，按式（6-30）计算波速 v_s。

（3）按式（6-30）计算动剪切模量：

$$G_d = \rho v_s^2 \tag{6-30}$$

式中　ρ——质量密度，kg/m^3；

　　　　G_d——剪切模量，kPa。

（4）按式（6-31）计算动弹性模量：

$$E_d = 2\rho v_s^2 (1+\mu) \tag{6-31}$$

式中　E_d——动弹性模量，kPa；

　　　　μ——动泊松比，通常黏土取 0.42，压黏土取 0.35，砂土取 0.30。

（5）绘制 v_s、G_d、E_d 等值与深度的关系曲线。

6.6.4　单孔法

单孔法只钻取一个钻孔，分为下孔法和上孔法。下孔法是将振源放在地表面上，拾振器放在钻孔中，固定在需要探测的深度处。上孔法是将振源放进钻孔中不同深度处，在地面上安装拾振器观测波的传播速度。通常采用下孔法。所测得的波速代表地表至测点间土层的平均波速。此方法常用于土层软硬程度变化大的地层，或层次较少的地层。

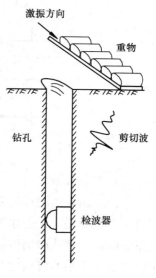

图 6-14　单孔法检测

单孔法检测如图 6-14 所示。常用的振源激发装置为尺寸 2000mm×300mm×50mm 的木板，木板的长度方向中垂线应对准测试孔中心，孔口与木板的距离宜为 1～3m，其上放置 400kg 的重物。当用锤水平敲击木板端部时，木板与地面摩擦而产生水平剪切波。将检波器用扩展装置固定在孔内的不同深度处，以接收剪切波。测试应自下而上进行。在每一个试验深度上，应重复试验多次。

数据分析方法与跨孔法相同。先根据波形记录确定波的传输时间 Δt，再计算波的传输距离 Δx，计算波速 v_s 和动剪切模量 G_d。

6.6.5　表面波速法

1. 试验原理

土体表面的冲击或稳态激振，不仅产生剪切波和压缩波，也会产生表面波，即瑞利波。瑞利波从表面振源向四周传播，引起地面上竖直和水平的两种质点运动，但在地面以下很快消失。瑞利波波速 v_r 和剪切波速 v_s 相近，两者之间的关系可表示为：

$$v_r = kv_s \tag{6-32}$$

式 (6-32) 中，参数 k 的取值与泊松比 v 有关，取值原则如下：$v=0.25$，$k=0.919$；$v=0.30$，$k=0.928$；$v=0.40$，$k=0.942$；$v=0.50$，$k=0.955$。当 $v=0.25$ 时，瑞利波辐射振源的能量占 67%，而且绝大部分是在深度为一个瑞利波长的土层范围内传播。因此，可以采用表面波速法试验来确定剪切波波速。

2. 试验方法与数据分析

表面波速法可采用稳态激振法或瞬态激振法，宜采用低频检波器。

(1) 稳态激振法

稳态激振法是以振源作为测线零点，在振源一边布置 2～3 个检波器，如图 6-15 所示。

当激振器以一定的频率 f 做稳态激振时，示波器中可能会出现不同相位的振动波形。移动任一检波器，至示波器中出现同相位的振动波形。此时，量测拾振器的间距，即为一个波长 L_r。在同一频率下移动拾振器至两个波长、三个波长处，进行测试，测试应重复多次。根据激振的频率 f 和一个波长 L_r，可得到瑞利波速，见式 (6-33)。

$$v_r = fL_r \tag{6-33}$$

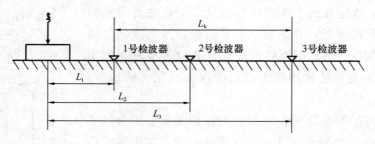

图 6-15　稳态激振布置图

（2）瞬态激振法

用稳态激振法测瑞利波速简便易行，但是在现场工作时间较长。近年来，瞬态激振法获得了很大发展，并已在工程中大量应用。如图 6-16 所示，用锤击地面产生多种频率成分组成的瑞利波向四周传播，在振源附近设置两个拾振器，用傅里叶谱分析对两个测点所接收并记录下来的时域信号进行分析，将波的时域变化变换为频域变化，然后进行谱分析，得到互功率谱。由互功率谱的相频曲线，得到这两个测点在各种频率成分时的相位差。

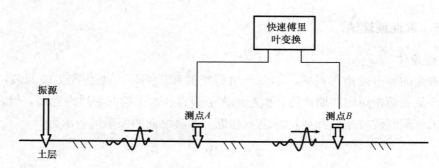

图 6-16　瞬态激振法

设任一频率 f 时两点之间的相位差为 φ，则可由式（6-34）计算这两点间瑞利波传播的时间：

$$t = \frac{\varphi}{2\pi f} \tag{6-34}$$

式中，相位差 φ 以弧度（rad）计。地面上两测点的距离 $r_2 - r_1$ 已知，可由波传播的时间计算相速度 v_r 和相应的波长 L_r：

$$v_r = \frac{r_2 - r_1}{t} \tag{6-35}$$

$$L_r = \frac{v_r}{f} \tag{6-36}$$

可以看到，相速度和波长均随频率变化，对各种频率进行计算，画出相速度随波长变化的关系曲线，即为弥散曲线。然后用反分析的方法，从弥散曲线得到剪切波速随土层深度的变化规律。

表面波速法可以用于确定表面波传播的衰减特性。地面上的谐波是从振源以同心圆状向四周传播，在距振源不同距离 r 处振幅的变化可表示为：

$$A_r = A_0 \frac{1}{\sqrt{r}} e^{-ar} \qquad (6\text{-}37)$$

式中　A_r——距离振源 r 处的振幅；

$\quad\quad A_0$——谐振振源处的振幅；

$\quad\quad a$——衰减系数。

假设距离振源 r_1 和 r_2 两个测点的振幅分别为 A_1 和 A_2，则这两点的振幅比为：

$$\frac{A_2}{A_1} = \sqrt{\frac{r_1}{r_2}} e^{-a(r_2 - r_1)} \qquad (6\text{-}38)$$

由此，可得到瑞利波衰减系数为：

$$a = \frac{\ln(A_1 \sqrt{r_1}/A_2 \sqrt{r_2})}{r_2 - r_1} \qquad (6\text{-}39)$$

在均质土层中，衰减系数与激振频率无关。但是，由于土层不是均质的，不同的激振频率将得到不同的瑞利波波速和波长，从而得到不同的衰减系数。对测点的时域信号用快速傅里叶谱分析可以得到两个测点在各种频率时的振幅比，然后用式（6-39）计算相应的衰减系数。

6.7　桩基础检测

6.7.1　桩基检测方法

由于桩能将上部结构的荷载传递到深层稳定土层，可大幅降低基础沉降和建筑物的不均匀沉降。因此，桩基广泛应用于地震区、湿陷性黄土区、软土区、膨胀土区和冻土区。实践证明，这是一种非常有效、安全可靠的基本形式。例如，唐山大地震后桩基地震破坏的调查表明，低承台桩基具有显著的抗震效果，可以明显减少地震引起的下沉，减少地基液化引起的地震破坏。

在长期受动力作用的机器基础及邻近的厂房柱基，为防止柱基的振动沉陷，也常用桩基础。

如上所述，桩基已成为我国建设工程中重要的基础形式。有资料显示，目前我国每年使用桩量约 80 万根。桩基的造价较高，通常占工程造价的 1/4 以上。因此，如何合理地确定桩的承载力，充分发挥桩的技术经济性具有重要意义。以往，很多工程桩的承载力都是参照勘测部门已有的试验资料，或者根据设计者的经验来决定的。用这种方法确定木桩的承载力，往往比实际承载力低得多。这是全国都很普遍的现象。全国每年使用桩数的二分之一，如果只低估 10% 的桩承载力，每年就有 4 万根桩被白白浪费，这对我国宝贵的材料、资金、工期和劳动消耗造成巨大损失。

此外，各种机械成孔灌注桩迅速大量普及，不仅给其承载力的确定带来了新问题，而且大直径灌注桩（直径 3.5～5m）承载力达数千吨，难以用传统静荷载试验确定。故必须对试验桩以外的其他工程桩的施工质量进行检查，及时采取相应措施，防止发生施工事故。

实际中可以采用直接法来确定桩的承载力和检验工程桩的施工质量，即对实际试桩进行动的或静的试验测定。它有静荷载试验和各种动测方法（如动力参数法，共振法，水电效应法等）。它是通过其他方法分别得到桩底阻力和桩侧阻力后的总和，不需要进行桩身试验（如理论公式法、经验公式，原位测试等）。

6.7.2　静荷载试验法

进行单桩垂直静荷载试验，是为设计提供合理的单桩承载能力。就现在的理论和研究范围而言，群桩的承载能力是以单桩的承载能力为基准而确定的。所以正确地确定单桩承载能力，是关系设计是否安全与经济的重要问题。《建筑地基基础设计规范》GB 50007—2011 规定，单桩的竖向承载力宜通过现场静荷载试验确定。且在同一条件下的试桩数量，不少于总桩数的 1%，且不少于 3 根。

迄今为止，任何确定单桩承载力的替代方法都应以静载试验作为比较标准。因此，对桩进行现场静荷载试验，在国内外仍广泛采用。下面将介绍几种静载试桩方法。

1. 试桩方法

（1）慢速维持荷载法

这种方法在国内外已经使用了很长时间。具体方法是按一定的要求分阶段对试桩加荷载。各阶段荷载保持不变，直到桩顶沉降增量达到一定的相对稳定标准后，再继续增加下一阶段荷载。当达到规定的终止试验条件时，停止加载，然后分阶段卸载，直到荷载为零。

（2）快速维持荷载法

这种方法不要求在试验加载期间观测到的沉降相对稳定，而是要求以相等的时间间隔连续加载。快速加载维护方法的基本依据是：通过乘以一定的修正系数，将快速加载下得到的极限荷载转化为慢速加载下的极限荷载；在设计荷载作用下，慢速法与快速法桩顶沉降差异不大，差异在 5% 以内。慢法总持续时间长，不易估计，快法总持续时间短，易估计。

（3）等贯入速率法（简称 CRP 法）

此法特点，是试验时荷载连续施加，保持桩顶以等速率贯入土中，根据荷载—贯入量（即下沉量）曲线确定极限荷载。试验通常进行到累计贯入量 50～75mm，或设计荷载的三倍，或贯入量至少等于平均桩径的 15%，或试桩反力系统的最大能力。试验在 1～3h 内就可完成。

上述几种试验方法，各有优点和缺点，慢速维持荷载法是国内科技人员所熟悉的方法，但试验时间长、费时且费用高；等贯入速率法的优点是曲线形状清晰，可快速获得极限荷载，但试验要求比较严格；快速维持荷载法的总持续时间，比慢速维持荷载法短，是未来的发展趋势，对我国科技人员来说，此种方法需要一个熟悉和习惯的过程。

2. 荷载装置

视试桩的最大试验荷载和现场条件，可分别采用下列几种荷载装置。

（1）堆重平台荷载装置（图 6-17）

根据洛波斯（Poulos）的研究，在均质弹性半无限体的假定下，堆重法试桩时（图 6-18），由于试验桩荷载会影响基准梁点的下沉，所以下沉量读数偏小，在试验的基准桩间距 r 约为 $5d$ 的情况下，实测下沉量须乘以 $1.5 \sim 2.0$ 或更大的修正系数。仅在 $r \geqslant 0.5L$ 时，这种影响才较小。

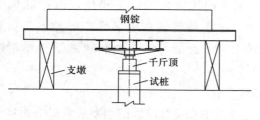

图 6-17　堆重平台荷载装置

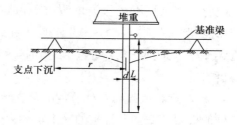

图 6-18　堆重对下沉的影响

（2）锚桩反力梁荷载装置（图 6-19、图 6-20）

锚桩数量由桩径、桩长、土质和最大试验荷载决定。一般采用 4 根，根据地层不同，也有采用 2 根、6 根和 8 根的。在条件允许的情况下，采用工程桩作为锚桩是最经济的。

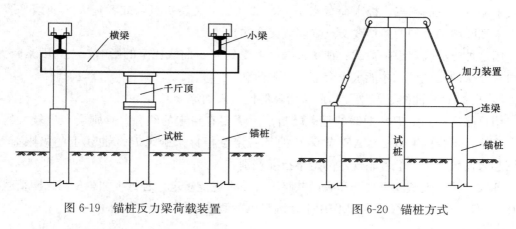

图 6-19　锚桩反力梁荷载装置　　　　　图 6-20　锚桩方式

（3）锚桩与堆重平台联合荷载装置

这个装置的优点是，当对测试桩的最大测试荷载预估不足时，可以继续对平台施加载荷直到试验结束。

3. 基准点与基准梁的设置

（1）基准点的设置

基准点的设置应满足以下几点要求：

1）基准点本身不变动；

2）没有被接触或遭破坏的危险；

3）附近没有振源；

4）不受直射阳光与风雨等干扰；

5）不受试桩下沉的影响。

（2）基准梁的设置

基准梁一般采用型钢，其优点是有磁性，刚度大，且易于加工、形状一致；缺点是温度膨胀系数大。在受温度影响大的长期荷载试验时，并且当桩本身的下沉量又不大时，测试精度会受很大影响。

因此，当采用钢梁作为量测桩位移的基准梁时，应采取以下措施，以保证试验精度：参考梁一端固定，另一端必须自由支承；防止基准梁直接暴露在阳光下；基准梁附近无照明、加热炉等装置；必要时，可以用聚苯乙烯等绝缘材料包裹基准梁，以消除温度影响。

4. 按静荷载试验确定桩的极限荷载和屈服荷载

桩的极限荷载，又称桩的极限承载力，是单桩垂直荷载试验的主要成果。下面将分别介绍几种确定极限荷载的方法。

（1）确定荷载——端承桩极限荷载的方法

1）按 P-S 曲线出现明显转折点确定

这种方法基于习惯的定义，即在极限荷载作用下桩顶沉降量急剧增加，是确定极限荷载的基本方法。极限荷载点是 P-S 曲线平缓分支到急剧下降分支的过渡点，或者是 P-S 曲线末端直线段的起点。极限荷载点是 P-S 曲线的显著转折点，或者是 P-S 曲线平缓部分和末端陡斜部分的两条切线交点（切线交会法）。

用这种方法确定极限荷载，在很大程度上受到 P-S 曲线比率的影响，人为因素较大，必须有公认的比例尺，才能求出合理的极限荷载。

2）根据 P-S 曲线下沉增量与荷载增量的比值来确定

用目测法来判定 P-S 曲线的显著转折点，需要有一定的经验，否则会产生较大的误差。于是，不少国家以 $\Delta S/\Delta P$ 或 S/P 的某一定量指标来确定 P-S 曲线上的极限荷载，使用起来比较简单，但各国规定的定量指标差别较大。

苏联"桩与土试验规程"和我国铁路工程技术规范规定：若每级加载量为极限荷载的 $1/15\sim1/10$ 时，在某级荷载 P_i 作用下，满足以下两个条件：

$$S_i > 40\text{mm}$$

$\Delta S/\Delta S_{i-1} \geqslant 5$ 或 $\Delta S/\Delta S_{i-1} \geqslant 2$ 且 24h 不稳定，则称 P_i 为临界荷载。临界荷载的前一级荷载为极限荷载。

美国加利福尼亚工务局取 S/P 等于 0.0254mm/kN 时的荷载为极限荷载。

3）根据桩顶下沉量来确定

桩的极限荷载往往与桩的沉降有关。因此，通过确定桩顶沉降量来确定极限荷载，简单明了。

苏联建筑法规 CHNIⅡ-17-77 规定对于房屋和构筑物的单桩极限荷载（该法规称为标准强度）取相当于试桩下沉量 $S = \zeta S_{np.cp}$ 时的荷载。其中 $S_{np.cp}$ 为 CHNIⅡ-15-74 规定的房屋或构筑物的平均下沉量极限值，前者为 $8\sim15\text{cm}$，后者为 $10\sim40\text{cm}$；ζ 为平均下沉量极限值的换算系数，亦即考虑桩基础与试桩下沉的不同而采用的经验换算系数，取 0.2。

各国规定的相应于极限荷载下的桩顶下沉量很不一致，见表 6-8。该表中以桩端沉降的绝对极限值作为确定极限荷载的标准还不能广泛应用。因此，必须采用与桩径相关的类似标准来代替绝对极限标准。

太沙基（Terzaghi）指出：“除非桩的下沉量至少等于 10% 的桩径，否则达不到破坏荷载。”此后，许多国家的规范规定或建议以桩顶沉降量等于 10% 桩径时的荷载为极限荷载。

（2）确定摩擦桩极限荷载的方法

1）根据 $P\text{-}S$ 曲线或 $S\text{-}\log P$ 曲线显著拐点

摩擦桩的 $P\text{-}S$ 曲线末段陡降明显，故确定极限荷载比较容易。此类桩的极限荷载取 $P\text{-}S$ 曲线的陡降起始点的荷载，如图 6-21 所示；或取 $P\text{-}S$ 曲线上明显向下弯折点的荷载；或取这样的荷载，过此荷载后，荷载不增加，桩顶沉降继续增加或承受最大荷载（即破坏荷载）。实际上，上述四种方法确定的极限荷载是非常接近的。

根据英国基础实用规范（图 6-22），用等钻速法确定摩擦桩的极限荷载有两个条件：第一，荷载达到最大值后，随着贯入量增加荷载减小；第二，荷载达到最大值，并保持不变。在这两种情况下，均以最大荷载作为极限荷载，见表 6-8。

相应于极限荷载的桩顶下沉量的规定值　　　　　　　　　　　　　　　表 6-8

国别或著者	按 $P\text{-}S$ 曲线确定极限荷载所规定的桩顶下沉量（mm）	确定容许荷载时的安全系数	备注
德国 DIN4014	20		对于钻孔灌注桩
法国	20		
日本建筑基础结构设计规范（规范 B）	15（屈服荷载）	2	
日本土质工学会	25（屈服荷载）	2	
Terzaghi/Peck（1961）	50.8	2	
北京市桩基小组（1976）	15~20	2	
交通科学研究院（1973）	60		

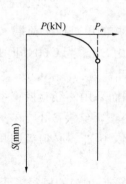

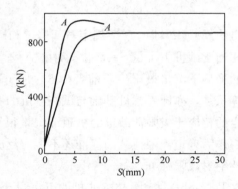

图 6-21　北京市桩基小组方法　　　　图 6-22　英国基础实用规范

2）根据桩顶下沉随时间发展的规律确定

慢速维持荷载法试验的摩擦桩的 S-$\log t$ 曲线有一显著特点，即当达到破坏荷载 P_5 时，此级的 S-$\log t$ 曲线的尾部出现明显转折，取破坏荷载前一级的荷载为极限荷载。

（3）确定端承桩极限荷载的方法

对于端承桩的极限荷载可以取这样的荷载，即进一步增大荷载时，桩顶沉降增量接近于零，桩身应力接近于材料的极限强度。

（4）确定桩屈服荷载的方法

在判断单桩承载力时，除了极限荷载外，国内外都采用屈服荷载的概念。原因如下：第一，屈服荷载有其自身的物理意义，屈服荷载可视为地基土体开始进入塑性变形的临界点。第二，如上所述，世界各国许多试桩往往达不到极限荷载，试验就终止了。此时，用屈服荷载评价桩（特别是大直径桩）的承载力可能更为合适和实用。

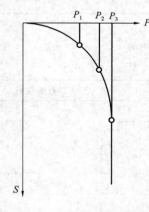

所谓屈服荷载是指在 P-S 曲线上，由近似于直线状的曲线产生比较显著曲折时，曲率最大点所对应的荷载（图 6-23 中的 P_1），亦即是 P-S 曲线上最小曲率半径处的荷载。

日本各规程确定屈服荷载的基本方法 $\log P$-$\log S$ 法，即取 $\log P$-$\log S$ 坐标中两条直线的交点所对应的荷载。

（5）单桩承载力标准值的确定

单桩垂直静荷载试验成果最终用于设计的是单桩承载力标准值（容许承载力）R_k，在确定桩的标准承载力时，与天然地基一样，不仅要满足强度稳定条件（通常是以极限荷载 P_u 或屈服荷载 P_y 除以规定的安全系数）外，还应满足变形条件（如规定桩顶容许下沉量等）。

图 6-23　日本土质工学会法

1）根据试桩极限荷载或屈服荷载除以规定安全系数来确定

确定试桩极限荷载和屈服荷载的方法很多，但标准不同，差异很大。因此，不同规范在根据极限荷载或屈服荷载确定单桩许用承载力时，采用不同的安全系数。

我国的规范或规程，规定按极限荷载确定单桩容许承载力，安全系数取为 2。天津市建筑设计院认为安全度的取值要考虑：建筑结构的特性和受荷条件；建筑物的使用要求；

地质优劣和试桩条件；试桩数量和试验方法以及桩位布置等因素，综合考虑可取 $K=$ 1.5～2。

按善克（Schenck）法，切线交会法的极限荷载确定容许承载力时 $K=1.5$～2。太沙基和凯善尔等取 $K=1.5$～2。

波兰桩基规范 PN—69/B—02482 规定，在下述情况下：

① 以 P-S 曲线呈现的明显转折点作为极限荷载；

② 建筑物场地土层地质条件相同，土层规则；

③ 建筑桩顶的允许沉降量是通过精确的方法（即考虑结构的总刚度和对沉降量的敏感性、单桩沉降量与基础沉降量之间的相互关系以及建筑物的沉降量的差值等）来决定的；

④ 可以精确地确定桩基的荷载值；

⑤ 计算桩上作用力的方法较好地符合实际，此时安全系数允许采用 1.5。

当在下列情况：

① P-S 曲线不呈现明显转折；

② 建筑物场地的土层地质非匀质，土层差异较大；

③ 建筑物桩顶容许下沉量仅按一般原则估计；

④ 基础荷载的大小按有关规范计算，但没有确切的使用荷载及活荷载数值；

⑤ 桩上作用力的计算方法与实际情况不完全符合时，则安全系数应取 2。

2）根据桩顶容许下沉量来确定

根据容许下沉量来确定桩的容许承载力，以免对建筑物造成不利影响。但规定合适的容许下沉量是困难的，因与诸多的复杂因素相关，如桩的受力特性、桩的尺寸、地层土质、P-S 曲线特性、群桩效应和建（构）筑物的容许下沉量等。

如苏联、美国和西德等国，在确定单桩容许承载力时，规定桩顶容许下沉量为 5～6mm 之间，这对大直径桩来说，采用与桩径相应的桩顶容许沉降量的相对值是合适的。

我国徐攸提出按容许下沉量曲线确定，为了便于实际应用，确定单桩容许承载力应同时满足三个条件：

① P_a 在 P-S 曲线上所对应的点应在第一阶段（或指直线段）内；

② $P_a \leqslant P/1.5$；

③ P_a 所对应的下沉量 $S \leqslant 10$mm。

为此将搜集到的 P-S 曲线，逐一按上述条件确定容许承载力 P_a，随即得到相应的容许下沉量 $[S]$，得到如图 6-24 所示的散点图。由图知试验点较明显地聚在一条曲线附近，用最小二乘法拟给出该曲线的表达式为：

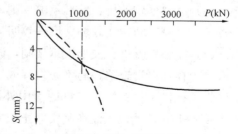

$$P_a = 109.37[S]\sqrt{\frac{10+[S]}{10-[S]}} \qquad (6\text{-}40)$$

式中 $[S]$ 以 "mm" 计，相关系数为 0.955。上

图 6-24　P_a-$[S]$ 曲线

述曲线称为单桩的容许下沉量曲线，是根据全国许多地区的静荷载试验资料得到的，不分桩型、地质条件和试验情况。如能按地区分别整理，则 P_a-$[S]$ 曲线将会更适合本地区应用。

例如，某灌注桩长 8.6m，桩径 0.32m，桩底为砾石层，桩侧为软塑粉质黏土和中砂，其中 P-S 曲线如图 6-24 中虚线所示，它与 P_a-$[S]$ 曲线的交点所对应的荷载即为该桩的容许承载力，P_a＝882kN。

由于容许下沉量曲线是在保证一定稳定安全系数前提下得出的，所以由此得出的承载力同时满足强度和变形两方面要求。

6.7.3　桩的质量检测

桩的质量，尤其是灌注桩的质量，是建筑工程中普遍关注的问题。1981 年第十届国际土力学及基础工程会议的桩基础报告中指出："在被调查的灌注桩总数中，有 5％～10％是有缺陷的"。我国的情况也不例外。

灌注桩的缺陷出现的形式很多，现着重介绍用动测法的现成仪器检测常见的缺陷简便方法。

桩裂缝常见于地面以下 1～3m 深度范围内，多出现在黏性土层中或杂土层分界处，较少发现在砂层或松土中。产生裂缝的主要原因有：

（1）桩距过小——在邻桩挤压下承受过大的水平剪力而发生剪切破坏；

（2）当邻桩套管上拔时，承受轴向拉力而拉断；

（3）混凝土硬结前，桩架及车辆在附近移动时，受到单向挤压而引起斜裂缝。断桩在水平敲击作用下，由于断面不规则，自振波形很不规则，又由于断面削弱导致自振频率降低而衰减时间延长。

对同一批桩，宜采用大致相同的能量进行敲击，以便相互对比。为此，采用摆锤，对摆角加以控制比较方便。记录纸移动速度一般可定为 100mm/s，从波形、频率、振幅及衰减时间的长短，可判别桩身的缺陷。

1. 桩动测质量的分类

（1）完整桩：波形规则，波速正常，呈自由振动衰减，频谱曲线只有一个主峰，曲线光滑，认为桩身混凝土密实，桩径均匀，桩身无断裂；

（2）基本完整桩：波形较规则，波速基本正常，似自由振动衰减，频谱曲线呈多峰，但主峰值高，认为桩身基本上完整，桩径变化不大，略有轻微裂缝；

（3）完整性较差桩：波形不够规则，波速偏低，频谱曲线呈多峰，认为桩身混凝土质量较差，桩身有断裂或软弱夹层等较明显缺陷；

（4）完整性差桩：波形极不规则，波速低、频谱曲线呈多峰，几个峰值接近，认为桩身混凝土存在严重缺陷，有多条裂缝或较大的软弱夹层，该桩属报废桩。

为了提供定量的概念，再援引国外某一试验的动测检验情况为例。桩直径为 0.4m，长为 10～12m，就地灌注在坚实厚土层中（上层土中局部存在软土），桩型属摩擦桩，激振方式为用手锤水平敲击。减振器固定在桩顶上，经对比验证，发现质量好的桩自振频率较高，在 24～28Hz 之间，振幅较小，在 106～306μ 之间；质量有点问题的桩，自振频率为 11～17Hz，振幅为 160～695μ；有严重质量问题的桩和断桩的自振频率为 6～8Hz，振幅大于 1000μ。

由于桩型和土质都对振波的特征有影响，对每一个具体桩基工程而言，应选定一根完整无损的桩的动测振波作为定量分析的标准。其他的桩如有断裂，则动测振波与标准振波相比之下必然在波形、频率、振幅和衰减时间方面出现差异，从而可对桩身质量作出评价。

2. 工程实例

中国科学院武汉岩土力学研究所通过对湖北、上海、天津、广西、广东、海南、江西、江苏、安徽等省市数百项工程的上千根桩的测试表明，该法使用结果是令人满意的。检测的几个实例，均为现场开挖所证实。

（1）断桩波形如图 6-25 所示。

（2）桩身混凝土质量差的波形如图 6-26 所示。

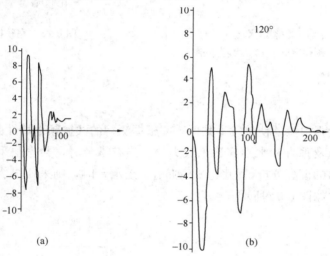

图 6-25　断桩波形

（a）广东番禺开平大厦；（b）江门市省七建五号住宅楼 120 号和 72 号桩

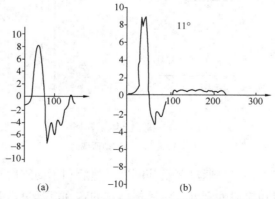

图 6-26　桩身混凝土质量差波形

（a）广东珠海市斗门区综合楼桩；（b）湖北江陵县百货公司楼 11 号桩

（3）武汉码头预制桩的裂缝波形和武昌电厂预制桩接头的波形如图 6-27 所示。

（4）完整桩波形如图 6-28 所示。

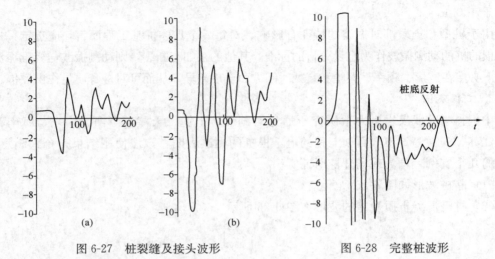

图 6-27　桩裂缝及接头波形

(a) 裂缝波形；(b) 桩接头波形

图 6-28　完整桩波形

6.7.4　共振法

1. 基本原理

共振法是利用强迫振动使桩发生共振，并根据测得的共振频率特性曲线，来判断桩的质量、缺陷位置以及垂直和水平容许承载力等。当有承台时，共振法采用单自由度的质量—弹簧—阻尼器的模型分析，如图 6-29 所示。无承台时，则采用多自由度的质量—弹簧—阻尼器模型，如图 6-30 所示。

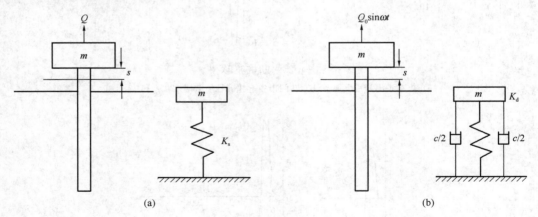

图 6-29　桩—土体系模型

（a）静荷载；（b）动荷载

通过共振法求承载力特点是通过测量动刚度，然后利用动刚度与静荷载试验所得的静刚度的相关关系，求得相应的静刚度。然后根据桩的容许沉降量，确定桩的承载力标准值（相当于容许承载力）。所以，由共振法测得容许承载力的同时，也给出了相应的桩的控制沉降量，在一般情况下，如桩基的主要压缩层内无软弱土层时，可不必再验算桩基的沉降。

检验桩是否断裂以及灌注桩有无缩颈和软夹层（如混凝土离析等），共振法采用无承台的多自由度的分析模型如图 6-30 所示，其特点是考虑了桩侧摩阻力大小对各阶共振频率的影响。

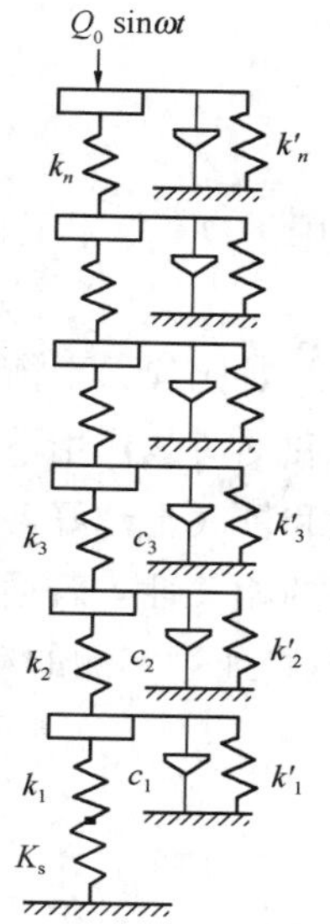

（1）桩—土体系的综合静刚度 K_s

如图 6-29（a）所示，根据静力平衡条件则有

$$P = Q + mg = K_s \cdot S \tag{6-41}$$

式中　Q——桩承台顶面上所作用的静荷载；

　　　m——桩承台质量；

　　　K_s——弹簧常数，即桩—土体系的静刚度；

　　　g——重力加速度。

显然，K_s 综合地反映了桩和土的条件，桩径越大，桩侧土和桩底土越好，桩越长（仅对摩擦桩而言）则 K_s 越大，亦即在同样的荷载下，所产生的沉降越小，反之亦然。总之，桩的承载力越高，桩—土体系的静刚度越大，若桩的容许沉降量 $[S]$ 确定，即可得到桩的容许承载力 R_k。

$$R_k = K_s [S] \tag{6-42}$$

图 6-30　桩—土体系多自由度振动模型

（2）桩—土体系的综合动刚度 K_d（图 6-29b）

如图 6-29（b）所示，在强迫振动过程中，承台质量的质心上作用有 4 个力：激振力 Q，弹簧力 K_A，阻尼力 $cA\omega$ 和惯性力 $mA\omega^2$。由于弹簧力、阻尼力和惯性力的作用方向分别与位移、速度和加速度的方向相反，根据动力平衡条件，这四个力在运动的任一时刻都应平衡。

$$\sum Z = 0 \tag{6-43}$$

$$Q_0 \cos\phi + ma = K_d A$$

$$\sum X = 0$$

$$Q_0 \sin\phi + ma = CV$$

式中　Q_0——激振力幅值；

　　　ω——激振力的频率；

　　　ϕ——激振力的相位；

　　　A——激振力产生位移幅值；

　　　V——承台质量的速度，$v = a\omega$；

　　　a——承台质量加速度，$a = A\omega^2$。

当激振力频率与桩土体系的自振频率重合（即 $\omega = \omega_n$）时，激振力与位移之间的相位差 $\phi = 1/2\pi$ 则式（6-41）变为：

$$K_d = m\omega_R^2 = m \cdot (2\pi f_n)^2 \tag{6-44}$$

或
$$K_d = \frac{m(2\pi f_m)^2}{1 - 2D^2} \tag{6-45}$$

式中　D——阻尼比，$D = C/C_c$（C_c 为临界阻尼）它与桩、土条件以及承台质量大小有关，可由试验求得。

对比静力平衡条件和动力平衡条件，可以看出，它分别描述了同一桩—土体系在静荷载和动荷载作用下的响应。同样动刚度 K_d 也综合反映了桩和土的条件，桩径越大，桩侧土和桩底土越好，桩的承载力越高，K_d 值也越大。因此，动、静刚度之间显然应该有较好的相关性，若通过现场静和动的荷载试验，求得两者之间的相关系数（或静动刚度比）β，则通过实测的动刚度 K_d，求出静刚度 K_s。

$$K_s = \beta K_d \tag{6-46}$$

$$R_k = \beta K_d \langle S \rangle \tag{6-47}$$

因此，共振法测定承载力的基本原理是：通过现场测定动刚度 K_d 后，换算成静刚度 K_s。再根据单桩的容许沉降量 $<S>$，求出单桩的容许承载力 R_k。

共振法桩质量检测基本原理是按桩—土体系多自由度振动模型如图 6-30 所示。在稳态激振力作用下的反应曲线，一般如图 6-31 所示。图中横坐标是频率 f，纵坐标是桩顶振动速度幅值 V。研究速度幅频率曲线的特性及动参数之间的关系，是共振法检验桩质量的依据。

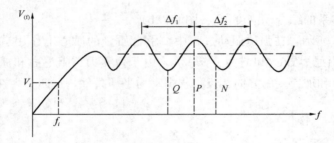

图 6-31　稳态激振下桩的速度幅频率曲线

2. 仪器设备及测试方法

（1）试验设备

共振法测桩的基本设备由激振系统和测振系数两部分组成，前者包括电磁激振器、功率放大器和信号发生器，后者包括力传感器、加速度计、电荷放大器、相位计和记录分析仪。共振法测桩布置如图 6-32 所示。

如图 6-32 所示，由信号发生器输出一正弦波信号（大小和频率可根据需要确定）经功率放大器后便可使电磁激振器产生一个相同频率的激振力，通过传力杆作用于桩顶（或承台）。在力传感器串联在传力杆与桩顶（或承台顶面）之间。通过电荷放大器接收激振力信号后，分别输入力记录仪（如电压表或示波器等）和相位计。同时，通过安装在桩顶或承台上的加速度计，接收到的桩顶响应信号经过另一平台的电荷放大器，分别输送到桩

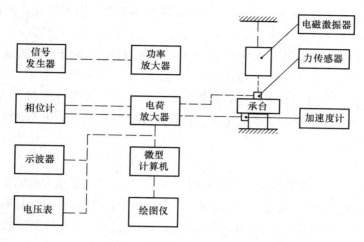

图 6-32　共振法测桩布置图

响应记录仪和相位计。这样就可以测出对应于某一激振频率时桩的响应值（如振幅 A、速度 V 或加速度 a）以及力信号与响应信号之间的相位差 ϕ。

改变激振频率，在所需频域内进行扫频激振，即可得出桩的响应值-频率以及相位差-频率的关系曲线如图 6-33 所示。

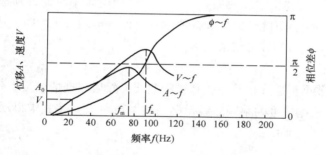

图 6-33　桩顶位移、速度和相位差与激振频率的关系曲线

（2）测桩准备工作

1）桩头处理

清除桩头的松散和有裂隙的部分，将桩头凿平清扫干净，以便粘结连接激振器传力杆的钢板和传感器的底座。然后用均匀的 914 速干橡胶将钢板和传感器底座分别贴装于桩顶中心部位和距中心 12cm 处，并用水平尺找平，气温低时适当加温，加速凝固。

2）激振设备的安装

在测试桩上方，安设三角支架，挂上手动葫芦，使激振器倒悬于桩顶上，调整三脚架支点，使激振器传力杆与桩顶面中心处连接钢板的螺孔的偏差不大于 0.5mm，并将三角支架点固定好。

支架固定好后，即可用传力杆的上下两端分别与激振器和粘于桩顶中心处的钢板连接，并用螺母紧固两端，安装时必须使传力杆垂直于试桩顶面。

3）仪器通电前的检查

整个测试系统按图 6-32 所示接线，并认真检查连接各线有无短路，开路或接头松动等，确保连接正确。

通电前，先检查工作电压，如偏差大于 15% 则需调压器调压。试验现场的电网电压波动较大时，应随时检查并采取相应措施。

此外，还要检查各仪器开关挡位置是否正确，如功率放大器开机前，功能开关须置于恒压位置，信号源波型选择开关要置于正弦波位置上。除此之外，电荷放大器和传感器的灵敏度应相同。

（3）测试步骤

1）通电预热后，调节信号源，使激振频率为 15Hz，将功率放大器的电流调至与所需激振力幅值相应的电流值（可用力测试系统监测激振力幅值）。然后在桩响应记录仪上记录桩顶的速度或位移幅值以及力信号与桩响应信号的相位差。若激振器起始工作频率 f_i ≤15Hz 时发生摇摆，则起始工作频率应提高到 20Hz；

2）保持同样激振力幅值，调节信号源，增加激振频率，取步长小于 5Hz（在共振区段内取频率步长小于 3Hz），每改变一次频率后，重新记录速度或位移幅值以及相位差。每次改变频率前，均应注意将功率放大器的输出调节归零，以免损坏力传感器和功率放大器，此外，还应每次记录仪器的工作挡位；

3）重复以上步骤、递次增加激振频率，并记录相应频率时的桩顶速度或位移幅值以及相位差，直至测到幅值下降到共振峰幅值的 0.6 倍（桩顶有承台时）或至少要测出几个共振峰后（桩顶无承台时）方可结束。

（4）测试结果整理

根据测试记录数据汇总成幅频曲线和相频曲线，然后根据情况按下列公式计算出 K_d。

1）有承台时，根据速度的幅频曲线得第一共振频率 f_n，按式求得动刚度：

$$K_d = m \cdot (2\pi f_n)^2$$

2）有承台时，根据位移的幅频曲线得第一共振频率 f_m，按式求得动刚度：

$$K_d = \frac{m (2\pi f_m)^2}{1 - 2D^2}$$

3）无承台时，根据速度的幅频曲线的低频段上任一点，按式求得动刚度：

$$K_d = \frac{2\pi f_i Q_0}{V_i}, f_i \leqslant 0.2 f_n$$

如低频段不呈一直线，则应取其上 n 个点的 f_i 和 v_i 值（剔除明显有误的试验点），并按下式求平均的刚度：

$$K_d = \frac{2\pi}{n} \Big(\sum_{i=1}^{n} \frac{f_i}{v_i} \Big) Q_0$$

3. 桩质量检测与承载力确定

（1）桩的质量检测

判别分析的主要依据是速度幅频率曲线，首先从速度幅频率曲线的低频段，求出桩的

动刚度 k_d，大量的工程实测结果表明，在同一地基内地基土地质条件变化不大的情况下，良好木桩的动刚度差异不大。如果某桩的动刚度明显小于同一地块内各桩的动刚度平均值，就可以判断该桩有质量问题，或桩身有断裂，或桩身有颈缩，或混凝土质量低劣。如果某桩的动刚度明显大于动刚度的平均值，则可以判断桩体断面有扩大或鼓肚现象。

其次，根据定值力作用下桩顶的平均运动速度 N 的大小来判断桩的质量。由机械阻抗原理，N 由下式确定：

$$N = \frac{1}{\rho_c V_c A} \tag{6-48}$$

式中　ρ_c——桩的密度；

　　　V_c——桩的压缩波波速；

　　　A——桩的截面积。

如果式中 V_c 增大（即混凝土质量较好），N 变小；反之，如果 V_c 减小（桩混凝土质量不好），则 N 变大。如某桩的 N 值显著大于同一场地各桩动刚度的平均值，说明该桩的承载能力低。几乎桩的各种缺陷，如混凝土离析、桩身断裂、颈缩等均表现出 N 值偏大，相反则 N 值较小。

用 k_d 及 N 两个参数仅能定性地判断桩的质量，如果要定量地确定桩的质量，如确定桩的断裂或颈缩的一般位置，还要根据实测的速度幅频曲线，确定桩的各个阶次的共振频率 f_i，然后，采用共振频率拟合的方法，以得到桩的缺陷位置。

速度幅频率曲线上共振频率的分布可能有两种情况：

1）除 Δf_1 以外，其余各 Δf_i 基本相等，说明桩身截面和混凝土质量均匀，此时可用式（6-49）计算出桩长 L_1：

$$L_1 = \frac{nV_c}{2\pi\Delta f_i}\left(\sqrt{\lambda_i} - \sqrt{\lambda_{i-1}}\right) \tag{6-49}$$

为了便于计算，可预先给出 λ_i 的计算结果。λ_i 值取决于所分桩单元的长度和段数。现给出两种常用桩前五阶特征值（表 6-9），供实际计算时参考。

桩的特征值 表 6-9

桩截面尺寸 (m^2)	桩长 (m)	桩单元个数	桩侧及桩尖土情况	λ_1	λ_2	λ_3	λ_4	λ_5
0.35×0.35	10.5	15	桩侧为软塑黏土 桩尖为砂卵石	0.0063	0.0594	0.184	0.392	0.672
0.35×0.35	10.5	15	桩侧为可塑黏土 桩尖为砂卵石	0.0073	0.559	0.185	0.393	0.673
0.4×0.4	15	15	桩侧为可塑黏土 桩尖为砂卵石	0.0092	0.0599	0.189	0.398	0.677
0.4×0.4	15	15	桩侧为可塑黏土 桩尖为砂卵石	0.0122	0.0629	0.192	0.401	0.680

如果计算出的桩长与施工桩长相差较大时，则说明该桩在 L_1 处断裂。若计算桩长与施工桩长基本相等时，说明该桩为完整桩。应当指出利用式（6-49）时，公式中的 Δf_i 不应为 Δf_1，i 应为大于或等于 2。

2）各 Δf_i 相差较大，此种现象一般是由桩身断面变化较大或某处桩身混凝土离析造成的。这时，桩身某单元刚度显著小于或大于其他桩单元刚度。使桩土系统共振频率分布疏密不均。为确定桩身缺陷的位置，可假设某桩单元的刚度小于（或大于）其他桩单元，利用下列公式计算：

$$f_i = \frac{nV_c}{2\pi L}\sqrt{\lambda_i}, i = 1, 2, \cdots, n \tag{6-50}$$

$$\Delta f_i = f_i - f_{i-1} = \frac{nV_c}{2\pi L}(\sqrt{\lambda_i} - \sqrt{\lambda_{i-1}}) \tag{6-51}$$

式中　λ_i——桩的特征值，通常可用"亚克比"法求出；

　　　V_c——纵波在混凝土中的传播速度；

　　　L——桩长。

求出桩土系统的各阶自振频率 f_i 或 Δf_i，并算出速度幅频率曲线，与实测的速度幅频率曲线的共振频率相拟合，如果两者较吻合，则可判断该桩单元有缺陷，这就是所谓的共振频率拟合法（简称共振法）。值得指出的是，有些桩的速度幅频率只有一个共振峰，这种情况可能有两种原因促成：一是桩顶有较大的扩颈，二是桩上部有断裂。前者一般动刚度较大，后者一般动刚度较小，也可用水平激振的方法，测出几根桩的水平刚度。算出其平均值，如果某桩的水平刚度远小于该场地的桩的平均水平刚度，就可判断该桩在上部有断裂。

（2）桩的承载力确定

共振法测桩的承载力是：通过现场测定动刚度 K_d 后，换算成静刚度 K_s，再根据单桩的容许沉降量 $\langle S \rangle$，求出单桩的容许承载力 R_k，即：

$$R_k = \beta K_d \langle S \rangle \tag{6-52}$$

式中　β——桩土体系的静刚度比系数；

　　　K_d——动刚度；

　　$\langle S \rangle$——桩的容许沉降量。

其中影响 β 值的因素较多，而它的取值直接影响容许承载力值的精确度。在工程应用上，目前还只能从静、动荷载试验的对比资料中确定。从积累的试验资料看，β 不是一个定值，通常随着动刚度的增大而减小，一般 β 值在 0.2 与 0.5 之间。

桩的 $\langle S \rangle$ 值，根据建筑物沉降要求确定，据大量桩基沉降观测资料表明，建筑物的沉降约为单桩沉降的 2～10 倍。其还取决于地质、建筑物的桩数以及桩距与桩径之比等。因此，如果建筑物的容许沉降确定为 S_s，则单桩的容许沉降量为：

$$\langle S \rangle = (0.1 \sim 0.5)S_s$$

或者根据地区有关单桩容许沉降量经验确定；再有根据单桩的容许沉降曲线确定。该曲线，是根据我国各地区较完整的静荷载试验资料，按如下要求统计综合而成的，即：保证稳定安全系数不小于 1.5，且沉降不会过大（在 $P\text{-}S$ 曲线的拟直线段内），同时考虑了建筑物群桩效应（限制单桩沉降不超过 10mm）。

桩的水平承载力的确定方法与垂直承载力的确定方法基本相同，其计算公式为：

$$R_{kh} = K_h \beta_h s_h$$

式中　R_{kh}——桩的水平承载力；

　　　　β_h——桩的水平静动刚度比系数；

　　　　s_h——桩的水平容许位移；

　　　　K_h——桩的水平动刚度。

β_h 和 s_h 可用数理统计的方法确定。K_h 可由桩的水平动力试验确定，即对桩施加水平激振力，测量桩的水平振动，以获得桩的水平振动速度幅频率曲线，由此曲线用下式计算桩的水平动刚度。

$$K_h = m\omega_{nh} \tag{6-53}$$

或
$$K_h = 2\pi f_i Q_0 / V_i \tag{6-54}$$

式中　Q_0——激振力幅值；

　　　　m——桩顶参加水平振动的质量；

　　　　ω_{nh}——桩水平振动的速度幅频率曲线峰值点对应的圆频率；

　　　　f_i——激振频率，$f_i \leqslant 0.2 f_{nh}$；

　　　　V_i——桩顶水平振动速度。

6.7.5　水电效应法

水电效应法，这是一种在桩顶面施加脉冲压力波，然后根据桩的响应信号来判断桩的完整性和极限承载力的方法，这一方法属于瞬态冲击振动法的范畴，与一般的冲击法相比，具有 3 个明显的特点：

第一：脉冲幅度大，作用时间短，似 δ 函数或单位脉冲，在频域内，$f < 1000\text{Hz}$ 时是一个宽频带，幅值变化小，激励方便，可重复性好。

第二：经过水的滤波，桩的响应信号中只有纵波被留下来并被接收，其余剪切波一概被过滤掉。

第三：时域模拟信号经模数转换后，用 FFT 技术变换到频域，得到自功率谱，可以一目了然地分辨出木桩的主要频率成分。

1. 基本原理

水电效应法的基本原理，是用瞬态激励所得到的桩—土系统的频响函数来识别桩的质量。而频响函数的概念，又是建立在以下四方面理论的基础上。

（1）大电流瞬间放电产生脉冲激励的原理

1）大电流瞬间放电

水电效应振源的等效电路图如图 6-34 所示。

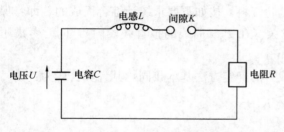

图 6-34　水电效应振源的等效电路图

（2）接收桩顶响应信号应用水声法

2）电能在水中转换为机械能，产生脉冲压力波

由容器内储存的电能通过电极在水中释放出来，使电极附近的水介质迅速升温、汽化、变成高温汽团，压力也随之增加。由于气团内外的温差、压差很大，因而产生强大的冲击波。

桩顶面和桩周围地面构成弹性半空间表面，激振力作用于桩顶面时，在这个表面上产生纵波、横波及表面波。表面波的存在，给纵波信号的记录带来干扰，从而降低了信噪比。当桩的直径较大时，表面波频率趋近于输入脉冲的频率，因而不能用滤波器来滤去表面波。

为此，提出了临时安装水管以改变桩顶声场条件的办法，即利用水介质的剪切模量为零的特性来滤去表面波和横波，这样做简便可行。此时，桩在受到激励以后，置放在水中的检波器接收不到表面波和横波的信号。但由于桩顶水管中的声场包括桩身的纵向振动产生的纵波信号，也包括与桩身纵向振动无关的信号，如管的经向振动，管壁的反射、水面的反射所组成的混响信号如图 6-35 所示，所以需要作进一步分析。

当水管高度为 1.0m，水管内径在 1.5m 以内时，经过计算得知上述与桩纵向振动无关的那些信号的频率均在 100Hz 以上，其中水管的径向振动近似地作为等截面圆环对待，假设圆环的横截面尺寸与其半径相比很小。最简单的扩展振型是环的中心线，形成周期性变化半径的圆，所有横截面作径向振动而无转动，如图 6-36 所示。

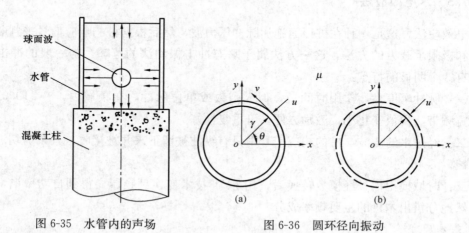

图 6-35　水管内的声场　　　　　　图 6-36　圆环径向振动

圆环基本型的频率为：

$$f_R = \frac{1}{2\pi r}\sqrt{\frac{E}{\rho}} \tag{6-55}$$

式中　E——水管的弹性模量；

ρ——水管的密度；

γ——水管的半径。

这些频率成分大于 100Hz，都在桩的主要振动频率之外，所以可用低通滤波器将其滤去。

（3）信号数据处理的原理

测振传感器输出的是模拟电量，应用于数字式数据分析时，首先要采样、量值，将模拟信号转换成二进制的数字信号，其处理过程如图 6-37 所示。

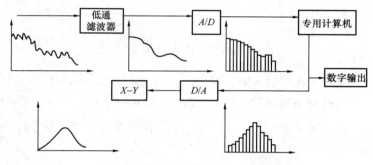

图 6-37　信号数据数字化处理过程

信号数据的数字化处理公式如下：

1）采样定理及其应用

设一连续信号 $X(t)$ 的频谱 $X(f)$ 有截止频率 f_c，即 $|f| \geqslant f_c$ 时，$X(f) = 0$，则以间隔

$$\Delta t \leqslant \frac{1}{2f_c} \tag{6-56}$$

采样，就没有混淆，这就是所谓的采样定理。

当 f_c 定为 1000Hz 时，$\Delta t \leqslant 500\mu s$ 就满足了要求，一般认为采样点应足够多，但采样点一多，分辨率就降低了，且增加计算工作量，这是因为频率分辨带宽为：

$$\Delta f = \frac{f_N}{M} \tag{6-57}$$

式中　f_N——水管的弹性模量；

　　　　M——水管的密度。

采样前，应用具有良好截断面特性的低通滤波器对信号进行滤波，然后再做数据处理，是有效而实用的。

2）快速傅里叶变换（FFT）及其应用

振动信号作为时间的函数的完整描述包含在 3 个域，即幅值域、时间域和频率域内。特别是后者，可以表示电信号的各个频率成分，为桩的完整性判断提供重要依据。为此，需要进行将时域信号变换到频率域的信息工作。

用有限离散傅立叶变换（DFT）的计算公式：

$$X_k(f) = \frac{1}{N} \sum_{n-1}^{N-1} X_n(t) e^{-j\frac{2\pi kn}{N}} \ (k = 0, 1, 2, \cdots, N-1) \tag{6-58}$$

直接计算 $X_k(f)$ 值工作量太大，对于几个 $X_k(f)$ 中的每一个必须将 $X_n(f)$ 与 $e^{-j\frac{2\pi kn}{N}}$ 相乘 N 次。所以总共有 N^2 次复数乘法运算，而且还要做 $N(N-1)$ 次复数加法运算。当 N 较大时，就是使用大型电子计算机进行计算也是困难的。

快速傅立叶变换（FFT），是 1965 年提出的计算 $X(t)$ 的有限离散傅立叶变换 $X_k(f)$ 的一种快速方法。其原理，是将 DFT 的矩阵方程中的方阵 $[A]$ 分解为因子矩阵，而 $[A]$ 等于诸因子矩阵之积。

$$\{X_k\} = \frac{1}{N}[A]\{X_n\} \tag{6-59}$$

式中　　$\{X_k\}$——是频谱离散值列阵，$N \times 1$，（$k=0$, i, 2, $\cdots$, $N-1$）；

$\{X_n\}$——是时间历程离散值列阵，$N \times 1$，（$n=0$, i, 2, $\cdots$, $N-1$）；

$[A]$——是单位矢量方阵，$N \times N$；$[A]$ 的元素为 $e^{-j\frac{2\pi kn}{N}}$ 为行数，$n+1$ 为列数。

令 $W = e^{-j\frac{2\pi}{N}}$

则

$$[A] = \begin{bmatrix} W_0 & W_0 & W\cdots & W_0 \\ W_0 & W^1 & W^2\cdots & W^{(N-1)} \\ \vdots & \vdots & \vdots & \vdots \\ W_0 & W^{N-1} & W^{2(N-1)} & W^{(N-1)^2} \end{bmatrix} \cdot \tag{6-60}$$

利用下列关系：

$$W^0 = W^N = W^{KN} = 1$$
$$W^{\frac{N}{2}} = -1$$
$$W^{\frac{N}{4}} = -j$$
$$W^{\frac{3N}{4}} = +j$$

可使计算简化。

FFT 的总的乘法运算次数约为 $1/2 N \log_2^N$ 次，比 DFT 直接算法的乘法运算次数 N^2 大为减少，计算误差相应减小，使精度有所提高，FFT 现在已经成为信号数字处理的一个强有力的工具。

① 时域波形分析

时间函数 $X(t)$ 的形状、衰减快慢与桩的质量有关。进行多次平均运算即可得到一条较光滑的呈指数衰减无规律变化的时域波形曲线，可作为判据之一。

② 振幅谱（频谱）分析

因 $X(i)$ 为非周期函数，故其频谱为连续谱 $X(\omega)$，即

$$X(\omega) = \int_0^\infty X(t) e^{-j\omega t} \, dt \tag{6-61}$$

由于 $X(\omega)$ 是连续复函数，可写成：

$$X(\omega) = A(\omega) - jB(\omega) \tag{6-62}$$

或
$$X(\omega) = |X(\omega)| e^{-j\phi(\omega)} \tag{6-63}$$

其中
$$|X(\omega)| = [A^2(\omega) + B^2(\omega)]^{\frac{1}{2}} \tag{6-64}$$

$$\phi(\omega) = \tan^{-1} \left[\frac{-B(\omega)}{A(\omega)} \right] \tag{6-65}$$

$|X(\omega)|$ 称为振幅。

用振幅谱来反映桩的完整性比较直观，且可以定量。

③ 功率谱密度函数分析

功率谱密度函数的物理意义，是按频率分布的能量的一种度量，而能量与 $[X(t)]^2$ 成比例。功率谱密度函数 $G_x(\omega)$ 与自相关函数 $R_x(\tau)$ 的关系是：

$$G_x(\omega) = \int_0^{\infty} R_x(\tau) e^{-j\omega t} dt \tag{6-66}$$

式中
$$R_x(\tau) = \lim_{T \to \infty} \frac{1}{T} \int_{-\frac{T}{2}}^{\frac{T}{2}} X(t) \cdot X(t+\tau) dt$$

在 7T08S 信号处理机所配备的功率谱程序中，纵坐标可用线性、均方根、对数表示。时域信号经过自相关分析，可抑制随机噪声，所以功率谱确定的频率成分，比振幅谱得出的准确。

④ 传递函数分析

当桩顶作用一激励 F 时，就引起桩的振动响应（位移、速度、加速度）。相同的振动力作用于不同的桩—土体系，会产生不同的响应幅度。激振力与速度响应在频域的比值称为机械阻抗，它描述了振动系统的固有频率特性，与激振力和响应量的性质无关，即不论激励和响应是简谐的、周期的、瞬态的或者是随机的，所得机械阻抗是一样的。水电效应法得出的为瞬态机械阻抗，其计算方法、公式和稳态正弦激振完全相同，但与之相比，具有以下的优点：

a. 由于冲击时间很短，一次响应的时间历程也很短，因此外界干扰不易混入响应信号中，可以进行多次并行试验，通过平均运算抑制随机噪声，从而提高试验结果的准确性；

b. 可以得到相位谱、相干系数，增加了信息量，有利于判读试验结果；

c. 它不仅可以检验单桩，还可以检验有盖梁的单排桩和有承台的群桩；

d. 试验速度快、应用方便。

（4）桩在瞬态激振下的振动分析

1）完整杆的纵向自由振动分析

根据软弱土层中桩的实际工作情况，可以将桩的边界条件分为 6 种，如图 6-38 所示。

按照瞬态冲击振动的初始条件以及上述的 6 种边界条件，对杆的一维波动方程进行求解，即可得出桩的频率方程。因未考虑桩周土抗剪刚度及土阻尼的影响，故仅可近似地用

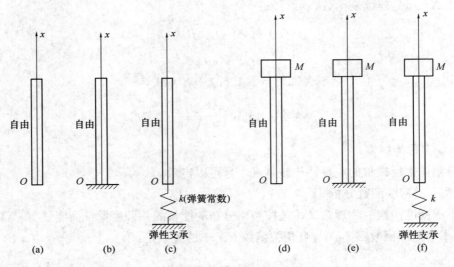

图 6-38　杆件的计算图式

于软土层中桩的固有频率的计算。

2）完整桩直径变化的影响

当桩身有颈缩、鼓肚等现象时，其应力波传播问题可以用固体介质有面积突变且垂直入射情况的声学理论，来近似地分析，如图 6-39 所示。

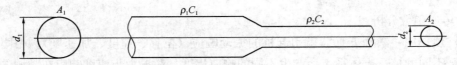

图 6-39　桩截面（PC）的变化

假定桩的直径远小于波长，桩中的应力波以平面波传播。在截面变化处有两个连续条件：

①力连续，即 $F=pA$ 是连续的；

②声功率是连续的，即 pAV 连续，说明波速 V 是连续的。

由此可以得到：

$$p_{\mathrm{m}}A_1 + p_{\mathrm{m}1}A_1 = p_{\mathrm{m}2}A_2$$

$$\frac{p_{\mathrm{m}}}{\rho_1 c_1} - \frac{p_{\mathrm{m}1}}{\rho_1 c_1} = \frac{p_{\mathrm{m}2}}{\rho_2 c_2}$$

$$\frac{p_{\mathrm{m}1}}{p_{\mathrm{m}}} = \frac{\rho_2 C_2 A_2 - \rho_1 C_1 A_1}{\rho_2 C_2 A_2 + \rho_1 C_1 A_1} \tag{6-67}$$

$\dfrac{p_{\mathrm{m}1}}{p_{\mathrm{m}}}$ 为力的反射系数或声压反射系数，可以看出，即使是同一材料（$\rho_1 C_1 = \rho_2 C_2$），如果截面有突变（$A_1 \neq A_2$）则声压反射系数不等于零，所以有反射波存在。

$A_1 > A_2$，声压反射系数为负，$p_{\mathrm{m}1}$ 与 p_{m} 反相，截面变换处出现声压波节。

$A_1 < A_2$，声压反射系数为正，p_{m1} 与 p_m 同相，截面变换处出现声压波腹。

3）桩身断裂的影响

图 6-40 为一根只有一处断裂的杆的应力波传播过程。

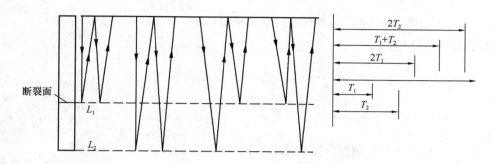

图 6-40　断裂桩内应力波的传播

应力波的传播有以下四种形式：

① 应力波中的一个主要部分从桩顶传到断裂处后，一部分反射向上，遇桩顶面空气介质又反相位向下，在上段内往返传播，其周期为 T_1，$2T_1$，……；

② 一部分应力波穿透断裂处向下传播至桩底再反射向上，在桩全长内往返传播，其周期为 T_2，$2T_2$，……；

③ 一部分应力波先在桩全长内传播一周后，又在上段传播，其周期为 $T_1 + T_2$，$2(T_1 + T_2)$，……；

④ 还有一部分先在桩上段传播，后又在桩全长传播，其周期亦为 $T_1 + T_2$，$2(T_1 + T_2)$，……；

上述这些被叠加在一起，组成幅值随时间变化的波形曲线，上下不对称，衰减很快且无规则，与完整杆件呈指数衰减的波形曲线迥然不同。

4）桩—土系统的动力分析

① 桩—土系统模型

将桩看作均匀等截面的弹性桩，把桩侧土对桩的作用，视为沿桩长方向放置的无数个线弹簧和阻尼器，桩侧土的剪切刚度系数可以是均匀的，也可以是沿桩长线性分布的。

② 桩固有频率的计算

对有限长、均匀、连续体模型，计算图式如图 6-41 所示。桩纵向振动的基本微分方程式为：

$$EA \frac{\partial^2 u}{\partial X^2} - \rho A \frac{\partial^2 u}{\partial t^2} - K_1' u - K_2' \frac{\partial u}{\partial t} = 0$$

$$(6-68)$$

式中　A——桩的横截面积，m^2，$\xi = \eta_p$；

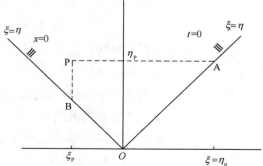

图 6-41　有限长、均匀、连续体模型计算图式

E——桩身材料的弹性模量，kN/m^2；

ρ——桩身材料的质量密度，$kN \cdot s^2/m^2$；

K_1'——作用在单位深度土上的等效刚度系数，kN/m^2；

K_2'——作用在单位深度土上的等效刚度系数，$kN \cdot s/m^2$；

桩的无量纲边界条件为：

$$\begin{cases} X = 0 & \dfrac{\partial u}{\partial X} = 0 \\[2mm] X = 1 & \dfrac{\partial u}{\partial X} = -\dfrac{K_3 L}{EA} = -YU \end{cases} \tag{6-69}$$

式中　K_3——桩尖土的等效抗压刚度系数，kN/m；

　　　Y——无量纲量，表示桩尖土的刚度与桩身刚度之比，Y 很大时，趋于固结。

桩的第一主频的计算公式为：

桩尖为弹性支承时：

$$f_1 = \frac{1}{2\pi}\sqrt{\frac{E}{\rho L^2}p_1^2 + \frac{4K_s}{\rho D} - \left(\frac{2K_s S_J u_{max}}{\rho D}\right)^2} \tag{6-70}$$

$$p_1 \cdot \tan p_1 = \frac{E_s L \beta \cdot 0.15}{E u_{max}} \quad \left(p_1 \leqslant \frac{\pi}{2}\right)$$

桩尖为固定支承时：

$$f_1 = \frac{1}{2\pi}\sqrt{\frac{\pi^2 E}{4\rho L^2}p_1^2 + \frac{4K_s}{\rho D} - \left(\frac{2K_s S_J u_{max}}{\rho D}\right)^2} \tag{6-71}$$

当 $K_s = 0$，即桩侧不存在土而变为杆件时，得式

$$f_1 = \frac{c}{4L}$$

此即为均匀直杆的第一频率。

K_s 代表桩侧土的剪切刚度系数，kN/m^3，K_s 与 K_1'，K_2' 的关系为：

$$K_1' = K_s \pi D$$
$$K_2' = K_s S_J u_{max}$$
$$K_3 = 0.15 E_s A \beta / u_{max}$$

式中　S_J——桩侧土阻尼系数，现取 $0.325 s/m$；

　　　u_{max}——土的最大弹性变形，现取 $0.00254 m$；

　　　E_s——桩底土的动弹性模量，取值为 $2 \times 10^4 kN/m^2$；

　　0.15——桩底土抗力占总荷载的百分比；

　　　β——对各种土壤的 u_{max} 或 E_s 的修正系数。

③ 在瞬态激振下桩顶响应的计算

位移响应计算公式为：

$$u(0,t) = P_1 \sum_{i=1}^{N} \frac{1}{\omega_{di}} e^{-\frac{t}{2}(W_C + c'_{epi})} \cdot \sin\omega_{di}t \tag{6-72}$$

速度响应公式为：

$$V(0,t) = \frac{P_1 C}{L} \sum_{i=1}^{N} \left[e^{-\frac{t}{2}(W_C + c'_{epi})} \cdot \cos\omega_{di}t - \frac{WC + C'_{ept}}{2\omega_{di}} e^{-\frac{t}{2}(W_C + c'_{epi})} \cdot \sin\omega_{di}t \right] \tag{6-73}$$

式中　$P_1 = \dfrac{2PC}{EA}\Delta\tau$；

$P\Delta\tau$——起始的激振脉冲冲量。

$$WC = \frac{K'_2 LC}{EA}$$

$$WK = \frac{K'_1 L^2}{EA}$$

$$C'_{epi} = \frac{dp_i^2}{\pi\omega_{di}}$$

C'_{epi} 为等效结构阻尼系数，将随着模态数而增加，起着抑制高价模态的作用。

在起始脉冲冲量为 $84\times100\text{kN}/\mu\text{s}$ 的条件下，桩顶的位移响应很小，为 10^{-4} 的数量级，桩顶速度响应可达 10^{-1}cm/s 的数量级。

④ 桩—土系动力分析结果讨论

a. 土的抗剪刚度系数 K_s 大小对桩的固有频率影响相当大，如果对长 30.4m，直径为 1.09m 的桩进行计算，得出如下的结果：

$$K_s = 0 \text{ 时}, f_1 = 30\text{Hz}$$
$$K_s = 10^4 \text{kN/m}^3 \text{ 时}, f_1 = 37.08\text{Hz}$$
$$K_s = 10^5 \text{kN/m}^3 \text{ 时}, f_1 = 69.21\text{Hz}$$
$$K_s = 1.5\times10^5 \text{kN/m}^3 \text{ 时}, f_1 = 81.77\text{Hz}$$

现场测出土的一阶固有频率后，可以利用上述关系定出土的抗剪刚度系数；

b. 土的阻尼对桩固有频率影响甚微，可以忽略不计，但土的阻尼直接影响桩顶响应曲线的衰减，必须加以考虑；

c. 算桩的固有频率时，对于短桩（长度小于 10m）要考虑弹性支承的影响，而较长的则可作为固定端处理；

d. 激励的能量所引起的最大振动位移仅为 10^{-4}cm 的数量级，远小于土的弹性位移极限，所以非线性因素可不必考虑。

2. 仪器设备及测试方法

水电效应法的仪器设备装置包括 3 部分，即产生瞬态冲击荷载的激振装置，水声法接收信号的测量装置和信号数据数字化处理装置。

（1）水电效应振源装置

此装置的电路由充电回路、放电回路和点火系统组成，如图 6-42 所示。

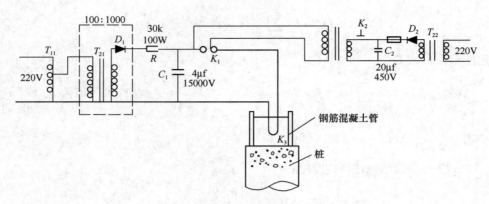

图 6-42　水电效应振源装置框图

图中电源（220V）经过升压变压器 T_1、T_2、高压硅整流器 D_1 及限流电阻 R_1 向电容器 C_1 充电，为充电回路。

由电容器 C_1，辅助间隙 K_1 经过放电电缆到放电电极 K_3，构成放电回路。

由按钮 K_2、电容器 C_1、电阻 R_2、整流器 D_2、升压变压器 T_{22} 与 K_2 组成点火系统。

放电电极是一同轴电极，它须满足瞬间释放大电流的技术要求。此装置的放电参数，可以视需要而定。

此装置中配有定电压自动点火电路。当重复激发时，可以使每次激发的能量基本相等。振源控制台将充电、放电及点火系统都集中在一起，通过调节电位器和计数器，实行自动控制。放电时间间隔根据需要选定。

（2）信号接收装置

信号接收装置如图 6-43 所示，主要包括：水管、检波器、放大器和磁带记录仪。

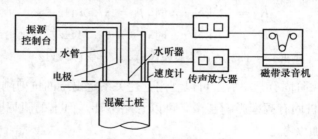

图 6-43　信号接收装置框图

1）水管

临时安装于桩顶面的圆形钢筋混凝土管或厚壁钢管在水电效应法中起着关键性的作用。一是改变桩顶的固体—空气界面为固体—液体界面，有条件滤去表面波和横波，二是使水中放电成为可能。

水管需要有足够的刚度，安装牢固。

2）检波器

所用的检波器是压电式变换器，亦称水听器，其原理是以某些物质的压电效应为基础的。在制作水电效应法所需的水听器时，应用了人工多晶陶瓷，如钛酸钡，锆钛酸铅。这类物质在受机械力作用而发生变形时，其表面即产生电荷。

检波器的灵敏度有两种表示方法，即单位力的电荷输出和单位力的电压输出。

$$\begin{cases} S_q = \dfrac{p}{F_x} \\ S_u = \dfrac{u}{F_u} \end{cases} \tag{6-74}$$

称 S_q 为电荷灵敏度，S_u 为电压灵敏度。

为了提高压电式变换器的输出灵敏度，将两块以上的晶体片叠加起来，连接方式有两种：并联和串联。

并联接法，因其电容量大，在绝缘电阻一定时，时间常数大，宜用于测量慢变信号。由于总输出电荷为各个单片晶体输出电荷之和，故常以电荷形式输出。

串联接法，因其电容量小，充电时间常数就小，宜用于测量瞬变信号，由于总输出电压为各个单片晶体输出电压之和，故常以电压形式输出。

水电效应法所变换的信号为瞬变信号，所以宜采用串联接法，输出电量为电压，其电压灵敏度的单位为"μV/μPa"。

3）放大器

为配合水听器的需要，采用电压放大器，其频率特性如下：

　　　　2～20kHz　　　　±0.7dB
　　　　20～200kHz　　　　±0.3dB

应用这种电压放大器作为二次仪表同压电晶体变换器配合时，存在着传输电缆电容对测量结果影响较大；传输距离较短；且测量频率响应的下限不易达到很低等缺点，而这正是电荷放大器的优点所在。然而电荷放大器的内部噪声较大，而且成本较高。

4）多通道磁带记录器

磁带记录器在各个领域得到广泛应用，已成为科学技术发展的有力武器。与光线示波器相比，磁带记录器具有如下特点：

① 工作频率范围宽，能记录从直流到数兆赫兹的信号；

② 信噪比高，线性好，零漂小因而失真度较低；

③ 动态范围大，可以达到 50dB；

④ 能多频道同步记录信号；

⑤ 信号以磁带形式记录贮存，便于重放，便于数据处理自动化；

⑥ 记录结果不直观，但可边录边放，应用记忆示波器等设备进行现场监视。

3. 信号数据处理装置

信号数据处理装置包括数字信号分析仪和绘图仪，其中前者又可分为以通用计算机为中心的软件分析系统和以 FFT 硬件为中心的专用分析系统。

用微机处理信号数据的装置框图如图 6-44 所示。

微机可以用 IBM——PC/XT、TRS-80 等。波形采集可以用存储器，也可以用记忆示波器。这类装置的功能较多，既可以直接记录、贮存、显示模拟信号，又可以通过微机进

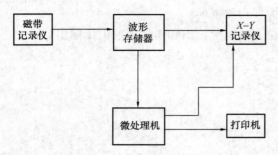

图 6-44　微机处理信号数据框图

行模数转换、数字运算，最后经数模转换，绘图显示或者直接打印出数字结果。软件程序也可选用已有的或自编。

图 6-45 为以 FFT 硬件为中心的专用分析系统的框图。

信号数字处理部分可以用多功能的信号处理机 7T08S、7T17、动态分析仪 SD375 Ⅱ 型、HP5423 型或其他双通道频谱分析仪。这些设备中，有的精度高、运算速度快，但价钱太贵，有的信噪比不高，处理速度较慢，可以作监测之用，不宜用于正式处理数据。应视条件选用精度高、功能适用的装置。

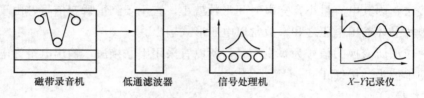

图 6-45　专用分析系统

以上所述的测试系统具有宽频带的特点，使得测试系统的频率响应函数 $H(f)$ 与桩—土系统的频率响应函数 $H_p(f)$ 具有如下的关系：

$$H(f) = AB \cdot H_p(f) \tag{6-75}$$

式中的 A、B 分别为振源、水听器的频响函数的幅值，皆接近于常数，这就保证了测试结果能如实反映桩—土系统的动力特性，从而可以得到比较满意的结果。

4. 测试方法

测试工作包括现场准备、仪器调试、振动响应信号记录，信号数据处理、自动绘图。

(1) 现场处理

1) 桩头处理

桩顶面要求平整，钻孔桩的桩头浮浆要凿去，混凝土的龄期为 14d 以上。

2) 安装水管

钢筋混凝土管高 1m，壁厚 7cm 左右，钢管高 1m，壁厚 12mm 左右。对于直径 1.5m 的桩，水管直径在 1.2m 左右；直径 0.5～1.1m 的桩，水管直径略小于桩直径即可。

水管中心线与桩中心线重合，管壁不得倾斜。在管底面及外围涂抹砂浆，粘结牢固，不许渗水。管内桩顶面不应抹砂浆，且不应有杂物。对排架墩及群桩进行检验时，将水管安装在横系梁或承台顶面，管与桩的中心线仍然重合。

3) 管内注水

临试验前往管内加水，水质以搅拌混凝土需用的为准，水内不应夹杂泥砂、污物。水深 1m。

4）安装高压电极及传感器

在管顶固定一横杆，将电极及水听器放入水中适当位置，用横杆将其悬吊起来，在管外桩顶面或侧面安装速度计或加速度计。

（2）仪器调试

1）振源调试

先设置良好的接地装置，电阻低于 0.5Ω。接一调压器，控制电源电压为 220V。

接通高压回路，使电压逐步上升，以千伏表头显示，达到要求的电压后停止。

接通放电回路，此时电容器所储存的能量通过电缆传至电极，产生瞬间放电。如电极处的声响及闪光正常，即表明放电回路没有问题。如隔离间隙不冒火花，电极处无响声传出，则应按振源说明书进行检修。

2）传感器及二次仪表调试

检查传声放大器的指针是否指零。轻轻敲击传感器，如放大器有反映，表示信号输入线路接通。在不激振的情况下，检验环境噪声大小，为了获得信噪比较高的信号，水听器的噪声电平应小于 1mV，速度计的噪声电平应小于 2mV。

磁带记录器的调试工作，包括设置磁带数码，选择带速，选择每一个记录通道的衰减挡，记录标尺信号以及口头解说的录音。

（3）振动响应信号记录

一切准备就绪后，按下列步骤做正式试验：

1）将振源控制台的电压升高到要求数值；

2）同时按下磁带记录仪的 REC、FWD 键，进入录音状态；

3）随即按下控制台的 K_2 键，紧接着磁带记录仪的指针摆动一次又复原到零，这表示一个反映振动过程的信号，已由磁带记录下来；

4）按照 $10\sim15s$ 的时间间隔重复试验 $10\sim15$ 次以便进行平均运算；

5）回收信号，检查有无漏录信号或同时监测以进行实时处理分析。如发现噪声大、波形乱，则需进行改正；

6）改变放电参数，重复试验，以作比较；

7）记录清楚各桩所对应的通道数，衰减挡及磁带起止数码。

（4）信号数据数字化处理

信号处理技术现在发展很快，新方法很多。因其功能、应用范围不同，正处在试验研究、筛选之中，实践证明，以功率谱为主要指标的处理方法能较好地满足检验工作的需要。

应用信号数据处理装置时，除了操作步骤按仪器说明书执行外，还有一些具体问题需要使用者去解决。

1）信号平均

为了有效地抑制信号中混杂的噪声，平均运算次数一般应大于 10 次；

2）采样

为了避免对连续波形用离散化的数据作分析时，出现频率的混叠现象，采样时间 Δt

应满足下述要求：

$$\Delta t \leqslant \frac{1}{2f_c} = \frac{1}{2 \times 1000} = 500\,\mu s$$

3）加窗

对连续函数进行离散化时，只能取有限个采样点，这相当于用一个高为 1，长为 T 的矩形时间窗函数乘以原时间函数，因而引起信息损失，即窗外的信息会全部损失掉。时域内的这种损失会导致频域内附加一些频率分量，称之为泄漏误差。为了减小误差，先后提出的窗函数有哈宁窗、汉明窗、钟形窗等，选用哪种窗视问题的需要而定。

水电效应法是瞬态激振的试验方法，响应信号一般在 100ms 内即衰减到很微弱的程度，因此加矩形窗带来的泄漏误差很小，没有必要再加其他窗函数。

4）截止频率

用低通滤波器滤去不需要的高频成分，可以提高测试精度。根据水电效应法的特点，上限截止频率定为 1000Hz。

5）细化

从 $0 \sim f_{max}$ 范围内做频谱分析，谱线均匀分布，称为基带傅里叶分析，在所选的频带 Δf 内做频谱分析，谱线数与基带的相同，称此为选节分析，所用的技术称为细化（ZOOM）技术。选带分析可极大地提高分辨力，较基带分析提高几百倍。如 $f_{max} = 2000Hz$，$\Delta f = 100Hz$ 谱线数为 512，则基带分辨率为 3.87Hz，选带分辨率为 0.1934Hz。

在桩基无损检测中，主频较分散，又是带谱，分辨率 $2 \sim 3Hz$ 已满足要求，故不需进行细化。

6）信号回放和电平修正

回放信号的磁带转速应和记录信号相同，如有不一致，按式（6-76）进行修正：

$$记录信号频率 = \frac{记录频率}{回放速率} \times 回放信号频率 \tag{6-76}$$

按式（6-77）求算记录信号的电平：

$$信号电平(V) = \frac{回放信号电平(V)}{衰减比} \tag{6-77}$$

此处，衰减比为小于 1 的数。

7）数据检验

对时域信号数据需要做平稳性检验。数据平稳的重要特征是平行试验结果的离散性小。检验方法，可以根据经验用目视的检查法，也可用统计法。当随机数据中混有周期性数据时，其概率密度曲线就由钟形变为如图 6-46 所示的盆形。

正弦周期信号混入确定性的瞬变数据中，也出现盆形，故这种检验方法仍然可以应用。

5. 测试结果的分析计算

（1）测试结果的表示形式

信号数据数字化处理结果可以用以下几种形式来表示：

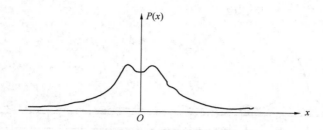

图 6-46　正弦信号加随机信号的概率密度图

1）时域波形曲线

这是桩无损检测所应用的最基本的信息。计算分析以及破坏性检验对比结果表明，完整桩的时域波形，是一条指数衰减曲线。断裂桩的时域波形很不规律，桩直径的变形也会使波形畸变。图 6-47 和图 6-48 中曲线，反映了桩冲击响应的全过程。

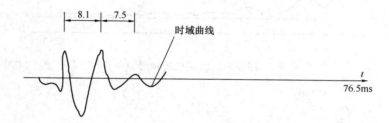

图 6-47　完整桩的波形曲线

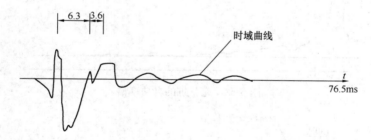

图 6-48　断裂桩的波形曲线

国外用小应变应力波反射法，得到的时域波形曲线如图 6-49 所示，它仅表示一个周期内的变化。

2）频率振幅谱、功率谱

用振幅谱反映桩的完整性，比时域波形曲线更直观，且可进行定性分析如图 6-50、图 6-51 所示。

功率谱比振幅谱的毛刺少，信噪比较高。其纵坐标用均方根表示，可以突出主频率成分如图 6-52 和图 6-53 所示。

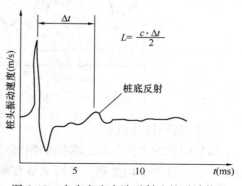

图 6-49　小应变应力波反射法的时域信号

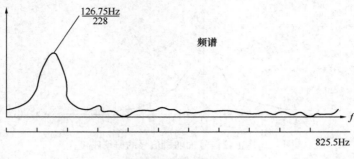

图 6-50　完整桩的频谱

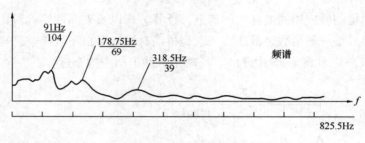

图 6-51　断裂桩的频谱

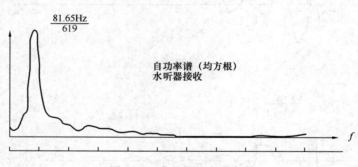

图 6-52　完整桩的自功率谱

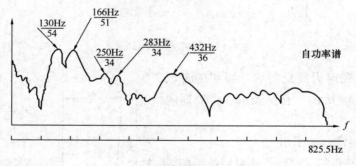

图 6-53　断裂桩的自功率谱

3）瞬态阻抗分析

瞬态阻抗的公式与稳态阻抗的相同，但求得的方法不同。因瞬态阻抗分析可进行多次重复试验，进行平均处理，且可采取其他抗干扰措施，所以提高了测试精度。由此得到的波速、动刚度以及导纳值，可作为断桩完整性的辅助判据。

（2）桩—土特性参数的计算

1）时域波形曲线的幅值 A 根据信号标尺来计算。

2）阻尼比 ρ 计算

阻尼比的计算公式如下：

$$\rho = \frac{\delta}{\sqrt{\pi^2 + \delta^2}}$$

式中　$\delta = 1n\varphi$。

$$\varphi = \frac{|A_1| + |A_2| + \cdots + |A_{K+1}|}{|A_2| + |A_3| + \cdots + |A_{K+2}|} \tag{6-78}$$

A_1、A_3、$\cdots$、A_{K+1} 为波形曲线上半轴的幅值；

A_2、A_4、$\cdots$、A_{K+2} 为波形曲线上半轴的幅值。

3）波速计算

波速 c 的计算公式如下：

$$c = 2Lf_0 \quad （摩擦桩）$$
$$c = 2Lf_0 \quad （嵌岩桩） \tag{6-79}$$

式中　$f_0 = \dfrac{f_1}{\alpha}$，其中 α 为修正系数。

$$\alpha = \frac{2Lf_{st}}{c_{st}} \tag{6-80}$$

式中　f_{st}、c_{st}——同一场地上平均值或标准桩的基频和波速，也可由传递函数所得的导
纳曲线上的 Δf 求得，即：

$$c = 2L \cdot \Delta f$$

4）功率谱幅值比 RSA 计算

$$\left. \begin{aligned} RSA_1 &= \frac{A_2}{A_1} \\ RSA_2 &= \frac{A_3}{A_1} \end{aligned} \right\} \tag{6-81}$$

式中　A_1、A_2、A_3 为第一、二、三主频的幅值。

（3）桩完整性判断依据

对取得的信息经过分析、对比和验证，与桩的完整性建立对应的统计关系，并以此为
依据，制定判断桩完整性的标准。表 6-10 是桩完整性判据表（系根据水听器的信号而
得）。

桩完整性判据表　　　　　　　　　　　　　　表 6-10

序号	信息名称	桩完整性		
		完整	断裂	混凝土质量极差
1	波形	指数衰减	无规律	衰减快
2	波幅	较大	较小	较小
3	自功率谱	单峰为主	双峰、多峰	单峰为主
4	功率谱幅值比	<0.1	>0.35	<0.1
5	基频（Hz）	接近理论值	较低	很低
6	波速（m/s）	>3300	较低	<1920

在绝大多数情况下，应用表 6-10 即可判断桩的完整性，但由于实际桩的复杂性，有时会遇到不完全符合上述条件的情况，有时又需要判断桩直径的变化情况，这都需要应用辅助的判断依据，做进一步的细致判断。

（4）单桩垂直极限承载力

对承载力不大的钻孔桩，那些以小能量激振的方法（或称之为小应变法），通过动静对比，进行回归分析，得到的相关关系式得到了广泛的应用。

为了解决承载力很大的钻孔桩的普查问题，提出用瞬态激励脉冲响应来估算极限承载力的关系，见式（6-82）：

$$R_u = \alpha_i A \sigma \qquad (6-82)$$

式中　α_i——换算系数；

　　　A——桩的实际截面积，m^2；

　　　σ——与脉冲响应有关的压强，kPa。

已应用此法对 1000 多根钻孔桩的极限承载力进行了预估，最大极限承载力在

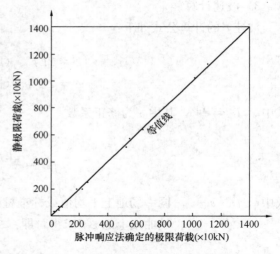

图 6-54　脉冲响应法确定桩的极限荷载与静载试验结果的对比图

20MN 以上，都已应用于生产。其中有少量的桩系做过静载试验的试桩。从图 6-54 所示的动静对比关系可以看出两者接近，满足生产要求。

6.8　地 质 雷 达 测 试

6.8.1　地质雷达的基本工作原理

（1）地质雷达的探测方式

地质雷达以脉冲的形式向地面发送高频宽带电磁波。当电磁波遇到空洞、界面等具有

电性差异的地下目标时，电磁波就会被反射，返回到地面时会被接收天线接收。对接收到的电磁波进行信号处理和分析，根据信号波形、强度、双程走时等参数，推断出地下目标的空间位置、结构、电学性质和几何形态，从而实现对地下隐蔽目标的探测。地质雷达野外探测如图 6-55 所示。

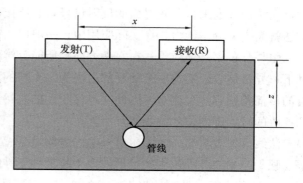

图 6-55　地质雷达野外探测

地质雷达工作时，由发射天线（T）向地下介质发射一定中心频率的高频电磁脉冲波，经地下地层或目的体反射后返回地面，被接收天线（R）所接收。脉冲波的近似行程时间为：

$$t = \frac{\sqrt{x^2 + 4z^2}}{v} \tag{6-83}$$

式中　v——电磁波在地下介质中的传播波速，m/ns。

地质雷达探测目的层的深度为：

$$z = \frac{\sqrt{(vt)^2 - x^2}}{2} \tag{6-84}$$

若发射天线（T）和接收天线（R）之间的距离满足 $x \ll z$，则有：

$$t = \frac{2z}{v} \tag{6-85}$$

$$z = \frac{vt}{2} \tag{6-86}$$

当波速 v（m/ns）已知时，可根据精确测得的走时 t（ns），由式（6-86）求出反射物的深度 z（m）。波的双程走时是通过接收脉冲相对于发射脉冲的延迟来测量的。反射波形由重复间断电路，采用等效采样法，以等间隔采集叠加波而得到。当地面发射天线和接收天线沿探测线等间距移动时，雷达屏幕上可以绘制出由反射体的深度所决定的时距波形道的轨迹图，纵坐标为 t（ns），横坐标为距离 x（m），同时地质雷达以数字形式记录各波形。

（2）地质雷达的分辨率

地质雷达的分辨率是指其分辨最小异常介质的能力，可分为垂直分辨率和横向分辨率。

垂直分辨率是指在地质雷达剖面中能够分辨出一个以上的反射界面的能力。研究表明，当地层厚度等于地层波长的 1/2 时，来自该层顶底界面的反射将产生相消性干涉；随着地层厚度变薄，来自该层顶底界面的反射则会产生相长性干涉，这种干涉在层厚为 1/4 波长时达到最大。这个干涉会逐渐增强，直到反射完全消失。当地面层厚度为 1/8 波长时，无法接收到来自顶底界面的反射信号，只能接收到它们的复合波形信号。此时，探地雷达就失去了分辨能力。在实际应用中，一般以 1/4 波长厚度作为垂直分辨率的下限。

水平分辨率是地质雷达在水平方向上所能分辨出的最小异常体的尺寸。在入射波的激励下，异常体表面的每一个面元都可视为一个新的波源。这些新波源产生的二次波按照各自的传播路径到达观测点，因此测点接收到的总场是所有次场的叠加。由于每个点从发射到接收的行程不同，各波场相互干涉。

法线反射波对第一菲涅尔带外缘的光路差是 $\lambda/2$。反射波之间若发生相长性干涉则振幅变强。当第二菲涅尔带的反射波发生相消性干涉时，振幅就会减小。菲涅尔带示意图如图 6-56 所示。第一菲涅尔带直径可按式（6-87）计算：

$$d_f = \sqrt{H\lambda/2} \tag{6-87}$$

式中　H——异常体深度；

　　　λ——雷达子波波长。

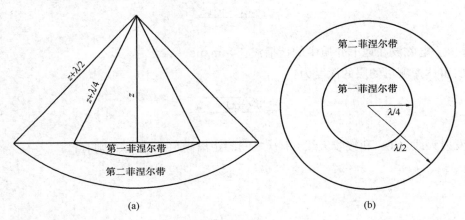

图 6-56　菲涅尔带
（a）菲涅尔带剖面图；（b）菲涅尔带俯视图

当异常体水平尺寸为 d_f 的 1/4 时，依旧可以接收到清晰的反射波，也就是说探地雷达的水平分辨率高于菲涅尔带直径的 1/4。由于菲涅尔带的存在，如果两个有限异常体的间距小于 d_f 时，就很难将这两个目标体分开。

（3）地质雷达的探测深度

地质雷达的探测深度是指它能探测到目标的最大深度，主要受天线中心频率和介质介电特性的影响。天线的中心频率决定了它所发射电磁波的初始能量的强度。能量越强，电磁波的传播时间就越长。不同介质的介电特性会对电磁波产生不同程度的吸收和衰减。介质电导率主要影响电磁波在传播过程中的能量衰减，对电磁波振幅的衰减有很大的影响，会限制电磁波在介质中的传播距离。

天线的中心频率和介质体的电导率共同影响着电磁波在介质体中的传播距离。前者决定地质雷达所发射电磁波的初始能量值，后者决定了初始能量值的持续时间和衰减速度，从而影响地质雷达的探测深度。

（4）地质雷达的探测方向

地质雷达的探测方向主要集中在探测工作时如何正确配置测线方向，使目标体的尺寸在测线行进方向上不超过电磁波辐射范围。这样天线行进中发射的电磁波就会完全覆盖目标体所在方向的几何边界，并形成相应的电磁波反射图像。根据这个特征和目标所在区域内其他介质的反射特征的对照，可以得到目标的有效信息。

探测方向的选择主要就是正确布置测线，以获得目标体的有效信息。图 6-57 和图 6-58分别表示测线沿平行于目标体和垂直于目标体的方向布置图，目标体为同一地下管道，目标体所在区域的其他介质具有相同或相似的介电特性，但与目标体有较大差异。当测量线平行于目标体方向布置时，在天线运动过程中，由于管道长度方向较大，电磁波始终沿管道长轴在表面反射，被测波形呈现在管道表面"同一介质"上平面反射的特征，因此不能根据图像特征判断该波形是由目标体反射引起的。当测线被放置在与目标体垂直的方向上时，天线行进中的管线的横向尺寸会比测线的长度小得多，电磁波可以完全覆盖管线的横向几何边界。因此，电磁波的反射将贯穿整个测线，从场内的其他介质延伸到目标体，然后再延伸到场内的其他介质，在目标体的位置形成特有的双曲线图像特征，其顶点位置就是管线的位置。

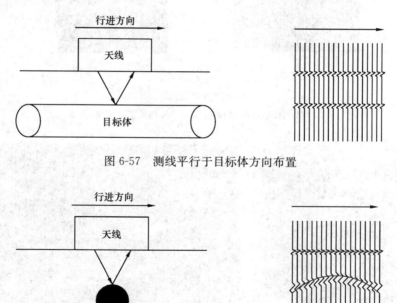

图 6-57　测线平行于目标体方向布置

图 6-58　测线垂直于目标体方向布置

6.8.2　常用地质雷达设备

（1）国内常用地质雷达

目前，国内常用的地质雷达设备有中国矿业大学（北京）研制的 GR 地质雷达系列

（图 6-59）、中国电波传播研究所（青岛）研制的 LTD 雷达系列（图 6-60a）、航天部爱迪尔公司（北京）研制的 CIDRC 雷达系列、北京市康科瑞工程检测技术有限责任公司研制的 KON-LD(A) 工程雷达（图 6-60b）、骄鹏公司研制的 GEOPEN 地质雷达等。

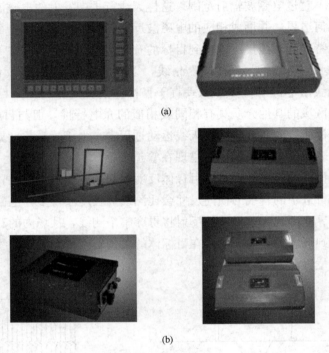

图 6-59　GR 地质雷达

（a）GR 地质雷达主机；（b）GR 地质雷达天线

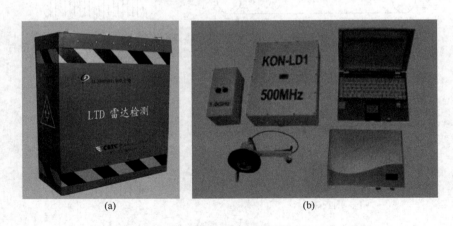

图 6-60　其他国内地质雷达

（a）LTD 雷达；（b）天线便携式 KON-LD 雷达

（2）国外常用地质雷达

目前，国内常用的国外地质雷达主要有美国 GSSI 公司研制的 SIR 系列地质雷达、瑞典 MALA 公司研制的 RAMAC/GPR 系列地质雷达、加拿大 Sensors&Software 公司生产的 Pulse-EKKO 系列地质雷达、拉脱维亚 Zond 公司生产的 Zond 系列地质雷达、意大利 IDS 公司研制的 RIS 系列地质雷达等。

6.9　地　震　波　测　试

6.9.1　地震波检测技术

地震波是一种由震源发出振动，引起周围介质振动，向四周扩散的弹性波。通常，地震波中含有体波和面波。体波包括纵波（P 波）和横波（S 波），在地球介质中传播。其中，地球介质的体积应变表现为纵波，而剪切应变表现为横波。P 波的传播原理是质点沿着波的传播方向压缩或拉伸。S 波的传播速度比 P 波慢，只能在固体中传播，质点运动方向垂直于传播方向，在固体介质中产生剪切应力。

面波是指在地表传播的波，包括勒夫波和瑞利波。当 S 波以大于临界面角入射到自由表面时，会产生沿自由表面前进的不均匀反射波，即波射线入射到界面后，多个反射波形成的干涉波。表面波的非均匀振幅在离开自由表面时会呈指数衰减，这种波称为瑞利波。质点运动轨迹在入射平面上为逆时针椭圆。椭圆短轴方向与瑞利波传播方向一致。长轴方向垂直于表面，传播速度略低于瑞利波。当 S 波以大于临界角的角度入射低速弹性波层时，会产生勒夫波。其质点方向平行于表面，垂直于波的传播方向，波速大于瑞利波，小于 S 波。

一般来说，对地震波的研究，主要是研究地震波的 S 波、P 波和面波中的瑞利波。三者相比较，P 波的传播速度最快，频率较高。S 波传播速度慢，能量强；瑞利波能量最强，但传播速度最慢。

6.9.2　弹性波和瑞利波的传播理论

地震波的传播受地球介质的影响很大，此处只研究地震波在各向同性的均匀介质中的传播。理想介质中的波动方程为：

$$\rho \frac{\partial^2 u}{\partial t^2} = (\lambda + \mu)\mathrm{grad}\theta + \mu \nabla^2 u + \rho F \tag{6-88}$$

式中　u——位移向量，即介质质点在外力作用后产生的位移；

　　　　F——力向量；

　　λ、μ——拉梅系数；

　　　　ρ——介质密度；

　　　　θ——体积应变。

在没有外力的情况下，采用位函数来表示 P 波和 S 波的波动方程，分别可表示为：

$$\frac{\partial^2 \varphi}{\partial t^2} - v_{\mathrm{p}}^2 \nabla^2 \varphi = 0 \tag{6-89}$$

$$\frac{\partial^2 \Phi}{\partial t^2} - v_s^2 \nabla^2 \Phi = 0 \tag{6-90}$$

式中　φ、Φ——位移场的标量位、向量位；

　　　v_p、v_s——分别为介质的 P 波和 S 波的传播速度，可表示为：

$$v_p = \sqrt{\frac{\lambda + 2\mu}{\rho}}, \ v_s = \sqrt{\frac{\mu}{\rho}} \tag{6-91}$$

瑞利波的介质质点的运动轨迹是一个逆时针行进的椭圆，其能量作用于水平和垂直方向上，且垂直方向的能量为水平方向的 1.47 倍。在地壳的剖面上，即 XZ 方向上对瑞利波进行分析。假设瑞利波的传播方向为 X，则其振动方向为 Z，随着在 X 方向上的传播，在 Z 方向上的振动位移为：

$$\varphi = a e^{-kz} e^{i2\pi f\left(\frac{x}{V_R} - t\right)} \tag{6-92}$$

$$\Phi = b e^{-\varepsilon z} e^{i2\pi f\left(\frac{x}{V_R} - t\right)} \tag{6-93}$$

式中　a、b、k、ε——常数；

　　　f——瑞利波的频率；

　　　V_R——传播速度。

若理想空间中的介质为 $\lambda = \mu$ 的泊松体，则可得到瑞利波方程为：

$$u = A\left(e^{\frac{5.33}{\lambda R z}} - 0.58 e^{\frac{2.48}{\lambda R z}}\right)\sin\frac{2\pi}{T}\left(\frac{x}{V_R} - t\right) \tag{6-94}$$

$$\Phi = A\left(-0.85 e^{\frac{5.33}{\lambda R z}} + 1.47 e^{\frac{2.48}{\lambda R z}}\right)\cos\frac{2\pi}{T}\left(\frac{x}{V_R} - t\right) \tag{6-95}$$

当瑞利波离开介质表面时，瑞利波的质点会在短时间内衰减，瑞利波的衰减系数与瑞利波的波长成反比。瑞利波的波长越长，其衰减的速度就越慢，因此瑞利波能够在介质中传播更远的距离。

6.9.3　电动式地震检波器

电动式地震检波器，由于电动式地震检波器性能好，目前广泛应用于油气勘探。其原理是在没有任何追加电源的情况下，将接收到的地表振动信号利用电磁感应转换成电信号，分析并检测其电信号的大小，从而获得地表的振动信息。

电动式地震检波器主要由振动系统和磁路系统两部分组成，结构简图如图 6-61 所示。圆筒形外壳的内壁和永久磁铁之间是振动系统，包括线圈和弹簧片，组成惯性体；中间部分为磁路系统，包括永久磁铁和固定在外壳上装在

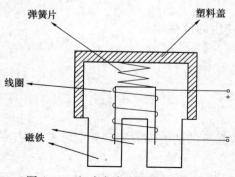

图 6-61　电动式检波器的基本构造

磁铁两极的磁靴。

当检波器工作时，检波器插入地面，芯体的外壳通过尾椎与地面耦合。当地面震动时，检波器壳体随地表震动，惯性体由于弹簧的弹性及其固有惯性，使惯性体的运动滞后于壳体的运动，使线圈与永磁体之间产生相对位置变化，从而在线圈内部产生电动势感应。此时，检波器壳体的振动幅度大小决定感应电动势大小。

该电动式检波器的主要特点是频率低、输出信号好、性能稳定。其主要技术缺陷是检波器的输出受磁场不均匀性影响较大，对检波器的装配、加工和埋倾角要求较高，检波器灵敏度低，且会使频率为 10Hz 以下的数据丢失。

6.9.4　压电式地震检波器

压电式地震检波器主要是利用里面的一种发电式的传感器对地震波进行检测，这种传感器是基于压电效应的。在检测振动时，需要有匹配的检测电路来完成，检测电路主要是对压电传感器采集到的微弱信号进行放大，并改变输入和输出的阻抗值，将高输入的阻抗变为检测所需的低输出阻抗。压电式地震检波器主要构造如图 6-62 所示，由基座、压电材料、质量块和弹簧等部分组成。

该检波器的高频响应比较理想，可以实现高灵敏度、宽频带、高精度和零相位测量。其主要缺点是没有静态输出，电荷放大器成本高，电路复杂，难以满足较大的动态响应，且阻抗高，容易被分布式电容拾取外部干扰信号，干扰测量结果。

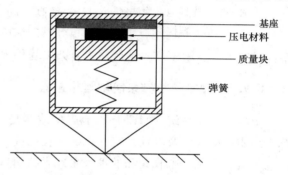

图 6-62　压电式地震检波器的基本构造

6.9.5　涡流式地震检波器

涡流式地震检波器是利用非磁性导体在永久磁场中运动产生涡流这一原理制成的，如图 6-63 所示，主要由弹簧、铜套、固定线圈、永久磁铁和外壳等几部分组成。当地面振动时，探测器外壳、永磁体和线圈由于弹簧的作用会随着铜套一起振动，产生惯性，将与永久磁铁之间产生相对的运动，使通过铜套的磁通量发生变化，产生感应电动势。感应电动势在铜套外表面产生涡流，涡流通过线圈的作用产生感应电动势。

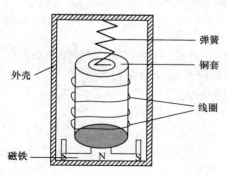

图 6-63　涡流式地震检波器的基本构造

涡流式地震检波器高频特性良好，能够有效地补偿陆地对地震反射波高频部分的吸收，显著提高地震勘探的分辨率，在高分辨率的地震勘探中有广阔的应用前景。其主要缺点是检波器输出信号太小，灵敏度不足，只能在陆地使用。

6.9.6　光纤地震检波器

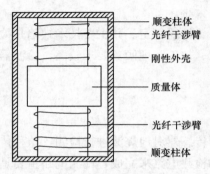

　　　图 6-64　光纤地震检波器
　　　　　　传感器探头

光纤地震检波器以光纤的干涉技术为中心，将检测到的地表振动信号转换为光学信号，并对光信号进行调制、解调，分析与地震波相关的信息。光纤地震检波器主要由 4 部分组成，包括光源、传输光纤、传感探头、解调仪器，主要利用光纤独有的传感功能进行信号的检测和相位补偿。传感器主要是顺变柱形传感器，该传感器由质量块、两个上下相对配置的顺变柱、缠绕在顺变柱上的光纤以及刚性外壳等构成，如图 6-64 所示。

光纤地震检波器体积小、重量轻、灵敏度高、分辨率高、动态范围大，同时抗电磁能力强，能在高温高压环境下工作，适应性强。其主要缺点是技术复杂，难度大，灵敏度高，解调技术复杂，受外界环境影响大。

图中标注：顺变柱体、光纤干涉臂、刚性外壳、质量体、光纤干涉臂、顺变柱体

6.9.7　微电子机械系统地震检波器

微电子机械系统（MEMS）地震检波器是一种新型技术，以微米、纳米级技术为支撑，是驱动部件以及电控系统、机械工程构件、光学工程系统等技术的结合，构造出一个微电子机械系统，来收集和处理来自外界的信息。

当 MEMS 检波器探测到地震波时，检波器会随着地表振动，质量块由于自身的惯性，会朝着与振动相反的方向运动。质量块的位移与表面的振动相对应。当地面振动加速度固定时，质量块体的位移固定，其位移的变化随地表振动速度的变化而变化。当质量块的位移发生变化时，会导致动臂与固定臂之间产生电容，从而输出不同的电压。表面振动可以通过检测输出电压的变化来确定。

思 考 题

1. 什么是标准贯入试验？其基本原理是什么？并简述其基本应用。
2. 简述十字板剪切试验的基本原理和工程应用，并分析十字板剪切试验的结果受哪些因素的影响。
3. 什么是粉土和砂土液化？采用标准贯入试验如何判断地基土体是否会发生液化现象？
4. 什么是土体振动的折射法和反射法测试？两者有哪些优缺点？

参 考 文 献

[1] 巴凌真. 土力学试验[M]. 广州：华南理工大学出版社，2016.

[2] 陈伟，孔令伟，朱建群. 一种土的阻尼比近似计算方法：第九届全国岩土力学数值分析与解析方法研讨会[C]，武汉，2007.

[3] 陈晓平，傅旭东. 土力学与基础工程[M]. 2版. 北京：中国水利水电出版社，2016.

[4] 陈晓平，钱波. 土力学试验[M]. 北京：中国水利水电出版社，2011.

[5] 陈晓平，杨光华，杨雪强. 土的本构关系[M]. 北京：中国水利水电出版社，2011.

[6] 陈正汉，谢云，孙树国，等. 温控土工三轴仪的研制及其应用[J]. 岩土工程学报，2005，27(8)：928-933.

[7] 方正忠，陈夫，钱树生. 水电效应法无损检测桩基的原理及其应用[J]. 广东水电科技，1990，(04)：19-30.

[8] 高大钊，袁聚云. 土质学与土力学[M]. 3版. 北京：人民交通出版社，2001.

[9] 高云磊. 基于偏芯光纤的地震波检测技术的研究[D]. 燕山：燕山大学，2016.

[10] 刘洋. 土动力学基本原理[M]. 北京：清华大学出版社，2019.

[11] 罗爱忠. 新型真三轴仪调试及重塑黄土强度变形特性的试验研究[D]. 西安：西安理工大学，2008.

[12] 南京水利科学研究院土工研究所，土工试验技术手册[M]. 北京：人民交通出版社，2003.

[13] 钱家欢，殷宗泽. 土工原理与计算[M]. 2版. 北京：中国水利水电出版社，1996.

[14] 魏茂杰，林木春. 一种确定土的等效阻尼比的新方法[J]. 水利水电技术，1993，(08)：50-53.

[15] 叶仁虎. 基于光电传感器的地震波检测技术研究[D]. 长春：长春理工大学，2013.

[16] 赵成刚，白冰等. 土力学原理[M]. 2版. 北京：清华大学出版社，2017.

[17] 赵程勇. 人工挖孔灌注桩的质量控制和工程检测实践[D]. 武汉：武汉理工大学，2010.

[18] 郑颖人，孔亮. 岩土塑性力学[M]. 2版. 北京：中国建筑工业出版社，2019.

[19] 中华人民共和国住房和城乡建设部. 土工试验方法标准：GB/T 50123-2019[S]. 北京：中国计划出版社，2019.

[20] 左名麒，胡人礼，毛洪渊. 桩基础工程设计/施工/检测[M]. 北京：中国铁道出版社，1996.

[21] ABUEL-NAGA H M, BERGAMO D T. LIM B F. Effect of temperature on shear strength and yielding behavior of soft Bangkok clay[J]. Soils and foundations, 2007, 47(3)：423-436.

[22] DEMARS K P, CHARLES RD. Soil volume changes induced by temperature cycling [J]. Canadian geotechnical journal, 1982, 19：188-194.

[23] HARDIN B O, DRNEVICH V P. Shear modulus and damping in soils：design equations and curves [J]. Journal of the soil mechanics and foundations division, ASCE, 1972, 98：667-692.

[24] KUNTIWATTANAKUL P, TOWHATA I, OHISHI K, et al. Temperature effects on undrained shear characteristics on clay[J]. Soils and foundations, 1995, 35(1)：427-441.

[25] MANSINHA L, SMYLIE D E. The displacement fields of inclined faults[J].Bulletin of the seismological Society of America, 1971, 61：1433-1440.

[26] MARTIN P, SEED H B. One-dimensional dynamic ground response analyses[J]. Journal of geotechnical engineering division, ACSE, 1982, 108(7)：935-952.

[27] MITCHELL J K, CAMPANELLA R G. Creep studies on saturated clays [C]. ASTM-NRC of

Canada，Symposium of laboratory shear testing of soil，Ottawa，Canada，1963：90-103.

[28] SEED H B.，IDRIS I M. Soil moduli and damping factors for dynamic response analyses，Report No. EERC70-lO［R］. Earthquake Engineering Research Center，University of California Berkeley，1970.

[29] SULTAN N，DELAGE P，CUI Y J. Temperature effects on the volume change behaviour of Boom clay[J]. Engineering geology，2002，64：135-145.